Photoshop 后期强

陈建强 著

数码摄影后期完全宝典

人民邮电出版社
北京

图书在版编目（ＣＩＰ）数据

Photoshop后期强 ： 数码摄影后期完全宝典 / 陈建
强著. -- 北京 ： 人民邮电出版社，2020.7
ISBN 978-7-115-52196-5

Ⅰ．①P… Ⅱ．①陈… Ⅲ．①图象处理软件 Ⅳ.
①TP391.413

中国版本图书馆CIP数据核字(2019)第226656号

内 容 提 要

本书是"Photoshop后期强"系列数码后期教程的精华汇编版，集合了Photoshop基础入门、原理与理论解析、影调与色调应用、抠图与合成、RAW格式技法等多个领域的知识点和技法。

本书遵循确保全书系统完整的宗旨，读者可以从零基础起步，由浅入深，逐步掌握数码摄影后期处理的全流程知识。本书注重理论联系实践，在将基本原理剖析到位后，各种理论知识会融入案例中，让读者可以在实战中理解和掌握理论，真正做到举一反三。本书还为读者赠送了长达300分钟的教学视频和大量素材图，以供读者在阅读之余更好地学习数码摄影后期技法。阅读本书，相信读者能够真正实现数码照片后期技术入门与进阶，并制作出自己喜欢的、风格各异的摄影作品。

本书适合摄影爱好者，数码摄影后期入门者学习参考。

◆ 著　　　　陈建强
　　责任编辑　胡　岩
　　责任印制　周昇亮

◆ 人民邮电出版社出版发行　　北京市丰台区成寿寺路 11 号
　　邮编　100164　　电子邮件　315@ptpress.com.cn
　　网址　https://www.ptpress.com.cn
　　北京富诚彩色印刷有限公司印刷

◆ 开本：787×1092　1/16
　　印张：29.25　　　　　　　　2020 年 7 月第 1 版
　　字数：880 千字　　　　　　2020 年 7 月北京第 1 次印刷

定价：148.00 元

读者服务热线：(010)81055296　印装质量热线：(010)81055316
反盗版热线：(010)81055315
广告经营许可证：京东市监广登字 20170147 号

前言

摄影是一门遗憾的艺术，在拍摄现场有很多不可控的因素，往往导致拍摄的作品达不到预期的效果，合理的后期制作可以弥补拍摄中的遗憾，甚至化腐朽为神奇。摄影大师安塞尔·亚当斯（Ansel Adams）说："拍摄是谱曲，后期是演奏。"好的曲子离不开好的演奏，好的拍摄也离不开好的后期制作。

在 20 余年的摄影生涯中，笔者一直在光影峡谷中孜孜不倦地求索，积累了一些简单、实用、便捷的数码后期处理技法，其中不乏"独门绝技"。在摄影前后期的教学中，笔者总结了学员在学习中遇到的各类问题，教会大家如何去解决这些问题。这些年来，笔者一共培养了 500 多位中国摄影家协会会员，20 多位全国摄影十佳摄影师。这些教学成果离不开笔者丰富的摄影前后期实战经验与简明易懂的教学方法。

笔者在自学的过程中走了许多弯路，整个过程是艰辛与快乐并存的，我非常想将多年来摸索和总结的经验分享给更多的摄影爱好者。经过数百个日夜的奋战，笔者终于将潜心钻研的摄影前后期核心技术编写成《Photoshop 后期强》系列图书。

《Photoshop 后期强》系列图书十分系统地讲解了数码摄影后期从基础到高级的技巧，是一部完整的数码摄影后期制作图书。本书涵盖了十大核心技术，主要针对摄影作品的影调与色彩艺术渲染、RAW 格式照片专业处理、抠图与创意合成、摄影后期中的"疑难杂症"、摄影思维的拓展等进行深度剖析。它能够让读者快速掌握数码影像品质控制与意境渲染等独门秘技，帮助广大读者开拓摄影思路，提高艺术创作能力。《Photoshop 后期强》系列图书的特点是简单易学、招招实用。

通过对本系列图书的学习，读者将轻松地掌握那些复杂的技巧，打造出自己的完美作品。在本系列图书中，笔者向大家介绍了各种摄影前后期的过程、技巧和解决方案，使读者能通过书中的案例拓展摄影前后期创作的思路，快速突破瓶颈。无论是经验丰富的专家，还是刚刚入门的摄影爱好者，笔者希望这套图书能帮助大家踏上数码摄影后期创作的道路。

笔者编写水平有限，书中难免存在错误与不足，欢迎广大读者批评指正。

陈建强

序

摄影创作的"及时雨"

当今的中国堪称世界第一摄影大国，少说也有数千万的摄影发烧友。陈建强先生的《Photoshop 后期强》系列丛书的出版，给摄影百花园洒下了一场"及时雨"，它能满足广大摄影爱好者的许多需求。

时常听人说"摄影关键靠机遇，一不留神就能得个大奖"，仿佛只要快门咔嚓一响，摄影创作就很容易地被搞定了，其实这是个误解。摄影精品的产生并非一日之功，而是厚积薄发的结果。概括来说，需要摄影家深入生活、发现题材，构思立意、提炼主题，还要从内容出发调动（前、后期）技巧，才能达到精确呈现的效果。陈建强先生的这一系列图书中是他 20 多年呕心沥血和载誉四海的获奖力作的创作经验的总结，给我们生动地揭示了摄影精品诞生的奥秘，其中既有破格创新的理念、构思立意的心路，又有创造性运用技巧的秘方。本书最大的特色是求真务实、通俗易学，结合作品实践来讲述摄影创作的指导原则，以及行之有效的创新手段。我从影已近 60 年，对摄影并不陌生，但读了本书后颇有"柳暗花明又一村"的新鲜感，感到受益匪浅，因此我把这本书推荐给各位朋友。

我非常欣赏陈建强先生与时俱进、开拓进取的精神，以及在数码时代运用数码技巧的积极态度。摄影历经 170 多年的发展、繁荣，当下的摄影趋向多元并进，并且分类越来越细，从而形成各类独有的游戏规则，如新闻纪实绝不允许虚构图像，艺术创意可以主观加工，观念摄影追求天马行空、不拘一格……在遵循各类基本规则的前提下，数码摄影的技巧和手段无论在前期拍摄，还是在后期润色、传播中，都大有用武之地。陈建强先生擅长艺术摄影，所以他的构思创意、技法探索都不同于新闻纪实摄影，对浪漫想象和影调画质有更自由的追求。他在阐述实例时经常对比拍摄的原片和最终的定稿。我们从中可以看到，由于他具有突破常规的美学追求和游刃有余的前后期技巧，因而绝大多数的作品在质量上比一般人"更上一层楼"。其中，有的突出"出乎意料之外，合乎情理之中"的创意，有的达到"化平淡为神奇"的境界。有志于从事艺术摄影、新潮摄影的朋友可以从中感受和借鉴他的奇思妙想，进而提升自己的创作本领。

众所周知，文艺创作中的形式和技巧均服务于主题立意。创作精品的核心任务是内涵创新，而陈建强先生却在"Photoshop 后期强"系列丛书中用了较大的篇幅讲授 Photoshop 后期加工技法。为什么会这样呢？这是因为 Photoshop 数码图像处理是当今业余摄影爱好者的短板，为了给各位朋友补上这一课，他讲授了各种 Photoshop 技法的要领。大家应注意到，"Photoshop 后期强"系列丛书在讲解 Photoshop 技法时也强调前期拍摄和构思立意的重要性，引用了美国摄影大师安塞尔·亚当斯（Ansel Adams）的观点：底片拍摄是乐谱，暗房放大是演出。有人说，陈氏摄影主要靠 Photoshop 后期制作。这不是无知，就是误解。

我认为，"Photoshop 后期强"系列丛书并非单纯介绍 Photoshop 的技法，它强调前后期创作不可分割的密切关系。通过阅读"Photoshop 后期强"系列丛书，我深深体会到，Photoshop 修片软件的各种工具并不难掌握，实际操作几天就可以掌握，难的是面对摄影素材，弥补原片的缺陷和不足；改造原片，确定作品新的美学品位；用各种手法注入作者的情感……这些有关艺术追求的问题，都可以从陈建强先生的创作实例中得到启示和回答。

我与陈建强先生相识 25 年，他的思路和技法从不故步自封，时刻紧跟时代新潮，立志卓尔不群、为国争光。特别是近十多年，他佳作不断，获奖颇多，从跟潮流、追潮流，到最后成为引领数码摄影潮流的实力派才俊，他的成绩来之不易。陈建强先生来自江西民间，没有殷实的经济基础和海外留学的深造机会，基本上是靠勤奋好学、埋头苦干登上国内外摄影舞台。更难能可贵的是，他既有作品，又有教学理论，有些技法还融入了自己的创造，运用起来比传统经典教科书中的更快捷、方便。有句老话叫"教会了徒弟，就要饿死师傅"。但他对于自己的看家本领并不保密，通过著书立说公布于众，这种助人为乐的艺品很值得赞赏。

北京电影学院　教授
中国摄影家协会金像奖评委　　杨恩璞

目 录

在学习利用 Photoshop 处理照片之前，首先应了解 Photoshop 的一些基础知识，如 Photoshop 和 Bridge 的安装、Photoshop 的基本优化和面板组合、基本工具的应用等。掌握了 Photoshop 的相关知识后，才能进一步提高软件的操作技能。

Ps

01

Photoshop 软件基础

1.1 Photoshop 的安装

本节主要讲解 Photoshop CC 2018 的安装。在安装之前，首先确定要安装软件的计算机系统是 32 位还是 64 位，如果是 32 位系统，就安装 32 位系统的 Photoshop 软件；如果是 64 位系统，就安装 64 位系统的 Photoshop 软件。

如何查看自己的计算机是 32 位系统还是 64 位系统呢？首先在桌面上右键单击"计算机"图标，在弹出的快捷菜单中单击"属性"选项，在弹出的控制面板中就可以看到计算机系统类型了，接下来就根据计算机的系统类型选择安装相应的 Photoshop 软件。这里有一个建议，如果计算机系统是 32 位，建议安装一个 64 位的系统，因为 64 位系统的处理速度要高于 32 位系统。

著名的摄影大师安塞尔·亚当斯（Ansel Adams）说过，摄影是谱曲，后期是演奏，只有将两者完美地结合，才能创作出一幅完美的作品。早在暗房后期时代，他就将后期制作看得如此重要。在当今的数码时代，后期制作远远比传统的暗房制作更加重要也更加易学。

单击"属性"选项

查看计算机系统类型

Photoshop 比较传统的安装方式是从网络下载安装程序，然后解压安装。采用这种方式安装时，一些对电脑不熟悉的用户，往往会下载到绿色免安装版等一些问题版本。如果要长期地发展摄影爱好，使用 Photoshop 进行后期处理，装一个最新的、完整版版的软件，是非常有必要的。

这里介绍一种最简单也是最好用的 Photoshop 安装方式，即使用 Creative Cloud 进行在线安装。

这种安装的难点在于 Adobe 账号的注册，注册时对密码设定的要求是很高的，如密码首字母大写、密码中不能存在与生日相同顺序的数字等。用户设定密码时，一定要注意密码设定要求。

在网络上查找 Creative Cloud 下载程序，找到官方的下载链接。然后单击"下载"按钮，开始下载 Creative Cloud 桌面应用程序。

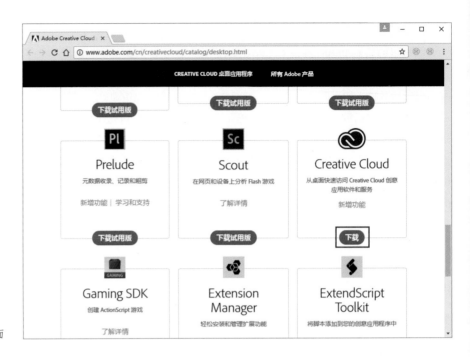

官方网站的软件下载界面

只要我们之前进行了正确的账号注册，就可以顺利地登录并启动 Creative Cloud。在其中的"Apps"选项卡下，可以看到可安装的各种软件。直接单击"试用"或"更新"按钮，就可以将软件安装和升级到最新版本。在安装或升级软件之前，要单击右上角的下三角按钮，在展开的菜单中选择"首选项"菜单命令。

在 Creative Cloud 中选择"首选项"菜单命令

进入"首选项"界面后，切换到 Creative Cloud 选项卡，在其中设定安装程序的语言、程序的安装位置等。如果不进行设定，Photoshop 会被默认安装在 C 盘，这是不合理的。通常情况下应该更改默认位置，将 Photoshop 安装到计算机中用于安装一般软件的驱动器内。

更改安装位置

设定好软件语言和安装位置后，回到"Apps"选项卡，在其列表中，找到想要安装的软件。单击其后的"试用"或"更新"按钮，软件会自动安装。如果网速足够快，那么整个安装过程很快，大概几分钟后 Photoshop 就会被安装到计算机中。

使用 Creative Cloud 桌面程序安装 Photoshop，好处是很多的，它可以自动检测计算机软硬件的位数、配置、性能等信息，下载适合的 Photoshop 版本。

启动 Photoshop，至此 Photoshop 软件安装完成。如果试用时间截止后还要继续使用 Photoshop 软件，需要购买正版软件进行安装使用。

更新 Photoshop CC 2018 软件

1.2 Photoshop 的基本优化

我们平常使用 Photoshop 时不会有很大的问题，但处理较大的照片，或是非常多的照片，或者计算机配置不是很好时，就有可能会显示内存不足，或者卡得非常厉害、不流畅。所以使用 Photoshop 之前，要先对 Photoshop 进行优化，将 Photoshop 的各项指标和参数优化到最佳状态。本节就来学习 Photoshop 的优化。

打开 Photoshop，在"编辑"菜单中选择"首选项 – 常规"选项，打开"首选项"对话框。本章只讲解与图像处理相关的最实用的选项设置，文中没提及的设置，读者可以自行学习与摸索。

选择菜单命令   "首选项"对话框

在 Photoshop 中用鼠标滚轮缩放图像

在"工具"选项卡的"选项"选项组中勾选"用滚轮缩放"复选框，这样在 Photoshop 中就可以使用鼠标滚轮对图像进行快速放大或缩小。

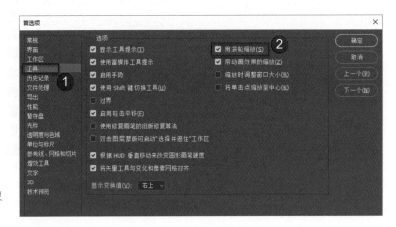

勾选"用滚轮缩放"复选框

设置 Photoshop 软件的颜色外观

切换到"界面"选项卡，可以在"外观"选项组中设置 Photoshop 的外观，默认 Photoshop 的"颜色方案"为中灰色，读者可以根据自己的习惯设置 Photoshop 的底色为其他颜色，如黑色或白色等，这里保持默认设置。在"文本"选项组中，默认的"用户界面语言"为"简体中文"，读者可以设置"用户界面字体大小"为"小""中""大"等，这里设置为"中"。

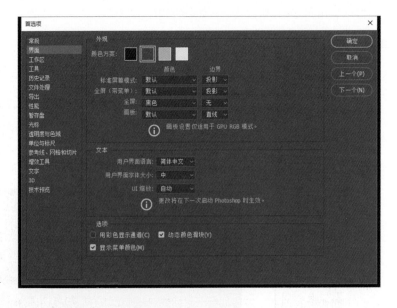

设置"界面"选项卡

开启后台存储功能

切换到"文件处理"选项卡，在"文件存储选项"选项组中勾选"后台存储"复选框，这样在保存一张照片的过程中还可以对其他照片进行制作和修改，例如在

Photoshop 中打开两张照片，在保存其中一张照片的过程中，可以对另一张照片进行处理。"自动存储恢复信息的间隔"是一个自动保存功能。例如在 Photoshop 中处理照片时，Photoshop 突然死机，用户没来得及对处理的照片进行保存，如果勾选了该功能，那么下次启动 Photoshop 时，那张没有保存的照片会自动恢复到处理的最后几个步骤，所以应该将该选项设置为最短的时间间隔"5 分钟"。

设置"文件处理"选项卡

提高 Photoshop 内存占有率，使软件运行更快

"性能"选项卡中有很多重要的设置。"内存使用情况"显示给 Photoshop 分配了多大的内存。拖动滑块可以进行设置，一般来说，可以设置 80%~90% 的内存给 Photoshop 使用。要想使 Photoshop 运行得更快，就应该将计算机的内存配置得高一点，常规情况下，至少应该为计算机配置 8GB 以上的内存。

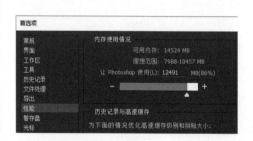

"内存使用情况"设置界面

"历史记录"设置，顾名思义用于查看和修改历史步骤。一般系统默认为 50 步，这也就足够了。设置越多，占用内存越大。所以使用默认设置即可。当然也可以在"历史记录与高速缓存"选项组中，将其设置为 100 步或更多。该功能比较适合初学者，如果操作失误，可以快速返回到前面的某个步骤。

"高速缓存级别"是指图像数据的高速缓存级别数，默认为 4，这里可以保存默认设置。该选项最高可以设置为 8，在处理大型照片时可以设置为较高的高速缓存级别，处理小型照片时可以设置为较低的高速缓存级别，记住，数值越高 Photoshop 处理的速度就越快，但是直方图会越不精确。"高速缓存拼贴大小"是指 Photoshop 一次存储或处理的数据量，默认为 1024KB。与"高速缓存级别"是同样的原理，如果要处理大型照片，应该将其设置得高一些，如果处理小型照片，应该将其设置得低一些，一般情况下选择默认设置即可。

"历史记录与高速缓
存"选项设置界面

图形处理器设置

　　勾选"使用图形处理器"功能，可以激活某些功能，如 Photoshop 中的视频
全景图和光圈、场景以及倾斜偏移模糊、智能锐化、操纵变形、3D 等功能，打开
OpenCL 将会提高 Photoshop 的性能。打开 OpenCL 的方法：勾选"使用图形处
理器"复选项，单击"高级设置"按钮，勾选"使用 OpenCL"复选项，最后单击"确
定"即可。

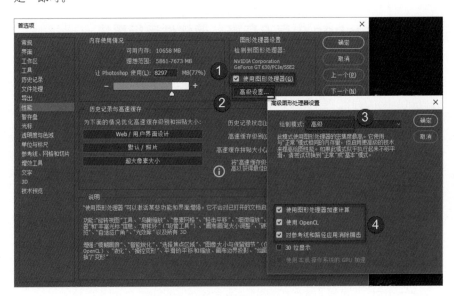

图形处理器设置

优化 Photoshop 暂存盘

　　使用 Photoshop 制作图像的时候，会临时产生大量的数据。Photoshop 暂存盘
默认放在 C 盘，如果制作图像时 C 盘临时数据已经满了，Photoshop 会提示内存不足、
暂存盘已满，此时我们将无法进行下一步的操作，甚至不能保存图像，还有可能遭
遇系统崩溃。我们需要提供更大的暂存盘空间给 Photoshop 使用，可以勾选 D 盘、
E 盘、F 盘等，这样在处理图像时，当图像占满了第一个暂存盘，就可以自动转入第
二个暂存盘，以此类推。该功能在处理大型文件——特别是图层很多的图像或图层
堆栈时非常有效，例如做星轨、延时摄影、模拟慢门摄影时，所以建议读者将计算
机的硬盘全部选择作为暂存盘。

首选项					
常规	暂存盘				
界面		现用？	驱动器	空闲空间	信息
工作区	1	☑	C:\	270.02GB	启动
工具	2	☑	D:\	223.31GB	
历史记录	3	☑	E:\	277.51GB	
文件处理	4	☑	F:\	171.55GB	
导出	5	☑	G:\	229.50GB	
性能	6	☐	J:\	203.09GB	
暂存盘					
光标					

设置"暂存盘"选项卡

"首选项"对话框中其他选项卡的设置，都可以保留默认设置。设置完成后，单击"确定"按钮，某些设置在 Photoshop 下次启动时即可生效，接下来我们就可以开始 Photoshop 之旅了。

1.3 Photoshop 面板组合与控制

Photoshop 的面板可以根据需求拆分和组合，下面介绍一下 Photoshop 的面板。

Photoshop 界面最左侧为工具栏，单击工具栏最上方的扩展按钮，可以切换工具栏的单列或双列显示，一般来说使用单列显示工具栏即可，这样会占用相对小的空间。

工具栏中的工具是一些最基本的工具，对于图像制作和调整来说，七八个工具即可，不是每一个工具都能用得上，我们需要哪一个工具，就选择相应的工具对图像进行局部或整体的控制，具体工具的使用方法在后面有介绍。

工具栏可以折叠，也可以移动，按住鼠标左键拖动工具栏顶部的标题栏，可以将其移动至其他位置。另外，可以将其移动到 Photoshop 界面右侧，与其他面板进行融合，按住鼠标左键将工具栏拖动至界面右侧，当出现蓝色的线条时，松开鼠标，就可以将工具栏合并到其他面板中。

单列显示　　双列显示

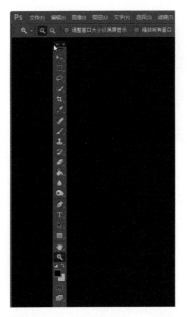
移动工具栏

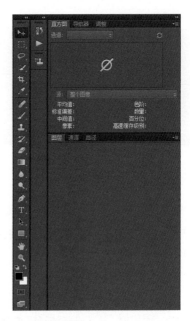
将工具栏合并到右侧面板中

　　Photoshop 界面右侧的面板也可以根据个人习惯和喜好进行自由组合。很多面板可以根据需要做设定，默认的是"基本功能"面板组合，由"颜色""调整""图层"等面板组成。

　　我们可以根据需要单击选项按钮，在弹出的下拉列表中选择相应的面板组合。例如，利用 Photoshop 做 3D 图片，可以选择"3D"选项，显示的面板就是"3D"面板组合。如果利用 Photoshop 做动画或视频，可以选择"动感"选项，显示的面板就是"动感"面板组合，有"直方图""图层""通道"面板等，该面板组合对于快速制作动画来说是一个最佳的组合形式。处理摄影作品可以选择"摄影"选项，面板组合将变成对于处理摄影作品来说最佳的面板组合形式，有"直方图""库""图层"面板等。

"基本功能"面板组合

选择"3D"选项

"3D"面板组合

"动感"面板组合

"摄影"面板组合

面板是可以进行移动、拆分、组合的，按住鼠标左键拖动面板顶部的标题栏即可进行操作。对面板进行合并时，按住鼠标左键拖动面板，将其拖动至其他面板附近，当出现蓝色的方框时，松开鼠标，就可以将该面板合并到其他面板中了。使用该功能，可将平时经常用到的面板有效组合在一起。

移动面板

拆分面板

自由组合面板

如果在重新组合面板的过程中把界面弄得很凌乱，例如，在"摄影"面板组合中将界面打乱了，可以在选项按钮下拉列表中选择"复位摄影"选项来对面板进行复位。

界面被打乱

选择"复位摄影"选项

面板复位

需要在Photoshop界面中显示某一个当前没有显示的面板时，可以在Photoshop界面上方的菜单栏中单击"窗口"选项，然后在弹出的列表中选择相应的选项。例如，想要在 Photoshop 中做动画或视频，可以选择"时间轴"选项，"时间轴"面板就可以出现在 Photoshop 界面中。

选择"时间轴"选项

Photoshop 界面中显示"时间轴"面板

当不需要显示某个面板时，可以将其关闭。关闭面板的方法有几种，当该面板与其他面板组合在一起时，可以切换到该面板，然后单击面板右侧的扩展按钮，在弹出的快捷菜单中选择"关闭"选项，即可将该面板关闭。还可以拖动该面板的标题栏将其与其他面板拆分开，然后单击面板右上方的关闭按钮将其关闭。将面板关闭后需要重新显示时，可以在 Photoshop 界面上方的菜单栏中单击"窗口"选项，然后在弹出的列表中选择相应的选项。

选择"关闭"选项

单击关闭按钮

选择要打开的面板

在众多的面板中，调整图像最常用的有"直方图""调整""图层"等，另外，"历史记录""动作"面板也比较常用。"历史记录"面板中记录了对图像进行处理的步骤，如果在图像处理时操作失误或者要返回之前的步骤，可以在"历史记录"面板中进行操作。"动作"面板可以记录调整步骤，我们可以根据自己的需求把常用的一些调整方案做成默认动作，进行快速批处理。例如，选择默认的动作"画框通道 -50 像素"，然后单击"动作"面板下方的"播放"按钮，可以在 Photoshop 的工作区中看到该动作为图像自动加边框。这些动作可以加快我们的工作速度。

"历史记录"面板

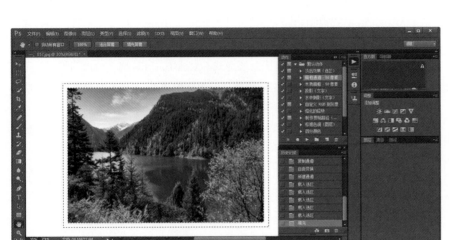
为图像自动添加边框

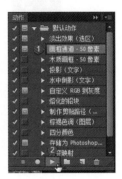
"动作"面板

1.4 常用图像格式的理解与应用

图像制作完成后要进行保存，可以选择的格式有很多。

Photoshop 中可选择的保存类型

JPEG 格式是最常用的，它是可以跨平台、跨操作系统的格式，保存之后的文件相对比较小。利用 JPEG 格式进行压缩方便快速传播，要进行网络传输或者作品交流，对图像精度要求不高时，可以保存为 JPEG 格式，这能大大节省磁盘空间。保存为 JPEG 格式时压缩比很大，想得到比较高的清晰度和丰富的细节时一般不采取这种格式进行保存。

要得到无损压缩、高精度的图像，一般选择 TIFF 格式。TIFF 格式是一种无损的图像格式，它也是可以跨平台、跨操作系统的，是一种比较通用的图像格式，TIFF 格式的缺点是文件比较大。

PSD 文件格式

Photoshop 格式也叫 PSD 格式，它是 Photoshop 的一种专用格式，该格式可以保存图层，在 Photoshop 中打开该格式的文件很快，它的缺点是文件比较大，需要专业的看图软件才能打开，因此该格式不太通用。PSD 格式最大的优点是可以存储图层、通道。当然，TIFF 格式也能存储图层和通道，但 TIFF 格式的通用性比 PSD 格式好得多，所以我们推荐将图像存储为 TIFF 格式。

BMP 格式，是 Windows 系统的专用格式，但使用相对较少，这种格式也是无损压缩的。

另外，还有一种大型文档格式——PSB 格式，绝大多数情况下我们用不到该格式，但是存储大文件时，该格式就可以派上用场了。例如，当单个图像大小超过 4GB 时，存储为 TIFF 格式或 PSD 格式都不能被保存，这时只能存储为 PSB 格式。假如一个图像文件有几百个甚至上千个图层，或者它是一张设计稿或者广告图，要做成很大的尺寸，就可以保存为 PSB 格式。

PSD 格式可以保存图层

PNG 也是一种常见的文件格式，它可以存储图层。例如要把一个图像文件的背景删掉，使之变成透明的图层，将其存成 PSD 文件会太大，存成 PNG 文件就相对比较小，而且该格式不会压缩图像。我们今后要保存单个图层的图像时，可以将其存储为 PNG 格式，如抠图之后的素材，或透明背景的图像。

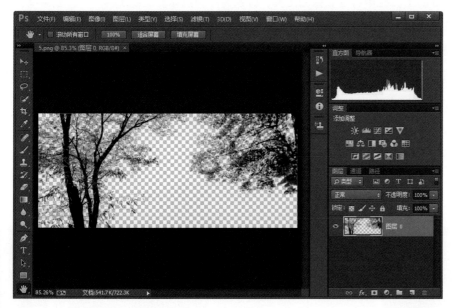

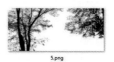
5.png

PNG 格式可以用来保存透明背景的图像　　　　　　　　　PNG 格式文件

　　保存文件时有两种方式，一种是通过"存储"选项，另一种是通过"存储为"选项。单击 Photoshop 菜单栏中的"文件－存储"选项，默认的存储位置是该文件的原路径，如果不更改文件名和文件类型，处理后的文件会对原文件进行覆盖，所以存储时一定要注意。单击 Photoshop 菜单栏中的"文件－存储为"选项，弹出"另存为"对话框，此时可以将处理后的文件存储在磁盘的任意位置,不会覆盖图像原文件。

选择"存储"选项

"另存为"对话框　　　　　　　　　　　　　　　　　　选择"存储为"选项

Photoshop 的工具栏中有 5 款修图工具，分别为"污点修复画笔工具""修复画笔工具""修补工具""内容感知移动工具""仿制图章工具"，这几款工具都是用于图像局部斑点修补的。这 5 个工具有不同的功能，可以在不同情况下使用，下面我们就来学习这些工具的基本应用。

02

照片瑕疵处理

2.1 污点修复画笔工具

"污点修复画笔工具" ✎是一款智能、简易、自动识别污点或斑点的工具，对于绝大多数图像的污点，我们都可以选用"污点修复画笔工具"进行处理。

打开一张照片，放大后可以看到人物皮肤处有一些斑点，在工具栏中选择"污点修复画笔工具"，然后在照片中单击鼠标右键，弹出快捷菜单后可设置修复污点的画笔直径大小，以能盖住污点的大小为准，这里将"大小"设置为"12 像素"。

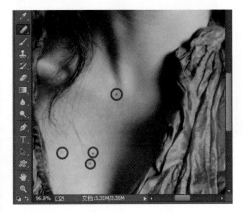
人物皮肤处有一些斑点

设置"污点修复画笔工具"的大小

在画面中的斑点处单击鼠标，即可看到斑点被修复。利用同样的方法，可以对其他的斑点进行修复。

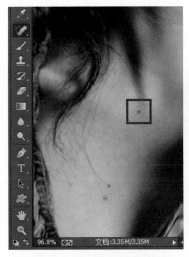
单击斑点处

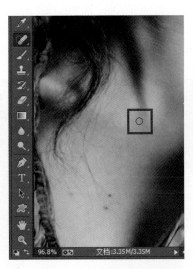
斑点被修复

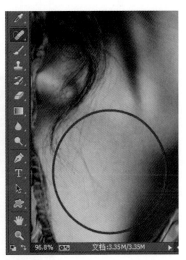
修复其他斑点

对于脸部的斑点、痘痘等，也可以使用这种方法进行修复。

脸部的斑点很多　　　　　　　　　　　　　　修复后的效果

　　"污点修复画笔工具"最大的优势是能够快速修掉画面中的某些污点，它的原理是利用污点周围像素的颜色和亮度混合出一个新的与周边颜色比较接近的图像区域去替换要修补的区域，所以当污点周边像素的颜色非常接近或者没有过多纹理的时候，该工具特别容易识别污点，并且可以对其进行十分有效的修复。

　　如果污点周边像素的颜色相差比较大，如明暗交接的区域、色彩过渡比较突然的区域、纹理比较多的区域、有明显线条的边缘区域、画布最边缘处等，利用该工具修复污点的效果则不是特别理想。例如，要修复人物鼻子下方明暗交接区域的污点，使用"污点修复画笔工具"在该区域单击，修复效果很不理想。

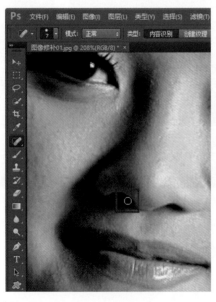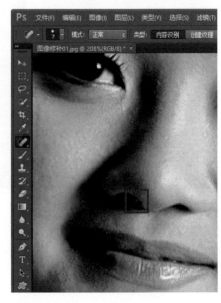

修复鼻子下方的污点　　　　　　　　　　　　修复效果不理想

2.2 修复画笔工具

"修复画笔工具"与"污点修复画笔工具"的作用相似，都可以用于修复画面中的污点，不同之处在于，使用"修复画笔工具"需要先在画面中取样。"污点修复画笔工具"是系统自动在画面中进行采样处理，当智能采样效果不理想，就可以使用"修复画笔工具"手动在画面中进行取样。

例如，要修复人物面部的一处斑点，在工具栏中选择"修复画笔工具" ，然后在照片中单击鼠标右键，弹出快捷菜单后将"大小"设置为"10像素"。

要修复的斑点

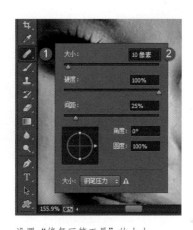

设置"修复画笔工具"的大小

在键盘上按住Alt键的同时单击斑点周围的区域，即可对该区域进行采样，然后松开Alt键，在画面中的斑点处单击鼠标，即可将取样点覆盖在斑点上，完成修复。

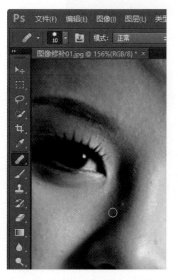

按住Alt键对周围区域进行采样

在斑点处单击鼠标

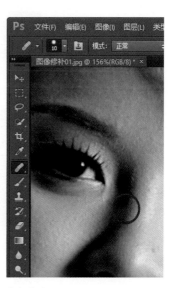

修复完成

2.3 修补工具

"修补工具" ▣ 适用于比较大面积区域的修补。

2.3.1 修补工具的基本应用

打开一张照片，可以看到照片前景中的几根杂草影响了画面的整体美观，这时可以使用"修补工具"去除杂草。

需要修补的照片

在工具栏中选择"修补工具"，单击选项栏中的"源"按钮，设置"从目标修补源"，然后按住鼠标左键拖动指针，框选出要修补的杂草区域，也可以按住键盘上的 Alt 键，单击鼠标后进行拖动，一点一点将杂草区域框选出来。

按住 Alt 键框选要修补的区域

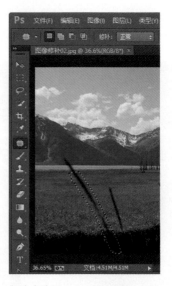

框选出选区

绘制完成后，将鼠标指针放置在选区内，然后拖动鼠标左键移动选区，用选区周边的像素去替换想要修补的区域。修补完成后，按 Ctrl+D 快捷键可以快速取消选区。这样很快就可以完成大面积的区域修补了。

移动选区

修补后的效果

如果修补完成后还有小面积的区域修补得不完美，可以再次利用"修补工具"框选一个小范围的选区，然后对其进行修补。

制作选区

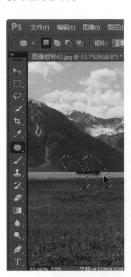
移动选区

修补后的效果

小提示

需要注意的是，制作选区时尽量不要让选区面积过大，否则容易穿帮，让人看出修补痕迹。尤其是对于有线条或纹理的区域的修补，一定要对齐线条、纹理，选择颜色差不多的区域进行修补。

2.3.2 "修补工具"选项栏中各选项的作用

在"修补工具"的选项栏中，还有一些参数可以设定。

当我们针对某一块区域制作选区时，可能与该区域相邻的某些区域也需要修补但没有被选中，这时可以单击"修补工具"选项栏中的"添加到选区"按钮，然后按住鼠标左键拖动指针，将没有被选中的区域添加进来。需要注意的是，添加选区时，要将鼠标指针放置在已选中的选区之外进行操作。

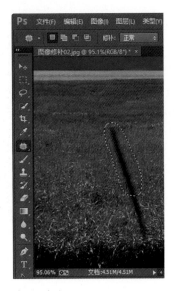
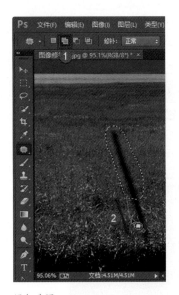
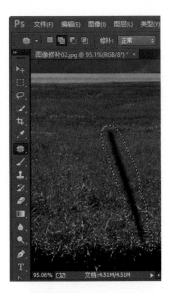

选区面积小　　　　　　　　　　添加选区　　　　　　　　　　添加选区的效果

一般来说，选区的面积不宜过大，越小越好，如果选区的面积过大，要将其缩小，可以单击"修补工具"选项栏中的"从选区减去"按钮■，然后按住鼠标左键拖动指针，将不需要的区域从选区中减去。同样，减去选区时，也要将鼠标指针放置在选区之外进行操作。

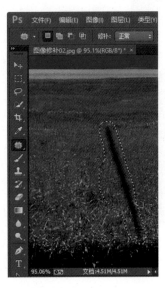
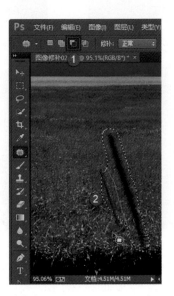
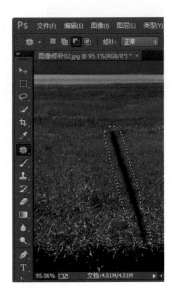

选区面积大　　　　　　　　　　减去选区　　　　　　　　　　减去选区的效果

在选项栏中除了可以添加、减去选区以外，还可以选择"修补"的方式是"正常"还是"内容识别"。选择"正常"选项时可进行正常的修片；选择"内容识别"选项时，软件会根据修补区域周围的纹理自动判断，进行更加快速的填充。这种修补是混合周边的像素进行修补，图像中纹理过多时，利用这个方法修片的效果比较理想。

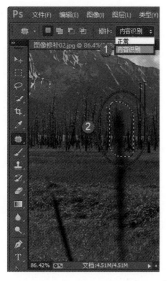

选择"内容识别"选项后制作选区

移动选区

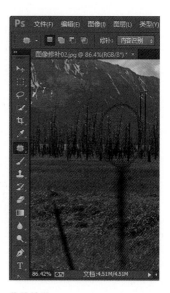

修补效果

使用"内容识别"方式时，可以设置它的"结构"，即修补区域边缘羽化的程度。另外，还可以设置"颜色"，"颜色"设置得越高，修补区域的色调融合度就越高，同时纹理会减去很多。用户可以通过多次设置"结构"和"颜色"，多次试验，使修补区域的纹理和色彩与周边区域更加匹配。

设置"结构"和"颜色"

2.4 内容感知移动工具

"内容感知移动工具" 的原理与"修补工具"相似，使用它也能快速修补大面积的污点和需要保留纹理的区域。

打开一张照片，在工具栏中选择"内容感知移动工具"，首先制作一个选区，然后将这个选区移动到要修补的区域上，它会进行内容识别，替换要修补的区域。移动操作完成后，要修补的区域被修复，但是之前制作的选区却变模糊。

制作选区

移动选区覆盖到要修补的区域

原选区变模糊

这是因为当前在选项栏中设置的"模式"是"移动"，软件会用选区源点去替换修补点，将两者互换，这种结果肯定不是我们需要的，因此应设置"模式"为"扩展"，将选区源区域扩展到修补区域。同样，还可以在选项栏中设置"结构"和"颜色"。

设置"模式"为"扩展"后制作选区

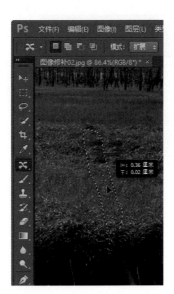

移动选区

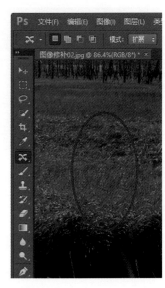

修复后的效果

在一个图像中，纹理不同的区域可以用不同的工具进行修补，如果当前工具使用效果不理想，可以使用另一种工具进行尝试，或者将多款工具灵活组合起来使用，这样才能使修补效果达到最理想的状态。

2.5 仿制图章工具

"仿制图章工具" ▲也是一款修片工具，它没有"污点修复画笔工具"那么快速和自动化，"污点修复画笔工具"可以自动识别要修复区域周边的像素和色彩，进行自动修复，"仿制图章工具"不具备自动识别功能，需要人工取样然后修补，但这个工具仍然是一款十分有用的修补工具，它更适合需要人工判断且有难度的图像修补，是前几款自动修补工具不可替代的手动修补工具。

雪地风情：仿制图章工具与笔刷样式应用

打开一张照片，我们需要将照片上狐狸上方的鸟修掉，如果使用"污点修复画笔工具"则很难将其修好，这时就可以使用"仿制图章工具"来进行人工识别。

打开要修复的照片

使用"污点修复画笔工具"修复的效果不佳

在工具栏中选择"仿制图章工具"，按住键盘上的 Alt 键，在鸟旁边的白色区域单击鼠标取样，来定义作为源的点，即将白色区域复制到鸟所在的区域。取样完成后，将鼠标指针移动到鸟身上，然后按住鼠标左键不松开，进行反复涂抹。

选择"仿制图章工具"后按住 Alt 键取样

在鸟身上反复涂抹

当涂抹到鸟与狐狸临界点的时候，松开鼠标，按住键盘上的 Alt 键重新采样，再进行涂抹，这样反复几次之后，就可以得到满意的效果。

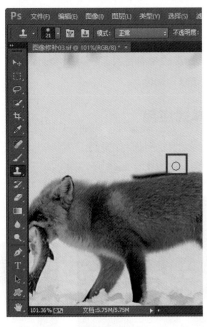 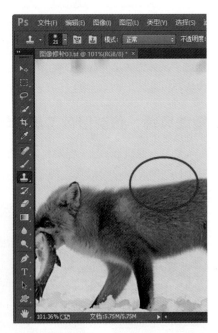

选择"仿制图章工具"后按住 Alt 键取样　　　　在鸟身上反复涂抹

在修补的过程中，默认使用的是圆形的画笔，我们还可以设置使用其他不同形状的画笔。在画布中右击，软件会自动弹出快捷菜单，可以看到，在快捷菜单的下方有许多画笔可供选择。在修补鸟与狐狸临界点的时候，可以选择不规则形状的画笔来修复狐狸的绒毛，还可以选择不同的笔触、调整笔触的方向等，使狐狸背部的边缘不至于太过规则。

小提示

大多数情况下，修复图像都会选择圆形的笔刷，但是针对某些特定图形，一些不规则形状的笔刷可能更有效。

选择其他笔触　　　　　　修复狐狸的绒毛

牦牛肖像：修掉牦牛后的电线杆

打开另一张照片，可以看到画面显得很杂乱，天空中的电线和牦牛后面的电线杆都需要修掉。

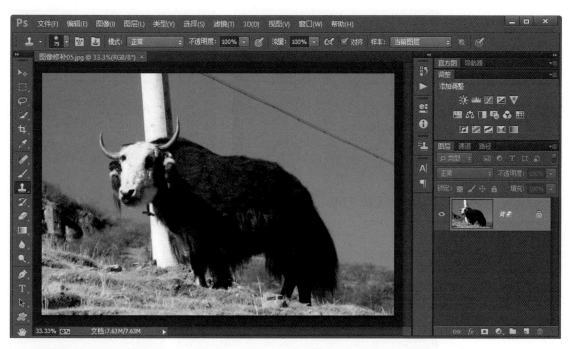

打开要修复的照片

首先修复照片中的电线，选择"仿制图章工具"并设置合适的大小，按住键盘上的 Alt 键，在电线旁边的蓝色区域单击鼠标取样，然后将鼠标指针移动到电线的一端，单击鼠标。

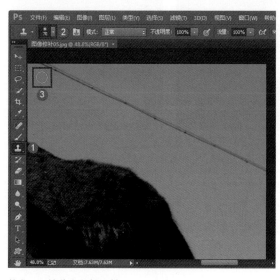

按住 Alt 键单击鼠标取样

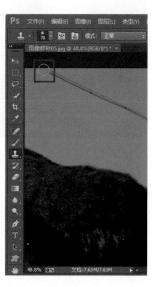

在电线一端单击

接着按住键盘上的 Shift 键，将鼠标指针移动到电线的另一端，再次单击鼠标，这时可以看到电线被去除。这种方法适合单一背景下斜线、直线形的快速修补，如修掉电线、长条杂物等。

按住 Shift 键在电线的另一端单击鼠标　　　　　电线被去除

对于复杂图形的修补，最好制作选区进行操作。例如要把照片中牦牛后面的电线杆修掉，首先选择"仿制图章工具"，按住键盘上的 Alt 键，在蓝色天空区域单击鼠标取样，然后按住鼠标左键在电线杆上拖动涂抹，修掉牦牛上方的电线杆。

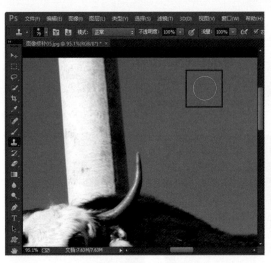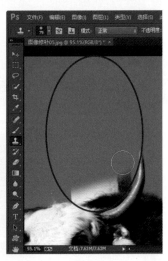

按住 Alt 键在蓝色天空区域单击鼠标取样　　　　　修掉牦牛上方的电线杆

当修复到与牦牛接触的临界区域时，选择"磁性套索工具"，将牦牛身体外的区域大致做一个选区，这时细节肯定会有所丢失，如牦牛的绒毛，这是在所难免的。制作完选区后，在选区上单击鼠标右键，弹出快捷菜单后选择"羽化"选项，弹出"羽化选区"对话框后设置"羽化半径"为"1 像素"，单击"确定"按钮。

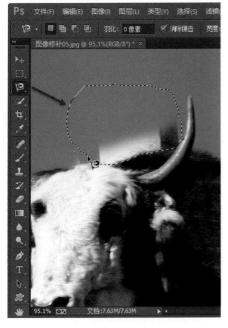

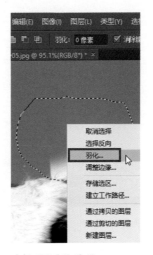

利用"磁性套索工具"绘制选区　　　　　选择"羽化"选项　　　　　设置"羽化半径"

　　再次选择"仿制图章工具"，按住键盘上的 Alt 键，在选区旁边的蓝色区域单击鼠标取样，然后在选区内涂抹，这样才不至于让牦牛的身体也被蓝色的天空覆盖。修复完成后，按键盘上的 Ctrl+D 快捷键取消选区。

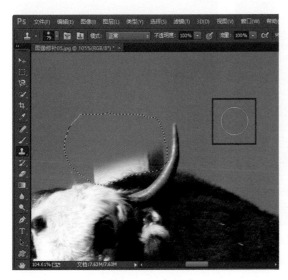

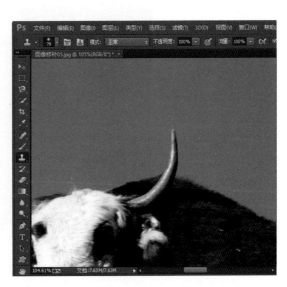

再次按住 Alt 键单击鼠标取样　　　　　　　　　　修复完成

　　这种人工取样的方式看上去很麻烦，但它是最为灵活、可靠的一种修图方式，尤其针对一些复杂区域，都应该通过制作选区来修复。在大多数情况下，修片需要降低不透明度来融合修复区域的边缘。

　　例如，要将照片中牦牛下方的电线杆修掉，那么首先直接使用"仿制图章工具"修掉不与牦牛身体接触的电线杆区域。

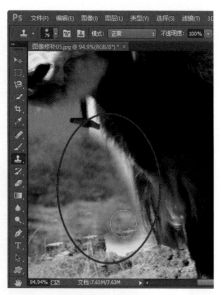

按住 Alt 键单击鼠标取样

在不与牦牛接触的区域涂抹

当修复到边界处，想要使边界过渡自然，这时做选区不太理想，因为面积太大，而且牦牛绒毛过多，边缘形状极不规则。可以在选项栏中降低"不透明度"至50%，然后设置合适的大小，在要修复的边界区域上反复取样涂抹，使其与背景色慢慢融合，这样才不至于使边缘纹理被完全覆盖或边缘过于清晰。

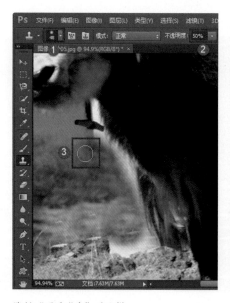
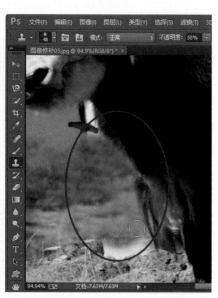

降低"不透明度"后取样

在牦牛绒毛边缘区域涂抹

电线杆最下方与地面接触的区域边界很明显，这时需要制作选区，否则很容易将边界修模糊。选择"磁性套索工具"，在这部分区域大致做一个选区，然后在选区上单击鼠标右键，弹出快捷菜单后选择"羽化"选项，弹出"羽化选区"对话框后设置"羽化半径"为"1 像素"，单击"确定"按钮。

利用"磁性套索工具"绘制选区

选择"羽化"选项

设置"羽化半径"

再次选择"仿制图章工具",按住键盘上的 Alt 键,在选区旁边的临近区域单击鼠标取样,然后在选区内涂抹,修复过程中可以反复取样,反复涂抹,直到修出完美的效果,修复完成后按 Ctrl+D 快捷键取消选区。

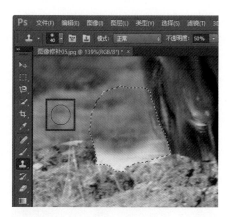
再次按住 Alt 键单击鼠标取样

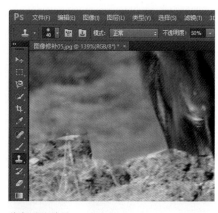
修复后的效果

继续取样

边界过渡更加自然

取消选区后,可以继续在周边区域采样涂抹,使这些区域半透明地融入到背景中,这样看上去会更加自然。

再次选择"磁性套索工具"，在牦牛头部下方的电线杆区域制作选区，然后在选区上单击鼠标右键，弹出快捷菜单后选择"羽化"选项，弹出"羽化选区"对话框后设置"羽化半径"为"1像素"，单击"确定"按钮。

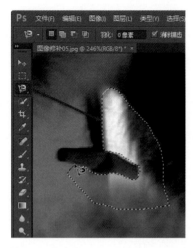

利用"磁性套索工具"绘制选区

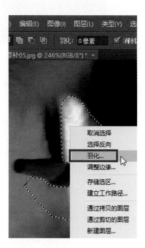

选择"羽化"选项

设置"羽化半径"

再次选择"仿制图章工具"，降低选项栏中的"不透明度"为25%，按住键盘上的Alt键，在选区旁边的蓝色区域单击鼠标取样，然后在选区内涂抹，同样，修复过程中应反复取样，反复涂抹，这样修复后的边界会比较自然，修复完成后按Ctrl+D快捷键取消选区。

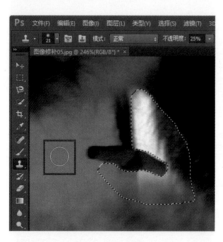

再次按住Alt键单击鼠标取样

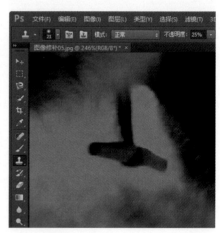

修复后的效果

取消选区后，仍旧需要在周边区域采样涂抹，让选区边缘过渡自然。

继续取样

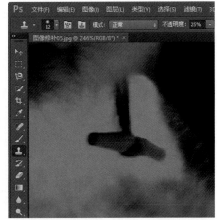
边界过渡更加自然

这样，这张照片就修复完成了，查看一下修复后的效果。

照片修复完成后的效果

图像的修补是图像处理中必不可少的一个环节，皮肤美化、创意合成都会经常使用到各类不同的修补工具与修补方法。"污点修复画笔工具""修复画笔工具""修补工具""内容感知移动工具"都是寻找指定区域周边相似的像素和色彩进行自动修补，而"仿制图章工具"完全靠人工判断采样修补。不同的图像、不同的修补区域要使用不同的工具来修补，这样才能获得更好的效果。

图层在 Photoshop 中占有举足轻重的地位，图像合成需要借助图层，图像混合也需要借助图层，因此图层的概念和应用是每位 Photoshop 爱好者都必须掌握的。本章就来介绍一下图层的基本应用。

Ps

03

图层的概念与应用

3.1 理解图层的概念

打开一张照片，"图层"面板显示这张照片除了"背景"图层外没有其他图层，也就是说，这张照片目前不具备图层。

"图层"面板中只有"背景"图层

在"图层"面板中，"背景"图层的右侧有一个锁的图标，这把锁的意思是这张照片暂时被锁定，不能用移动工具移动它。如果使用"移动工具"移动该照片，就会弹出提示框提示图层已锁定。

单击锁的图标，即可为"背景"图层解锁，解锁后"背景"图层就变为"图层0"。

单击锁图标

"背景"图层变为"图层0"

这时，可以用"移动工具"移动这张照片，也可用其他变形工具编辑这张照片。

当然，如果不需要进行图像合成，一般不需要对"背景"图层进行解锁，只有需要移动或者变形才需要解锁。任意一张没有经过处理的照片打开时都只有"背景"图层，对其解锁之后，才能变成"图层"。通过叠加多个图层，才能对图像进行合成。

移动图层

下面我们通过另一张图片来理解图层。这张图片由6个图层组成，分别为"图层0""图层1""图层2""图层3""图层4"以及背景图层"图层5"。

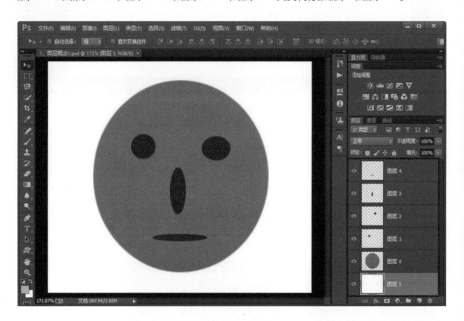

由6个图层组成的图片

由上图可以看出，图层就像是含有文字或图形等元素的胶片，一张张按顺序叠放在一起，组合起来形成画面的最终效果。

打个比方说，这就像在一张张透明的玻璃纸上作画，透过上面的玻璃纸可以看见下面玻璃纸上的内容，无论在上一层玻璃纸上如何涂画都不会影响到下面的玻璃纸，但是上面一层玻璃纸上的内容会遮挡住下面的图像。最后将玻璃纸叠加起来，通过移动各层玻璃纸的相对位置或者添加更多的玻璃纸，可得到多个图层合成的最终效果。

3.2 图层的基本操作

　　了解了图层的概念后，就要学习如何灵活地操作图层，这是熟练处理图像的基本功。图层的基本操作包括隐藏与显示图层，图层的选中、移动、删除等。下面介绍图层的基本操作知识。

3.2.1 图层的隐藏与显示

　　图层是可以打开或者隐藏的。若要将下图中的白背景"图层5"隐藏起来，单击"图层5"前面的"指示图层可见性"按钮 ◉ ，即可将其关闭，这时可看到图片的白背景被隐藏，只显示透明像素的背景。

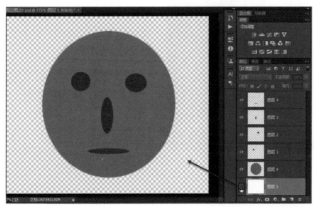

单击"图层5"的 ◉ 按钮　　图片的白背景被隐藏

　　同样，单击"图层4"前面的"指示图层可见性"按钮 ◉ ，可以看到图片中卡通人物的嘴巴被隐藏起来；单击"图层3"前面的"指示图层可见性"按钮 ◉ ，可以看到图片中卡通人物的鼻子被隐藏起来；单击"图层2"前面的"指示图层可见性"按钮 ◉ ，可以看到图片中卡通人物右侧的眼睛被隐藏起来；单击"图层1"前面的"指示图层可见性"按钮 ◉ ，可以看到图片中卡通人物左侧的眼睛被隐藏起来；单击"图层0"前面的"指示图层可见性"按钮 ◉ ，可以看到图片中卡通人物的整个面部被隐藏起来。

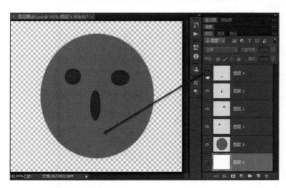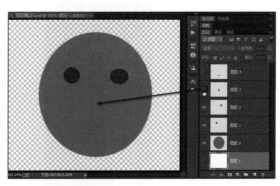

卡通人物的嘴巴被隐藏　　　　　　　　　　　　卡通人物的鼻子被隐藏

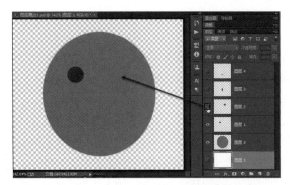

卡通人物的右侧眼睛被隐藏

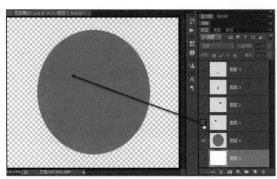

卡通人物的左侧眼睛被隐藏

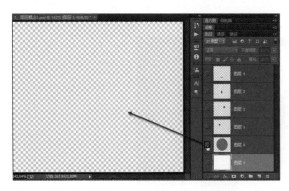

卡通人物的面部被隐藏

可以看出，这张图片是由多个图形组成的，每个图形拥有一个单独的图层，想要隐藏哪个图层，就单击相应图层前面的"指示图层可见性"按钮 👁，即可将图层暂时隐藏。

想要显示图层，只需要再次单击相应图层前面的"指示图层可见性"按钮，即可将图层显示出来。

3.2.2　选中图层

需要修改某一个图层，首先应选中相应图层。那么如何选中想要修改的图层呢？假设要修改卡通人物的嘴巴，就在"图层"面板中单击嘴巴所在的"图层 4"，然后就可以对该图层进行修改，如使用"移动工具"在画面中移动嘴巴的位置。

选中图层

修改图层

更快捷的选中图层的方法是在工具栏中选择"移动工具"，然后在选项栏中勾选"自动选择"复选框，这时在图片中单击某个区域，就可以自动选中相应图层了。例如，想要选中人物的嘴巴所在的图层，在图片中单击嘴巴，"图层"面板就显示已自动选中了嘴巴对应的"图层4"。

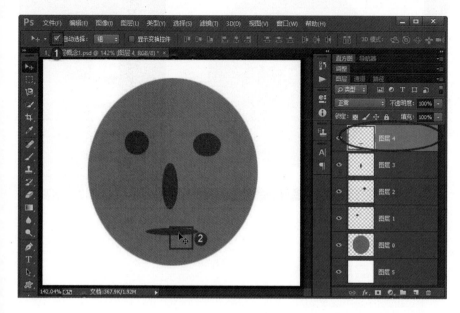

选中嘴巴所在的
"图层4"

　　同样，在图片中单击鼻子，"图层"面板就显示已自动选中了鼻子对应的"图层3"。

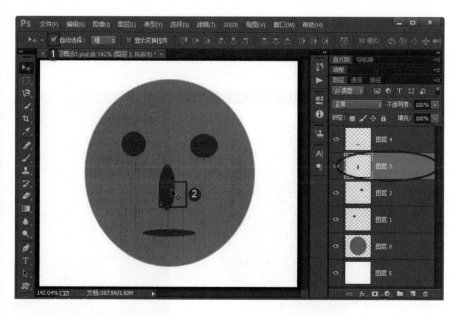

选中鼻子所在的
"图层3"

　　如果各个图层有重叠的区域，选中的图层就是上面的图层。例如，图片中右侧眼睛与面部存在重叠的区域，此时单击右侧眼睛，则选中的是右侧眼睛对应的"图层2"，而不是面部对应的"图层0"。在图像上单击鼠标右键，弹出图层选择序列后，单击需要选中的图层序列数字即可。

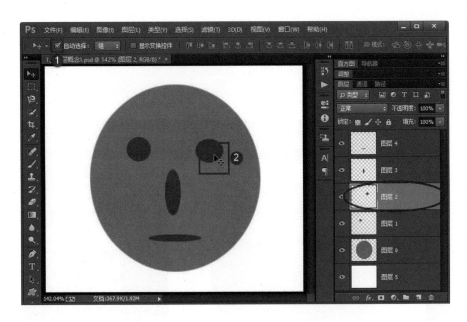

选中上方的"图层2"

3.2.3 图层顺序的改变

图层的顺序是可以改变的。例如，要将人物面部对应的"图层0"移动到"图层4"上方，那么首先选中"图层0"，然后按住鼠标左键向上拖动，拖动到"图层4"上方出现粗横线时，松开鼠标，即可看到"图层0"已经移动到"图层4"上方了。

也就是说，此时"图层0"位于所有图层的最顶端，它将鼻子、眼睛等所在的图层全部遮挡住了，因此人物面部所在的"图层0"只能位于鼻子、眼睛和嘴巴所在图层的下方。完成图像创意合成或者画面设计排版时，我们经常会改变图层的顺序，来安排要合成的各个图像元素。

选中图层

拖移图层

移动图层的效果

3.2.4 删除图层

　　读者还可以对图层进行删除。例如，如果不需要"图层4"，那么可以将其删除，在"图层"面板的"图层4"上按住鼠标左键，将其拖动至"图层"面板下方的"删除图层"按钮 🗑 上，即可将"图层4"删除。可以看到，删除"图层4"后，"图层4"对应的卡通人物的嘴巴也就被删除。

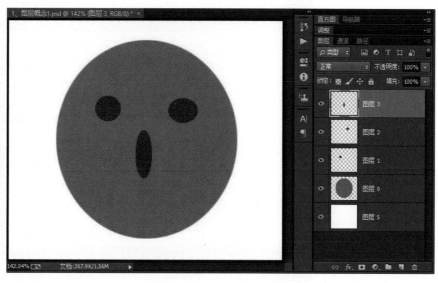

拖动图层至 🗑 按钮上　　　图层被删除的效果

　　另外，也可以使用鼠标右键快捷菜单中的"删除图层"菜单命令对图层进行删除。如果要删除多个图层，可以按住Ctrl键不放，然后单击选择多个要删除的图层，最后，鼠标右键点删除即可。

　　如果要恢复被删除的图层，在"历史记录"面板中恢复到删除图层的前一步，才能恢复删除的图层。

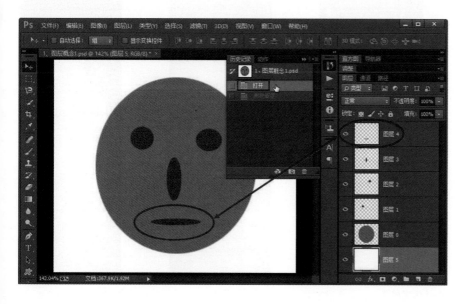

恢复删除的图层

3.3　图层的类型

除了前面介绍的像素图层，还有其他类型的图层。打开一张图片，看一下这张图片有多少种类型的图层呢？

查看图层

可以看到，这张图片除了像素图层、文字图层外，还拥有图案、形状、颜色填充以及曲线、色相／饱和度等调整图层。

像素图层　　　　　　　文字图层　　　　　　图案填充图层　　　　　调整图层

另外，除了我们能看到的这些图层，还有一部分图层被隐藏了。例如，"图层5"
目前是隐藏状态，单击该图层前面的"指示图层可见性"按钮，可以看到"图层5"
显示了出来，原来它是一张图片。

显示"图层5"

单击"色相/饱和度1"图层前面的"指示图层可见性"按钮，将该图层显示出
来，从画面中可以看出，该图层是用来调整"图层5"中图片的色相/饱和度的。

调整"图层5"图片的
色相/饱和度

单击"图案填充1"图层前面的"指示图层可见性"按钮，将该图层显示出来，
从画面中可以看出，该图层是一张图片。该图层显示出来后，其下方的所有图层都
被覆盖了。

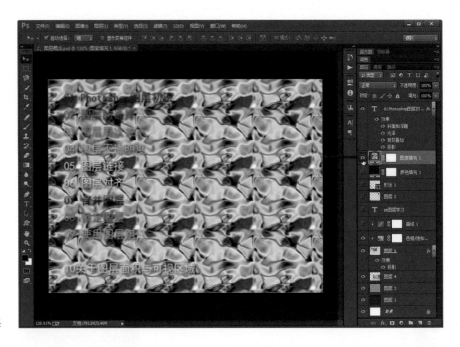

"图案填充 1"图层

利用同样的方法，可以查看"图层"面板中其他隐藏的图层，理解不同类型图层的区别。

3.4 创建调整图层

从上面的图片中可以看到，"图层"面板中包含了多种类型的图层，其中还有对于图像调整来说十分重要的调整图层。那么，这个调整图层是如何创建的呢？

为了方便观察效果，可以暂时将"图层 5"以外的图层全部隐藏。选中"图层 5"，在"图层"面板下方，有一个"创建新的填充或调整图层"按钮 ，单击该按钮，可以弹出快捷菜单，利用它可以创建很多相关图层，这里单击"曲线"选项。

选中"图层 5"

单击"曲线"选项

打开"曲线"工具的"属性"面板，显示"曲线"的相关选项，读者可在其中调整曲线以改变图片的明暗度。

调整曲线改变图片的明暗度

创建曲线调整图层的好处在于这样调整不破坏原片，它只是在原片的上方创建了一个临时的图层，我们将这种图层称为调整图层。单击刚才创建的"曲线2"调整图层前面的"指示图层可见性"按钮，将该图层隐藏，可见图片还是原来的效果，没有被破坏。

原图没有被破坏

如果没有调整好，可以选中该图层后双击图层缩览图，即可再次打开"曲线"工具，在其中修改曲线，直至修改到满意的效果。

重新修改调整图层

调整图层除了可以添加"曲线"外，还可以添加"亮度/对比度""色阶""色相/饱和度""色彩平衡"等一系列颜色调整工具，添加这些调整工具的目的是为了在不破坏原片的情况下快速调整或修改图片，十分方便和快捷。调整图层还带有蒙版，使用它不仅可以做整体无损调色，还可以做无损局部控制以及精细的细节调整，它是摄影后期制作中最为常用的五星级工具之一。具体的操作在后面章节会做详细介绍。

3.5 链接图层

图层除了可以添加图层样式外，还可以将多张照片链接在一起。例如，要保持"图层4"和"图层5"中两张照片的原始位置，又想同时移动它们，可以按住键盘上的Ctrl键，单击"图层4"和"图层5"，同时选中这两个图层，然后单击"图层"面板下方的"链接图层"按钮，可以看到"图层4"和"图层5"右侧出现了链条标志，这意味着这两张照片链接在一起了。

单击"链接图层"按钮

图层右侧出现了链条标志

如果使用"移动工具"移动其中一张照片，这两张照片会同时进行移动。

移动其中的一张照片

两张照片同时被移动

当然，调整颜色时不能对两张照片同时进行调色，这个功能只是将这两张照片捆绑在一起进行移动位置、改变大小等操作，用户不能通过图层链接同时进行色彩的修改。图层链接作用方便用户管理与移动或删除多个图层。对于复杂的图像合成与版面设计，图层链接功能能发挥一定的作用。

3.6 对图层进行分组

当图层过多的时候，读者可以对图层进行分组管理与修改，还可以为某一图层组建立调整图层，只对该图层组里面的素材进行调色。单击"图层"面板下方的"创建新组"按钮，就可以在"图层"面板中创建一个组，这个组类似于一个文件夹。

单击"创建新组"按钮

创建的"组 1"

组可以重命名，双击组名称，可以看到组名称变为可编辑状态，此时可输入新的组名称，如"文字组"。

双击组名称使之变为可编辑状态　　　为组重命名

接着可以将相关的图层拖入组中。例如，将组下方的文字图层拖入"文字组"中。首先选中某个文字图层，然后按住鼠标左键，将其拖动至"文字组"所在的位置，当组图层周围出现白色框线时，松开鼠标，即可将该文字图层放入"文字组"中。利用同样的方法可以将所有的文字图层都拖动至"文字组"中。也可将图层组中的图层移出组。

拖移文字图层　　　　　文字图层被移入"文字组"　　　所有文字图层被移入"文字组"

展开组　　　　　折叠组

组的作用是方便读者在图层众多的时候将同类型的素材归类管理，或者在组里面快速找到需要的图层。单击组前面的小三角按钮，可以折叠或打开组中的所有图层。所有图层组都可以修改不透明度，改变图层组的混合模式，也可以复制、移动或删除图层组。一般来说，不制作特别复杂的图像，图层组的使用并不多。

单击组前面的"指示图层可见性"按钮，可以同时显示或隐藏组中的所有图层。

同时显示组中的所有图层

同时隐藏组中的所有图层

选中组时，可以同时移动组中的所有图层，不需要链接图层。

选中组后移动

可同时移动组中的所有图层

图层组可以添加图层蒙版，添加图层蒙版的作用是将某些区域临时覆盖。例如，需要将"文字组"中的下半部分文字覆盖掉，就选中"文字组"，单击"图层"面板下方的"添加图层蒙版"按钮，为"文字组"添加一个蒙版。

单击"添加图层蒙版"按钮

为组添加蒙版的效果

接着在工具栏中选择"画笔工具"，设置画笔大小，在图片下半部分文字上涂抹，即可将涂抹区域的文字覆盖掉，也就是说将组中的全部内容都用蒙版覆盖了。蒙版在后面章节会做详细介绍。

利用图层蒙版将某些区域覆盖

3.7　"图层"面板中各选项的作用

单击"图层"面板下方的"创建新图层"按钮 ，可新建一个空白图层，将其他图层先暂时隐藏后可以看到这个空白图层是透明的。新建空白图层有什么作用呢？用户可以在上面添加颜色、画笔等元素。空白图层在后面章节会有详细介绍。

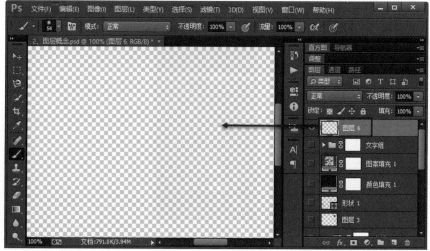

单击"创建新图层"按钮　新建的空白图层

在"图层"面板上方，还有一个选项栏。打开"类型"下拉列表，可以根据图层类型快速选择需要的图层。首先将所有图层都显示出来，如果选择"效果"图层，那么"图层"面板中会显示做过效果的全部图层；如果选择"模式"图层，那么"图层"面板中会显示带有模式的全部图层。该功能可方便用户检索。

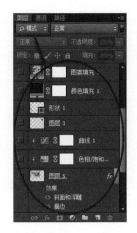

"类型"下拉列表　　　　　　　选择"效果"　　　　　　　选择"模式"

在"类型"选项右侧有一个"像素图层滤镜"按钮，单击该按钮，可快速将像素图层显示在"图层"面板中；单击"调整图层滤镜"按钮，则"图层"面板中将显示所有的调整图层；单击"文字图层滤镜"按钮，则"图层"面板中将显示所有的文字图层。这些按钮能方便用户在众多的图层中快速寻找想要的图层，当然，如果图层数较少，就没有必要使用这些按钮。

单击"像素图层滤镜"按钮　　单击"调整图层滤镜"按钮　　单击"文字图层滤镜"按钮

打开"设置图层的混合模式"下拉列表，可显示在 Photoshop 中非常强大的功能集合，即图层混合模式。图层混合模式在图像的影调控制以及影像合成中十分重要，在后面章节会做重点讲解。

图层混合模式

"不透明度"滑块可以控制图层的不透明度。若要将红色图层"颜色填充 1"的不透明度降低，首先选中该图层，然后调整"不透明度"至 50%，图层变为半透明状。"不透明度"和"填充"对于普通图层来说是一个概念，只有图层含有图层样式的时候，才有"填充"和"不透明度"之间的差别。

选中图层

调整图层不透明度的效果

当图片的所有图层都处理好之后，单击"图层"面板右侧的扩展按钮，在弹出的快捷菜单中选择"拼合图像"选项，提示框会提示是否扔掉隐藏的图层，单击"确定"按钮，即可将所有显示的图层合并，做成一个"背景"图层。如果不想丢掉隐藏的图层，那么拼合图像之前，要让所有隐藏的图层显示出来，再进行拼合。

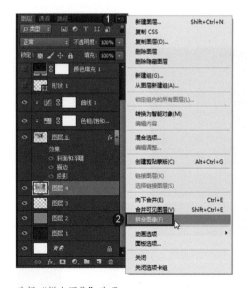
选择"拼合图像"选项

单击"确定"按钮

拼合成一个"背景"图层

"向下合并"会让当前选中的图层与其下面的一个图层合并。例如，当前选中"图层 4"，选择"向下合并"选项后，"图层 4"会与"图层 3"合并。

选择"向下合并"选项

两个图层合并成一个图层

选择"合并可见图层"选项，会将当前所有显示出来的图层合并为"背景"图层，隐藏的图层不会被合并。

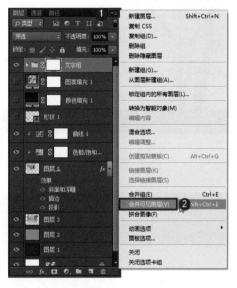

选择"合并可见图层"选项

所有显示出来的图层被合并

当图片的所有效果都做好之后，一般要选择"拼合图像"选项，然后进行保存，因为带有图层的图片文件很大，将占用很多的内存和磁盘空间，所以效果制作完成之后应该拼合图像。拼合完成后，选择菜单栏中的"文件－存储为"选项，在打开的"另存为"对话框中设置"保存位置""文件名""保存类型"等选项，然后单击"保存"按钮，即可保存制作好的图片。

选择"存储为"选项

"另存为"对话框

3.8 利用图层的概念对图像进行处理及合成

在进行图像合成之前，首先让我们通过两个案例来理解一下图层的组成。

图层的组成

打开第一张图片。在"图层"面板中可以看到，这张图片是由两个图层组成的，这两个图层分别包含两棵树，是利用通道抠图抠出来的素材，背景都是透明的。在进行图像处理的时候，可以将这两棵树作为素材合成到其他图像中。

隐藏"树"图层，可以看到"Layer0"图层包含画面中左边的树。

"Layer0"图层

使用"移动工具"，可以将这棵大树移动至其他位置，或移动到其他图像中。

移动图层

下面再打开一张图片。这张图片是一张创意图片，它是由多张图片组合在一起的。在"图层"面板中可以看到，这张图片由许多图层组成，包括像素图层、颜色调整图层等。

打开图片

查看所有图层

现在暂时隐藏"背景"图层外的其他图层。可以看到"背景"图层是一张白色图片。
显示"图层2"，可以看到这是一张黑白人物影像素材图。

"背景"图层是一张白色图片

"图层2"是人物素材图

显示"图层1"，可以看到这是一棵大树的素材图，添加蒙版，将中间用黑色覆盖，人物的脸部就露出来了。显示"色相/饱和度1"图层，可以看到这个图层是用来调整画面整体色彩的。

"图层1"是大树素材图

"色相/饱和度1"图层用以调整画面色彩

显示"图层 3"，这个图层用来为人物脸部添加裂纹效果，采取了正片叠底的混合模式，将纹理混合到人物的面部。显示"色相 / 饱和度 2"图层，该图层是调整人物面部色彩的。

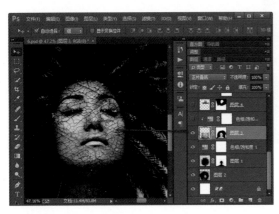 

"图层 3"用来为人物脸部添加裂纹效果　　　　　　"色相 / 饱和度 2"图层用以调整人物面部色彩

显示"图层 4"，这个图层是两只鸟的素材图。显示"曲线 2"，这个图层是单独调整这两只鸟的亮度的。

"图层 4"是两只鸟的素材图　　　　　　　　　　　　"曲线 2"图层用以调整鸟的亮度

这样一个图层一个图层地分析，可以看到每个图层有每个图层的作用，所有图层相叠加，就形成了画面的最终效果。读者可多分析本系列教材提供的练习图片中的 PSD 格式图片，这样会进一步理解图层的作用以及合成技巧。

图层 + 橡皮擦合成照片

接下来介绍如何利用图层对图像进行修改及合成。下面我们要将两张照片 3.jpg 和 4.jpg 组合在一起。默认情况下，在 Photoshop 中打开多张照片时，它们会自动排列到一个标题栏下，这样每次查看其中一张照片时，它都会挡住其他照片，所以无法同时查看其他照片。因此，当需要进行图像合成操作，要将一张照片拖动到另一张照片上时，一定要将其中一张照片从标题栏上分离出来。单击照片 4.jpg 的标题栏，按住鼠标左键向下拖动，即可将其从标题栏组中分离出来，然后将其放置到不影响查看照片 3.jpg 的位置上。

在 Photoshop 中打开两张照片

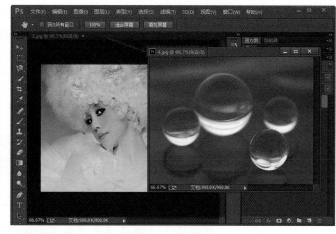

将一张照片从标题栏上分离出来

选择工具栏中的"移动工具"，在照片 4.jpg 中单击，按住鼠标左键将其拖动至照片 3.jpg 中，松开鼠标，则照片 4.jpg 会移动至照片 3.jpg 中，生成"图层 1"。

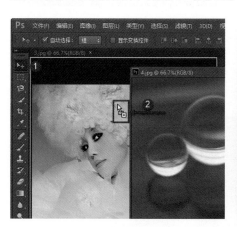

拖动一张照片至另一张照片中

一张照片移动至另一张照片中

下面用这两张照片做一个简单的效果。要将这两张照片融合在一起，首先将照片 4.jpg 移动到能够完全覆盖照片 3.jpg 的位置上，然后在"图层"面板中调整"不透明度"，即可看到这两张照片融合后的效果。

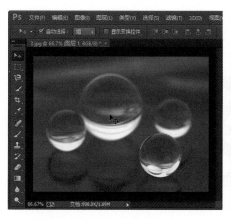

用一张照片完全覆盖另一张照片

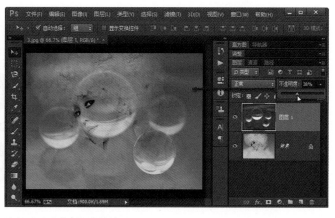

降低"不透明度"的效果

对于照片中不想要的像素，如人物面部的白斑，可以在工具栏中选择"橡皮擦工具"，在图片上单击鼠标右键，选择一种圆形画笔，根据需要调整画笔大小，设置"硬度"为0%。然后在选项栏中设置橡皮擦的"不透明度"为30%，最后在人物面部进行涂抹，即可擦除掉人物面部的白斑。

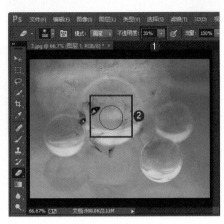

设置"橡皮擦工具"　　　　　　　　　　　降低"不透明度"后在画面中涂抹

在"图层"面板中可以看到，"图层1"经过"橡皮擦工具"的擦除后，中间出现了镂空的部分，也就露出了"背景"图层中人物的面部。

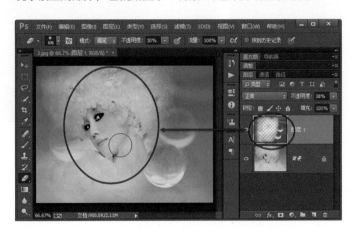

擦除后的效果

图层 + 选区合成照片

下面介绍一个简单案例，将图片 7.jpg 中的齿轮抠出来合成到图片 8.jpg 的背景上。

图片 7.jpg　　　　　　　　　　图片 8.jpg

打开图片7.jpg，在工具栏中选择"魔棒工具"，在选项栏中取消勾选"连续"复选框，单击图片中的白色部分，将白色区域全部选中。

利用"魔棒工具"在白色区域单击   制作的选区

接着在选区中单击鼠标右键，在弹出的快捷菜单中选择"羽化"选项，弹出"羽化选区"对话框后设置"羽化半径"为1像素，单击"确定"按钮。

选择"羽化"选项   设置"羽化半径"

继续在选区中单击鼠标右键，在弹出的快捷菜单中选择"选择反向"选项，即可选中图片中的齿轮部分。

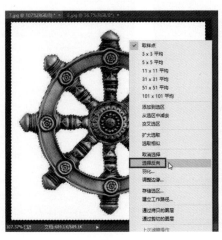

选择"选择反向"选项   选中图片中的齿轮部分

单击图片 7.jpg 的标题栏，按住鼠标左键向下拖动，即可将其从标题栏组中分离出来，然后将其放置到不影响查看图片 8.jpg 的位置。选择工具栏中的"移动工具"，在图片 7.jpg 中选区内的齿轮上单击，并按住鼠标左键将其拖动至图片 8.jpg 中。

将一张图片从标题栏上分离出来　　拖动一张图片至另一张图片中

松开鼠标，此时系统提示"粘贴配置文件不匹配"，单击"确定"按钮即可，则图片 7.jpg 中的齿轮移动至图片 8.jpg 中，生成"图层 1"。

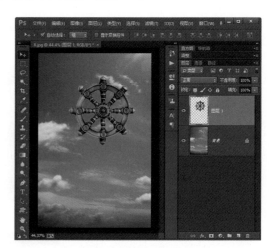

单击"确定"按钮　　　　　　　　　一张图片移动至另一张图片中

利用"移动工具"可将齿轮移动到图片中的任意位置，用户还可以在"图层"面板中更改齿轮的"不透明度"。

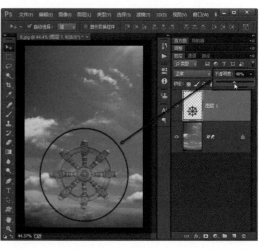

移动齿轮的位置　　　　　　　　　调整齿轮的"不透明度"

如果要对齿轮的大小进行修改，可选择菜单栏中的"编辑－自由变换"选项，则齿轮四周会显示控件，按住键盘上的 Shift 键，单击控件对角线上的锚点并向外或向里拉伸，即可等比例调整齿轮的大小。

选择"自由变换"选项

向外拉伸锚点

调整完成后，单击选项栏中的"提交变换"按钮✓或双击画面即可。

调整完成后的效果

图层应用可谓 Photoshop 软件最为重要的功能，无论色彩渲染还是图像合成，都离不开图层的应用。本章只涉及一些图层的基本知识，读者只有不断实践才能掌握图层的应用，之后才有必要尝试更深入地应用图层工具。深入的图层应用在本系列教材中有全面的讲解。

在数码相机中，直方图是判断曝光是否准确的一款重要工具。在 Photoshop 中，直方图同样也是判断曝光是否准确、影调亮度分布范围是否合理的一款重要工具。同一张照片在不同的显示器上呈现的亮度和色彩可能不一致，因为显示器都没有经过专业的校准。即便经过专业的校准，它的亮度或色彩也会存在一定的差异，那么如何在显示器没有经过专业校准的状态下去合理地评估照片，去把握照片调整的度呢？在没有理解直方图的时候，大家可能都是靠自己的感觉去调整照片，拿捏不准照片的最终效果。如果把有曝光缺陷的照片看作病人，那直方图就是一个诊断工具，只有先检查出照片的毛病，才能对症下药。理解直方图之后，我们在直方图的引导下能进行合理的照片调整，因此，直方图在后期制作过程当中占有举足轻重的地位。

Ps

04

照片的镜子——直方图剖析与调整

4.1 正常影调的直方图

4.1.1 标准形态的直方图

打开一张照片，从视觉上判断，这张照片的亮度、影调都还不错，那么它究竟是不是一张影调、细节、层次合格的照片呢？在不同的显示器上，同一张照片呈现的亮度是不一致的，要正确地评估照片，应该在直方图的参照下做正确的判断，然后才会得到合理的调整方向。

打开的照片

在 Photoshop 界面的右上角有一个"直方图"面板，如上所示是彩色的直方图，彩色的直方图很复杂，一般只看单色直方图。单击"直方图"面板右侧的扩展按钮，在弹出的快捷菜单中选择"扩展视图"选项，可以看到此时直方图下方显示了很多参数。"通道"选择为"明度"，则"直方图"面板中只显示明度直方图，避开了颜色，我们在影像后期调整中主要看明度直方图，不需要看彩色直方图。

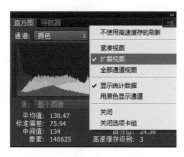

设定"扩展视图"

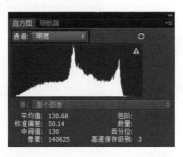

选择显示明度直方图

对照片的明暗进行处理时，设定为明度直方图就可以了。下面我们一起来分析刚打开的这张照片。这是一张色彩、明暗影调、细节层次看起来都比较理想的照片。

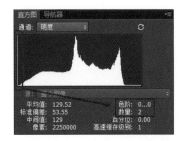

暗部像素

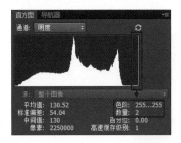

高光部像素

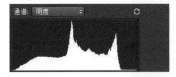

"撞墙不起墙"的标准直方图

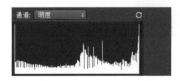

"撞墙起墙"的直方图

之所以这样说，不单是因为照片看起来比较好看，而且从直方图上看，照片从暗部到亮部都有非常丰富的像素细节。（在分析直方图之前，要单击"直方图"面板右上角带"！"号的三角标志，取消高速缓存，查看照片真正的直方图。）

可以看到，亮度为 0 的最暗位置有 2 个像素，从此一直延伸到最白的亮度 255，都有像素分布。一般 8 位通道的 JPEG 格式文件，总共有 0~255 共 256 级亮度，这张照片的像素分布涵盖了 0~255 级亮度范围，是一张全影调的理想的（所谓的理想是指没有像素和影调层次丢失）照片。

一张标准的直方图应该从左到右都有像素分布，用一句俗语来说，最标准的直方图像素分布应做到"撞墙不起墙"。将直方图的最左边与最右边都视为"墙"，像素应该是在两"墙"之间都有分布，既要撞到"墙"的边缘，又不能升起（溢出）。如果像素在左边"撞墙"并且升起来（溢出）了，就意味着丢失了暗部的细节；如果像素在右边"撞墙"并且升起来（溢出）了，就意味着丢失了高光部的细节。

因此，一张影调正常的照片，它的直方图应做到"撞墙不起墙"，如果我们在调整过程中将直方图的暗部或高光部调成"撞墙且起墙"，就意味着这张照片的暗部或高光细节有严重的丢失，它就不属于全影调的照片，达不到高品质的要求。过于追求照片的通透度，在没有掌握正确的方法、没有参照直方图的情况下调整"曲线""色阶"等一系列参数，都会导致这一现象的产生，所以调整任何照片都应参照直方图进行调整，在直方图的引导下做合理的评估判断，用合理的手法把直方图控制到位。

"撞墙起墙"的直方图意味着照片的暗部细节或高光细节有严重丢失

下面来看另外一个例子。打开照片，可以看到"直方图"面板中"通道"显示为"RGB"，"RGB"通道是"红（R）"通道、"绿（G）"通道、"蓝（B）"通道三通道亮度的总和。该直方图左侧暗部有溢出现象，即"撞墙且起墙"了。

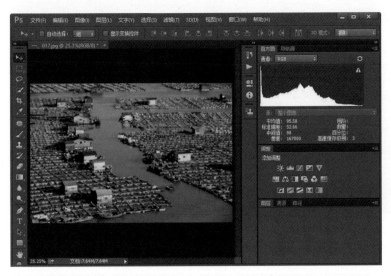

打开照片

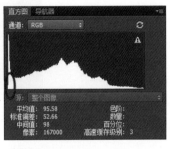

"RGB"通道直方图

在"通道"中选择"明度"，可以看到直方图的状态发生了变化，与刚才的 RGB 通道显示的直方图完全不同。在"明度"通道状态下，这张照片的亮度信息没有"撞墙且起墙"，也就意味着暗部不是全黑一片，高光部也没有死白一片。从照片看，暗部和高光部并没有溢出，所以说对照片的明暗进行判断时，不应该设定"RGB"直方图，而应该使用"明度"直方图。

通过直方图我们可以看出，这是一张曝光正常、影调分布恰到好处的照片。我们看直方图主要是看直方图暗部和高光部有没有像素分布，直方图峰值的高与低不是重要的参考依据，某一块区域的峰值高与低，只能代表处于这块区域的亮度像素分布的多与少。

这张照片高光部的峰值很低，意味着这张照片很亮的区域并不多，高光区域在照片中所占的比重不大，因此直方图中高光区域的数值也不高。

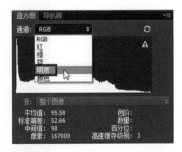

选择"明度"

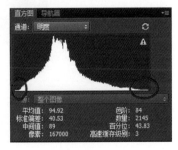

"明度"通道直方图

高光区域的面积很小

这张照片最暗部像素也不多，因此直方图中最左侧的暗部区域峰值也比较低。

暗部区域不多

直方图中间偏左侧的位置峰值较高，说明这张照片的中低暗部像素较多。

中低暗部像素较多

通过这个例子可以看出，直方图峰值的高与低只能作为亮度的评估参考，不影响照片中的细节和层次。

4.1.2　非标准形态的直方图

下面介绍一些常见的非标准形态的直方图，这些非标准的直方图对应的照片都是有缺陷的。当我们了解了常见的直方图形态，就能迅速判断照片的问题所在，从而进行有方向的合理的调整。

对比度不足的直方图

打开下面这张照片，从直方图可以看出，照片的最暗部没有像素，高光部也没有分布像素，像素主要集中在中间影调，这意味着这张照片对比度不足，对比度不足的照片有一个共同的特点，就是暗部和高光部都没有像素分布。当然，对比度不足的程度不同，它们的直方图是不一样的。在实际摄影创作中，雾霾天、阴雨天，以及在反差较小的环境下拍摄的照片都会呈现出对比度不足的直方图效果。在自然光下拍摄，例如拍风光、人文等题材，是不能通过曝光控制把直方图调整到正常状态的，因为现场环境的反差本来就很弱。这种情况必须通过后期调整加大对比度，才能把直方图控制到位。

对比度不足的照片及直方图效果

对比度过大的直方图

下面这张照片由于是在烈日下拍摄的，所以对比度过大，远景的海浪死白一片，没有细节与层次，人物的暗部死黑一片。在它的直方图中可以看到，高光部"撞墙且起墙"，暗部也"撞墙且起墙"，可见这是一张对比度过大的直方图。也就是说，暗部和高光部都"撞墙且起墙"的直方图对应的是对比度过大的照片。我们经常会拍摄朝霞和晚霞，这时就容易拍摄出这种对比度过大的照片，从室内向室外拍摄也会出现对比度过大的情况。在强光下拍摄同样容易造成对比度过大。那么遇到这种问题应如何解决呢？最好的方法是拍摄 RAW 格式照片，或者采取包围曝光拍摄 3 张不同曝光的照片，在后期进行 HDR 合成。目前，很多相机都有 HDR 拍摄功能，但是效果不好，所以不推荐直接用相机拍摄 HDR 照片。

曝光过度的照片及直方图效果

打开下面这张照片，从直方图中可以看出，这张照片像素都集中在直方图右侧，在直方图左侧分布很少。我们从视觉上也可以感受到，这张照片严重曝光过度。这种像素都集中在右侧的直方图就属于曝光过度的直方图。每台相机都有直方图功能，应该在拍摄现场养成在相机上查看直方图的好习惯，看见直方图靠右太多，就可以减少曝光，使直方图恢复正常。虽然曝光过度可以通过后期调整得到矫正，但如果曝光过度太多，高光部细节"撞墙且起墙"，那么高光部层次的丢失就调不回来了。

曝光过度的照片及直方图

打开下面这张照片，这张照片的直方图与刚才的直方图恰好相反，它的高光部没有像素分布，像素都集中在左侧，而在高光部和中间调都分布得很少，这就是曝光不足的直方图。从视觉上也可以感受到，照片的亮度严重不够。很多影友拍摄时会沿用传统摄影中的"宁欠勿过"曝光法则曝光，而在数码时代，这个法则不太适合数码相机，数码相机拍照的原理是"宁过勿欠"。对于数码摄影而言，曝光不足会带来更多的噪点。还有，在户外摄影，由于现场光太强，数码相机的液晶显示屏显示不准确，在液晶显示屏上看起来照片亮度正合适，拿到计算机上看往往会较暗，所以不能只看相机液晶显示屏显示的亮度，以它为依据也不能只靠肉眼的感觉去评估。前面已经介绍过，我们的眼睛是不值得信赖的，它会受环境、错觉等很多因素的干扰。要对照片做出合理的判断，应参照相机的直方图。

曝光不足的照片及直方图

以上是对曝光正常、对比度不足、对比度过大、曝光过度、曝光不足五种最常见的直方图的介绍。在数码摄影时代，虽然曝光不准确可以通过后期制作去调整，但那是以牺牲照片的品质为代价的调整。如果养成严谨的拍摄态度，严格正确曝光，那么，我们得到的照片需要调整的幅度相对较小，照片的品质也就更高。

4.2 特殊影调的直方图

上一节介绍了常见影调的直方图，用一句俗语表示，就是应当"撞墙不起墙"，而特殊影调的直方图与正常影调的直方图是有所差别的。例如，低调、高调、灰调以及高反差的照片，其直方图与正常影调的直方图不能一概而论。只有了解了特殊影调的直方图，创作艺术类摄影作品的时候才能把握调整的程度。下面介绍不同影调直方图的常见形态。

4.2.1 低调照片的直方图

1. "撞墙且起墙"的低调照片

打开下面这张照片，这是一张低调照片。在"直方图"面板中选择"明度"通道，在直方图中可以看到，照片的暗部"撞墙且起墙"了，而且升到无限高，从常规意义上说，它是一个损失暗部层次的直方图。

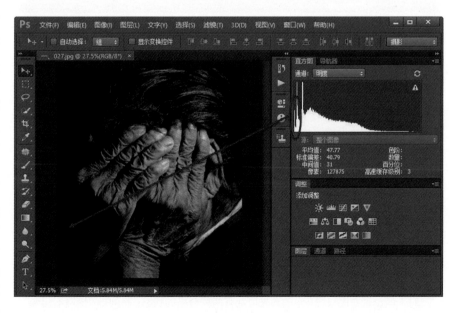

直方图的暗部"撞墙且起墙"

但是，它有它的特殊性，因为这是一张背景全黑的照片，这种全黑对这张照片来说是合适的，黑背景不需要留下层次。如果这张黑背景的照片在直方图中的暗部"撞墙不起墙"，应该黑的区域没有黑，那就不是黑背景了。因此，黑背景的照片直方图暗部"撞墙且起墙"是合理的，也是必然的。

2. "撞墙不起墙"的低调照片

下面来看另外一张低调照片的直方图。这张低调照片暗部"撞墙"但没有"起墙"，对这张照片来说，墙壁与某些暗部细节是应该保留层次的，因为它不是全黑的背景。如果这种类型的低调照片直方图暗部"撞墙且起墙"了，这张照片就是失败的，至少说明它的暗部是没有细节的。所以针对低调照片，判断直方图暗部是否应该"撞墙且起墙"，我们要把握一个规律，那就是黑背景的低调照片暗部可以"撞墙且起墙"，例如表现夜空或者想要背景完全没有层次的照片。相反，对于需要保留暗部细节的照片来说，其直方图暗部不能"撞墙且起墙"。

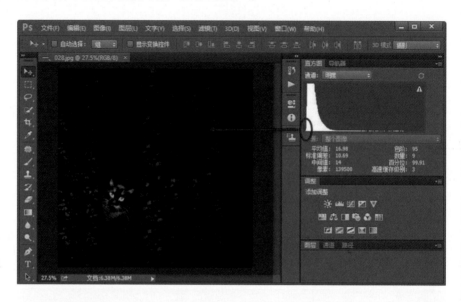

直方图的暗部"撞墙没起墙"

如果说画面中墙壁的这些纹理是死黑一片，那么这张照片就不是一张高品质的照片，因为想要表现的暗部层次没有表现出来。因此，调整这张照片的时候，应将直方图的暗部控制到位，让它"撞墙"，而不能让它"升起"。

3. 低调照片的影调优化

下面介绍一下低调照片高光分布的一个重要规律。由于低调照片以深色为主，需要有少量的高光部像素，其直方图在常规情况下应该在高光部"撞墙"，如果距离高光边缘太远，则意味着这张照片的高光不足。很多影友调整照片的时候，特别是在做低调照片的时候，为了获得比较厚重的效果，会忽略高光的亮度，不知道高光亮度是否到位、是否合理，如果我们根据显示器显示的亮度去判断，会十分不准确。显示器不一定准确，视觉判断也不一定准确，加上经验不够，这些原因都会导致我们对照片的判断不准确。因此，在做低调照片时，判断暗部色阶分布情况很重要，判断高光色阶分布情况更为重要。

对于低调直方图来说，它的高光呈现有两种合格的状态，一种是"撞墙不起墙"，一种是高光"没撞墙"。对于高光"撞墙不起墙"，即高光部像素正好分布到直方图右侧最边缘255数值最底边，这种类型的直方图是最合适的。还有一种是高光部像素没有"撞到墙"的直方图，即高光分布距离直方图右侧边缘还有一点距离，这种略欠高光的低调作品也是可以接受的。对于略欠高光的低调摄影作品，它的高光部像素可以不分布到"墙"边，那到哪个位置上才算合理呢？我们看一下这张照片。关闭高速缓存，可以看到最高光的色阶值为 230 左右，因此这张照片的高光部像素是不够的，我们要调整它的直方图，使高光部像素"撞到"直方图的边缘。

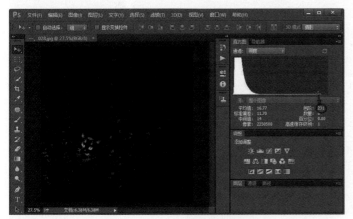

高光色阶值不够

选择"色阶"选项

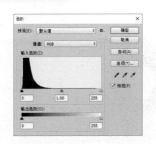

"色阶"对话框

选择菜单栏中的"图像－调整－色阶"选项，打开"色阶"对话框。

向左拖动高光滑块，使白场提升，这时可以看到"直方图"面板中，高光部已经到达直方图的边缘，但是此时照片的亮度太高了，因为在提升高光的过程中，中间调也被我们提升了。

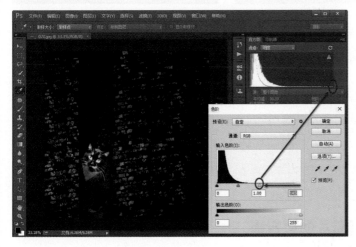

向左拖动高光滑块

这时在"色阶"对话框中适当向右拖动中间调滑块，调整完成后，单击"确定"按钮。

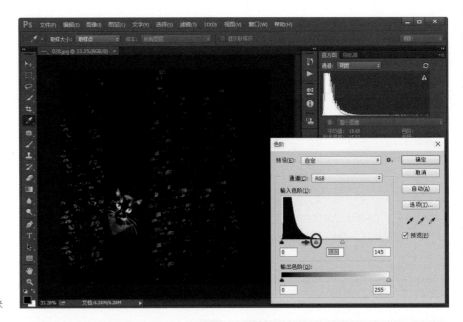

对比一下处理前后的效果，调整后的照片更加通透。如果没有处理前后的对比效果，我们可能感觉不到处理前的照片是不通透的。

处理前的效果

处理后的效果

前面说过，低调摄影作品在高光的呈现上有两种形态，大多数情况下都是应该"撞墙不起墙"，少量的高光让画面不失去低调的效果，在直方图上高光可以离"墙"有一段适当的距离，但至少应该达到直方图色阶的230左右，如果没有达到这个数值，低调照片的高光是不够通透的。有些低调摄影作品，高光部像素在直方图上分布得非常少，只有几个零星的小点，但是这种高光确实存在。正因为有这一点点的高光分布，整个照片的高光部显得非常通透。因此，大家必须牢记，低调照片直方图的高光不能低于直方图色阶值230。

4.2.2　高调照片的直方图

高调摄影作品以大量的浅色为主，但是必须有少量的暗部。下面这张照片从直方图上看暗部并没有覆盖全影调，有少量的暗部缺失。

直方图暗部有缺失

选择菜单栏中的
"图像－调整－色阶"
选项，打开"色阶"
对话框，向右拖动低
调滑块，看一下加深
暗部之后照片是否合
理。可以看到，加深
暗部之后，人物衣服
显得太黑，不够协调，
所以我们放弃处理，
单击"取消"按钮。

加深暗部后人物衣服太黑

高调摄影作品的暗部有两种形态，一种是"撞墙不起墙"，另一种是没有"撞墙"，
但暗部至少应该在直方图色阶值 20 左右的位置开始有像素分布，否则暗部不够黑。

下面这张照片从中间调到暗部没有一个像素分布，意味着这张照片暗部严重
不足。

暗部严重不足

选择菜单栏中的"图像－调整－色阶"选项，打开"色阶"对话框，向右拖动低调滑块至有像素分布的区域，让暗部"撞墙不起墙"，如果暗部过深，那么适当向左拖动低调滑块，使暗部亮一些，但至少使直方图色阶在20左右的位置有像素分布。向右拖动中间调滑块，使中间调呈现应有的高调效果。反复调整低调和中间调滑块，使照片看起来协调自然。即便直方图暗部只有零星的小点分布，也意味着这张图片有足够的暗部的黑，达到了高调照片调整的基本要求。

加深暗部

4.2.3　低反差灰调照片的直方图

打开下面这张照片，从直方图分布来看，这张照片的主要影调集中在直方图的中间调部分，直方图的暗部与高光部都没有像素分布，如果按之前学习的正常影调直方图"撞墙不起墙"的标准来评判这张照片，那么这张照片的直方图肯定是不合格的，但是这张照片不是常规影调的摄影作品，因此，不能以常规的影调和常规的直方图去判断。

接下来继续观察几张类似的摄影作品。

低反差灰调照片 1　　　　　　　　　　　　　　低反差灰调照片 2

通过对画面的观察以及对直方图的分析，可以发现这几张照片有一些共同点：第一，画面的反差都非常小，色阶都只分布在直方图的中间部分，直方图的暗部与高光部几乎没有像素分布；第二，画面非常简洁、唯美，都具有一定的艺术感；第三，这几张作品似乎都不是在阳光明媚的天气拍摄的。通过以上特点，我们得出了一些结论：第一，低反差摄影作品的直方图可以只分布在直方图的中间部分，而暗部和高光部不分布；第二，低反差摄影作品在前期拍摄时，天气或环境的选择非常重要，要获得低反差影调，就必须避开强烈阳光或大光比的场景，而应该在阴雨天、雾天或低反差的环境中拍摄，为后期制作打下良好的基础，而不是已经拍摄了中反差或高反差的作品之后，再通过后期的制作去降低反差而得到低反差效果。因此，任何特效的制作与前期的拍摄构思都是密不可分的，只有掌握了一定的后期制作经验和技巧，或者说对后期制作有所了解，才能很好地引导前期拍摄，从而获得事半功倍的效果。

在通常情况下，遇到这种低反差的直方图，应使用"曲线"或"色阶"去加大图片的对比度，使画面变得更加通透。但是灰调摄影作品是反其道而行，它避开了画面中高光部和暗部的表现，只表现丰富的中间调层次。这些灰调摄影作品在制作时需要遵循一些原则，具体有哪些原则呢？第一，刻意降低反差，使色阶只出现在直方图的中间部分，避开抢眼的高光和浓重的阴影，获得丰富的细节与层次，使画面影调平滑、反差柔和、质感细腻。第二，通过后期的简化处理，去除画面中的一些杂乱的、分散注意力的多余物体。

本小节介绍了灰调摄影作品直方图的分布形态，灰调摄影作品属于特殊的影调风格，它的直方图只有这样分布才是合理的，不能以正常的影调去评价灰调摄影作品的直方图。在这里需要强调的是，不是色阶只分布在直方图中间的照片都是低反差灰调摄影作品，因为有很多作品反差确实很低，但是画面很杂乱，影调也很平淡，可能是阴雨天拍摄的，或者灰雾极大的情况下拍摄的，整体毫无艺术感可言，称不上灰调摄影作品，只能说是灰度很大的照片。所以大家一定要分清楚，什么是刻意制作的灰调低反差摄影作品，什么是没有经过调整的灰度极大的照片。后面的章节会详细介绍低反差灰调摄影作品的制作技巧。

4.2.4　高反差照片的直方图

　　高反差摄影作品的直方图与低反差摄影作品的直方图正好相反，在很多情况下，直方图的暗部和高光部都可能会"撞墙且起墙"，例如本页这两张照片，都属于剪影照，因此，在照片的高光部和暗部都出现了一定的"撞墙且起墙"现象，由于拍摄场景的反差很大，加上某些不需要的细节出现，造成直方图在某种程度上"撞墙且起墙"，但这些照片大多数是剪影照，因此在一定的情况下是可以接受的。

暗部"撞墙且起墙"

　　还有一种情况，照片属于版画效果，或者追求某种特效，照片的某些暗部或高光部的细节是不需要表现的，它们都属于高反差摄影作品，其直方图可以在暗部或高光部"撞墙且起墙"。

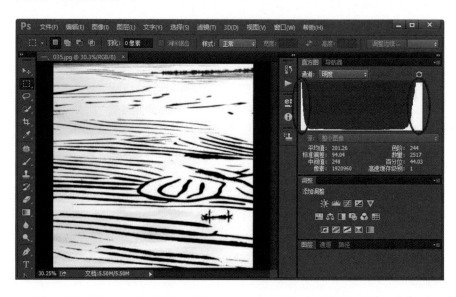

暗部及高光部"撞墙且起墙"

　　但是常规摄影作品或者某些剪影类摄影作品，暗部或高光部还是尽可能不要在直方图上出现"撞墙且起墙"的现象，因为我们需要更多的暗部以及高光部的层次与细节，以获得更高品质的摄影作品。

4.3　直方图的调整

4.3.1　逆光的经幡：直方图参数解读

在学习调整直方图之前，先来看一张照片。这张照片是在极大光比状态下拍摄的，是逆光下拍摄的一个场景，从高光部到暗部都拥有非常清晰可见的细节，由此这张照片是一张高品质的照片。那如何判断这张照片究竟有没有"死黑"或"死白"的区域呢？这不能只靠肉眼去评估，应该通过标准的测量工具——直方图来判断。首先，在"直方图"面板中将"通道"设置为"明度"，可以看到直方图的最暗部到高光部基本上都有细节分布，暗部没有出现"撞墙且起墙"的现象，高光部也没有出现"撞墙且起墙"的现象，意味着这张照片无论用人眼还是显示器观察，包括用直方图观察，都可以得出一个结论，那就是这张照片细节层次非常丰富。如何才能得到这种影像呢？首先，拍摄时要使用 RAW 格式拍摄，然后用合理的技术手段，在后期调整控制到位。

打开照片

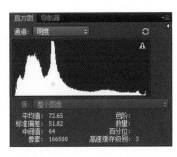

观察直方图

接下来介绍一下"直方图"面板中的一些选项和参数。在直方图显示区域的右上角有一个感叹号图标 ⚠，这个图标的作用是什么呢？其实它是高速缓存图标，因为 Photoshop 需要提高运算速度，所以设置了高速缓存的概念。目前，这张照片带有 3 个级别的高速缓存。单击该图标，可以获得不带高速缓存数据的直方图。带有高速缓存数据的直方图和不带高速缓存数据的直方图有什么区别呢？主要区别在于数据的准确性和处理速度，带有高速缓存数据的直方图处理速度会相对快一些，但是数据不准；不带高速缓存数据的直方图参数更准确，但是处理速度相对较慢。

现在看一下关闭高速缓存后，直方图会发生哪些改变。

可以看到，关闭高速缓存后，直方图发生了轻微的变化，像素从之前的十几万变为二百多万，为什么会有这么大的差距呢？这就是刚才讲到的带有高速缓存数据的时候，Photoshop 是在模拟计算，并不是以最

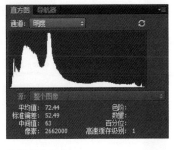

关闭高速缓存

准确的数据来计算的，它为了提升处理速度而设置了高速缓存的概念。关闭高速缓存后，除了数据发生变化外，直方图也会有轻微的改变，此时的直方图是最准确的，数据也是最准确的。

现在看一下图像大小，选择菜单栏中的"图像-图像大小"选项，打开"图像大小"对话框，可以看到这张照片的实际像素是 2000 像素 ×1331 像素，即二百多万像素，而不是之前显示的十几万。

选择"图像大小"选项　　　　查看照片实际像素

高速缓存的关闭与否不会影响照片的最终大小，所以，一般来说应该设置高速缓存级别，在默认高速缓存级别的状态下进行照片的调整，以便提升处理速度。但是，高速缓存级别也不能设置得过大。那么在哪里设置高速缓存级别呢？前面已经介绍过，选择菜单栏中的"编辑-首选项-性能"选项，打开"首选项"对话框，在"历史记录与高速缓存"选项组中，可以设置"高速缓存级别"，高速缓存级别最高可以设置为 8，设置得越高，在"直方图"面板中显示的像素就越小，直方图也会更加不准确，所以一般使用 Photoshop 默认设置的 4 即可。在"直方图"面板中，只有要观察最准确的直方图时，才有必要关闭高速缓存，否则不需要关闭高速缓存。

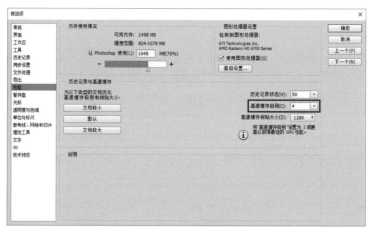

选择"性能"选项　　　　设置"高速缓存级别"

下面讲解"色阶"与"数量"。让鼠标停留在直方图窗口中，可以看到色阶在216 的像素有 2703 个，也就是说处于 216 的亮度值的像素有 2703 个；鼠标停留在

69 的色阶上，可看到处于 69 的亮度值的像素有 25805 个。

　　按住鼠标左键在直方图上拖动，可以看到色阶处于 47~121 的像素有 126 万多个。这提供了一个参考数值，让我们知道某一块区域大概有多少像素，这不能给照片带来什么改变，只是给我们一个大致的参考。

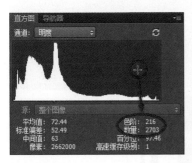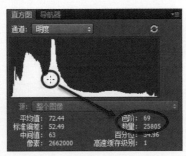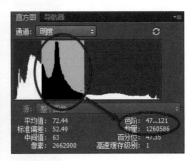

216 的亮度值上有 2703 个像素　　　　　　69 的亮度值上有 25805 个像素　　　　　47~121 的亮度值上有 126 万多个像素

089

4.3.2　红土地：直方图调整技术

　　接下来介绍直方图的基本调整。打开一张照片，在"直方图"面板中将"通道"设置为"明度"，查看直方图，发现照片曝光不足。

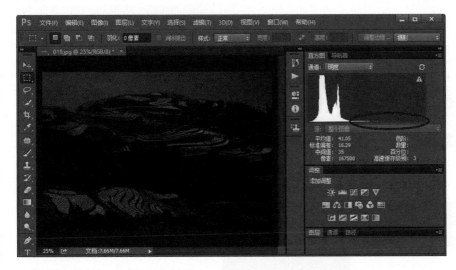

照片曝光不足

　　这种问题最简单的解决方法是用"色阶"工具对直方图进行扩展。选择菜单栏中的"图像－调整－色阶"选项，打开"色阶"对话框。

选择"色阶"选项　　　　　　　　　　　　"色阶"对话框

在以往的调整中，读者凭着感觉去调整色阶，很容易导致直方图出现"撞墙且起墙"的现象。例如，为了获得通透的效果加深对比度，这样照片效果是比原来通透了，但导致直方图暗部溢出，也就是说暗部变成"死黑"了。

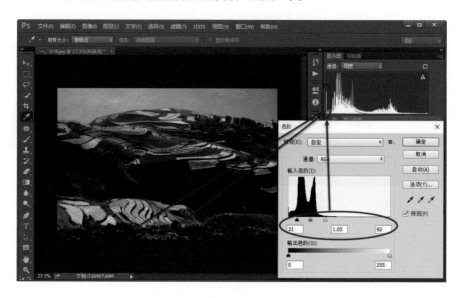

直方图暗部溢出

选择"阈值"选项

阈值直方图

如果要查看一张照片直方图呈现的影调区域在哪里，可以通过"阈值"来查看。在"图层"面板下方单击"创建新的填充或调整图层"按钮，打开快捷菜单，选择"阈值"选项，可以在"属性"面板中看到阈值直方图。

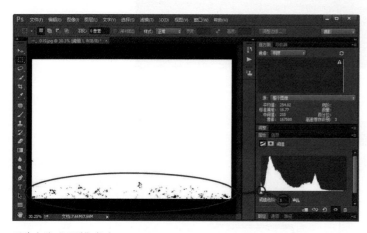

照片上的"死黑"部分

将滑块拖动到最左边，即"阈值色阶"为1的位置上，可以看到，照片上的小黑点就是"死黑"部分，这部分区域打印出来或冲洗出来是没有任何层次的，是全黑一片，一张标准的照片不允许出现这种情况，所以，以不正确的方法去调整照片，很容易调整失败。

打开我们之前调整过的照片，查看一下直方图，会发现很多照片都有暗部或高光部"撞墙且起墙"的现象，因此我们很有必要掌握直方图，根据直方图去调整照片，获得相对合理的高品质照片。

应该如何调整呢？选择菜单栏中的"图像－调整－色阶"选项，打开"色阶"对话框。在"色阶"对话框中，也有一个直方图，如果照片亮度不够，首先调整白场，向左拖动高光滑块。那么调整到什么位置才算合适呢？这时要查看"直方图"面板中的直方图，滑块调整至直方图高光部"撞墙不起墙"的状态才是合理的，因此调整时应时时查看直方图。

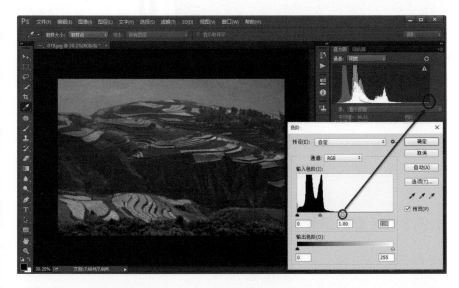

调整白场

接下来调整黑场，在"色阶"对话框中向右拖动低调滑块，直至直方图暗部"撞墙不起墙"。

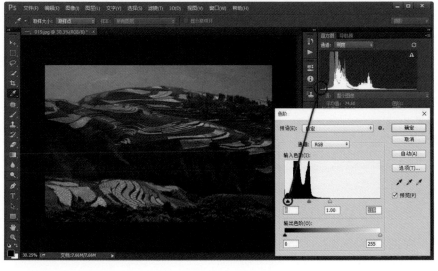

调整黑场

白场和黑场调整到位后要调整中间调，这时只能靠着自己的视觉感受去调整，这个中间调的控制与屏幕的显示准确率有极大关系，显示器经过专业校准，才能让人比较合理地掌握整个照片的中间调，否则完全是盲目调整，因此显示器的校准非常重要。

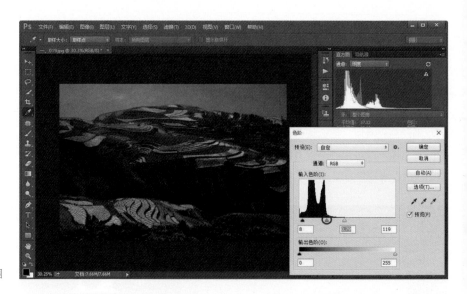

调整中间调

现在将照片调整到合适的亮度状态，单击"确定"按钮，就完成了直方图的基本调整，但是这种基本调整完全满足不了我们对影像控制的要求，只是一个整体的调整，任何照片的调整都需要有一个局部的精细控制，那样才能够使主体得以强调和突出。

4.3.3 希望的田野：直方图调整技术

打开下面这张照片，同样的问题出现了，照片对比度不足，没有高光部，也没有暗部，我们可以用同样的手法对它进行调整。

打开照片并观察直方图

选择菜单栏中的"图像－调整－色阶"选项，打开"色阶"对话框。向左拖动高光滑块，使直方图中高光部"撞墙不起墙"。调整色阶对话框内的直方图时，要注意观察 Photoshop 主界面右上方的明度直方图，以此作为参考，而不能以色阶对话框内的直方图作为调整标准。本例中在向左拖动白色滑块时，到了有像素的位置仍然向左拖动，就是这个道理。

打开"色阶"对话框

向左拖动白色滑块，提亮原照片亮部

然后向右拖动低调滑块，使直方图中的暗部"撞墙不起墙"。调整时仍然要以 Photoshop 主界面右上角的明度直方图为标准来拖动"色阶"对话框中的黑色滑块。

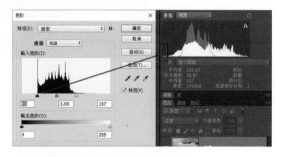

向右拖动黑色滑块，优化照片暗部层次

最后控制中间调。这样就可以将图片的通透度控制到位。根据直方图进行合理调整，才能将这张照片的整体影调和层次细节把握得基本到位。

拖动中间灰色滑块改善中间调，最后完成照片处理

4.3.4 局部暗部溢出的高原牦牛："死黑"为何无法追回

下面是一张原始数据照片，没有经过 Photoshop 的任何调整，现在看一下这张照片的直方图。直方图显示从暗部到高光部像素全分布，前面说过，在带有高速缓存的时候，直方图是不准确的，只有关闭高速缓存，直方图才会比较精确。

打开照片

现在关闭高速缓存，可以看到，直方图的暗部"撞墙且起墙"，而且升得很高，为什么这张没有经过任何调整的照片拍出来就成为废品呢？

暗部"撞墙且起墙"

那是因为拍摄场景的光比很大，摄影者为了保护好高光部的细节采取了减曝光补偿的拍摄手法，使雪山、白云层次丰富，保留了高光部细节，但是 JPG 格式的宽容度实在有限，导致了顾得了高光却顾不了暗部的情况，因此，在光比极大的情况下，一定要使用 RAW 格式拍摄。那么这张照片还能够调整好吗？能够将暗部层次恢复好吗？从直方图来看，已经不能恢复暗部细节了，也就是说，通过任何技术手段都不可能恢复照片中的"死黑"区域，因为用 JPG 格式拍摄完成后照片已经定型了，而如果使用 RAW 格式拍摄，那么暗部的"撞墙且起墙"现象是能够恢复的，因为它有足够的宽容度。

4.3.5 日落：用直方图判定废片

下面这张照片的直方图告诉我们，照片的暗部细节已经不能挽回，暗部"撞墙且起墙"，而且升得无限高，高光部也"撞墙且起墙"，不可能通过后期调整挽回地面和太阳的细节。

暗部和高光细节都不能挽回

很多读者在了解直方图后恍然大悟，原来这个小小的直方图工具有这么强大的功能，判断照片的影调分布就靠直方图了。但是经过一段时间的学习与练习，在实际的照片制作中又慢慢地把直方图抛到九霄云外。因此，在这里特别提醒读者，在照片调整之前、调整的过程中以及调整完成之后，要实时查看直方图的变化，尽可能做到直方图"撞墙不起墙"，除非是高调、低调或是灰调照片。

相信广大读者都有一个共同的感受，那就是色彩很难控制，也很难调整，拿到一张偏色的照片，不知道该从何处下手，遇到一张摄影作品，不知道该用哪种色调渲染才能使作品更具有艺术气息。为什么会出现这种情况呢？首先是大家对色彩的属性认识和了解不够，其次是还没有掌握一定的方法和技巧能使作品更具有艺术气息。本章将介绍一些色彩的基本原理，列举很多色彩调整以及色调渲染的案例，介绍笔者根据十多年的实战经验总结出的一套色彩控制与调色的技巧。

05

Photoshop 调色工具

5.1 色彩的原理

图像处理中有关色彩管理的设置

色彩管理是一个十分专业且复杂的问题，如果没有专业的硬件与软件以及长期的学习，是不可能学好色彩管理的。对色彩管理最简单的解释是让所见即所得，即从相机成像到显示器显示，再到软件处理，最后到作品输出或者印刷出来，你看见的色彩与细节就是最后呈现在照片上或者印刷品上的颜色，丝毫不差。全世界没有几家专业公司能够做到让色彩完全所见即所得，更何况没有专业硬件与软件的摄影爱好者呢。因此，我们只要理解一些基本概念，掌握一些基本的设置即可。

首先，我们来了解一下几种常见的色彩空间，即 sRGB 、Adobe RGB、Pro photo RGB 以及 CMYK 色彩空间。

什么是色彩空间？

自然界的颜色有几乎无穷尽种变化，而相机的捕捉、显示及印刷设备无法完全再现这些颜色，这就产生了色彩空间问题。所谓色彩空间，即一定的色彩范围，是一种色彩模型。sRGB、AdobeRGB、ProPhotoRGB、CMYK 等是不同的色彩空间。它们都以可见光谱为基础，分别包含不同的色彩范围。

什么是 sRGB？

sRGB 色彩空间是美国 HP 公司与 MicroSoft 公司于 1997 年共同开发的标准色彩空间（standard RGB）。由于这两家公司实力强劲，他们的产品在市场中占有很大份额，因此 sRGB 是目前普通设备仪器中应用最广泛的色彩空间，同时也是范围最窄的色彩空间。sRGB 能够显示的色彩非常有限，因此在较为专业的领域中一般不会使用。

什么是 AdobeRGB？

AdobeRGB 色彩空间是美国 Adobe 公司于 1998 年推出的色彩空间标准。它拥有宽广的色彩空间和良好的色彩层次表现，因此在专业摄影领域得到广泛应用。目前大多数高档数码相机都提供 AdobeRGB 色彩空间。与 sRGB 相比，AdobeRGB 还拥有一个优点：它包含了 sRGB 没有完全覆盖的 CMYK 色彩空间。因此 AdobeRGB 在印刷领域也得到了广泛应用。

什么是 CMYK？

CMYK 色彩空间是印刷品专用的一种色彩空间，包含的色彩十分有限。与显示器三原色红（R）、绿（G）、蓝（B）不同，分色印刷采用的三原色为青（C）、品红（M）、黄（Y）及黑（K）。它们构成了油墨印刷中的 CMYK 色彩空间。由于 CMYK 与 RGB 不完全重合，导致一些在印刷品中出现的颜色无法在标准显示器中出现，而一些出现在显示器中的颜色无法被印刷出来。操作者需要足够的经验才能在 RGB 转换到 CMYK 时将颜色丢失与色彩不一致的现象减到最少。一般不建议读者在照片需要印刷时自行将 RGB 照片转换到 CMYK 色彩空间，如需印刷，应该将照片直接委托给专业的印刷厂。

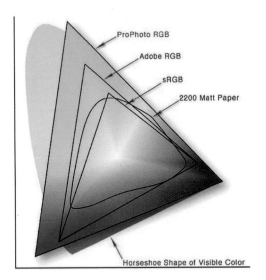

sRGB 、Adobe RGB 与 pro photo RGB 色彩空间的大小对比

在 sRGB 、Adobe RGB 与 Pro Photo RGB 色彩空间中，Pro Photo RGB 的色域最大，代表该色彩空间能容纳的色彩信息最多，但是目前没有哪种输出设备能够支持 Pro Photo RGB 这么大的色彩空间，或许若干年后这一问题可以得到解决，所以这种空间我们暂时不使用。sRGB 和 Adobe RGB 是通用的 RGB 色彩空间，而 Adobe RGB 是一种专业摄影师与对颜色有高要求的人士所用的专业色彩空间。sRGB 则是世界上最为通用的一种色彩空间，它的色域相对较小，也就是说 sRGB 所能容纳的颜色信息相对较少，但是目前市场上绝大多数的显示设备如显示器、投影仪、电视机、手机、iPad 等，都只能支持 sRGB 色彩空间，少量的专业显示器能支持 Adobe RGB 色彩空间。Adobe RGB 的颜色虽然更丰富，但是在一般的设备上不能被正确地显示出来，该色彩空间的照片在手机或显示器上显示时，也只能显示 sRGB 色彩。所以，即使拥有十分专业的 Adobe RGB 色彩空间的照片，但由于市面上的绝大多数设备不如你的专业，反而会导致不理想的色彩效果。这就是 Adobe RGB 色彩不通用的软肋所在，但我相信，若干年后，这种现状一定会改变。

通常数码相机中的颜色空间有 sRGB 和 Adobe RGB。许多人经常困惑究竟在相机中选择 sRGB 还是 Adobe RGB 色彩空间好。其实对于拍摄 RAW 格式的照片来说，设置哪个色彩空间都无所谓，因为相机上的色彩空间设置是虚设的，RAW 格式的色彩空间是需要 RAW 格式文件的解压缩软件去定义的。也就是说，使用软件去处理 RAW 格式照片的时候，再选择 sRGB 还是 Adobe RGB 色彩空间即可。

那么，用软件给照片选择色彩空间时应该选什么呢？正确的答案是选择 Adobe RGB。既然 Adobe RGB 色彩空间的颜色信息不能在普通的设备上被显示出来，为什么还要将色彩空间设置为 Adobe RGB 呢？因为，好的打印与好的印刷能够输出 Adobe RGB 色彩空间的大部分色彩，好的显示器也能显示出 Adobe RGB 色彩空间照片的色彩信息，我们还是要选择专业的色彩空间，没有专业的显示器也应该这样选择，虽然在显示器上看不到那么丰富的颜色，但那不代表那些颜色不存在。但是要记住，如果要将这些照片放到普通的显示器或者手机上、网络上展示，那么一定要在 Photoshop 中转换为 sRGB 工作空间。否则照片色彩再丰富再漂亮，也不能得到最好的呈现。

如果需要在网络上或普通显示设备上对外展示，需执行"编辑－转换为配置文件"来转换色彩空间。

转换颜色配置文件

选择"sRGB IEC61966-2.1"的色彩空间，"转换选项"保持默认，单击"确定"按钮后，通过菜单栏中的"文件 – 另存为"来保存图像，以免覆盖原来的 Adobe RGB 色彩空间照片。

转换为 sRGB 色彩空间

sRGB 是 sRGB IEC61966-2.1 标准的缩写，这个标准是由 Microsoft 和 HP 公司共同开发的，使用极为广泛，几乎所有的数字输入、显示和输出装备都支持这一标准。许多低端数码相机、显示器、打印机和投影仪甚至将它作为唯一的色彩标准。

现在我们介绍 Photoshop 中的颜色设置和色彩管理设置。

在 Photoshop 的颜色设置中，"工作空间"代表着软件默认的颜色设置，许多读者困惑于应选择哪种色彩空间，是 sRGB，Adobe RGB 还是显示器的 ICC？笔者的建议是选择 Adobe RGB，选择 sRGB、显示器 ICC 或输出 ICC 是不正确的。设置方法如下：在编辑菜单中选择"颜色设置"，在弹出的菜单中"工作空间"下方的"RGB"项中选择"Adobe RGB（1998）"，在"色彩管理方案"中的"RGB"项选择"转换为工作中的 RGB"，其他参数设置保持默认设置，最后单击"确定"按钮完成设定。

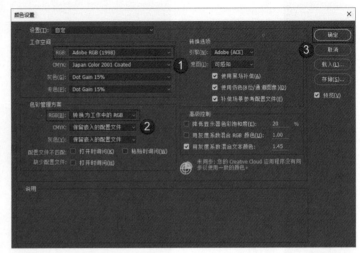

Photoshop 的 "颜色设置"　　　　　　　　　　　"颜色设置" 选项菜单

进行图像处理时，应尽量避免不同色彩空间之间的多次转换，例如将 Adobe RGB 转换到 sRGB 后再将 sRGB 转换到 Adobe RGB，特别是要避免转换到 CMYK 后又转换到 sRGB 或 Adobe RGB。因为在进行色域转换时，图像的层次丢失是不可避免的。

深入浅出说色彩

现在介绍色彩的基础知识。看到以下照片中的这个苹果时，每个人对其颜色的判断都会有不同，可能在某人的视觉中它是鲜红色的，另外一个人看它是橘红色的，而其他人看会觉得是另外的红色，这说明颜色是很难描述的，因此它没有一个规范的标准，只是一个大概的视觉感受。

不同的颜色感受

不同的颜色亮度也不同，当颜色的亮度很高时，它的颜色会更加鲜艳；当颜色亮度降低时，颜色的鲜艳程度也随之降低。看一下以下图片中的两个球，乍一看它们都是红色的，但它们的颜色是不一样的，因为颜色的鲜艳程度不一样，亮度不一样，所以它们的色调不一样。左边的球给大多数人的印象是鲜红色的，右边的球给大多数人的印象是暗红色的，颜色的鲜艳程度和亮度决定了颜色的色调。

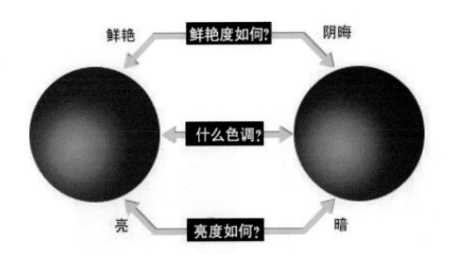

不同色彩亮度的红球

  颜色的三个属性是色调、亮度和饱和度（鲜艳程度），调整颜色的时候，应当根据色彩的三属性去做颜色的合理调整，具体的调整在后面的章节中会有详细的讲解。

  以下图片中，为什么相同的颜色看起来会给人不一样的视觉感受呢？造成这种现象的原因很多。第一是光源的差别，即色温的差别，暖色灯与冷色灯照射下物体的颜色看起来会不同；第二是背景的差别，背景颜色的差别会导致我们对颜色判断错误，图片中苹果左右两边的颜色是完全相同的，但是在我们的视觉感受中却是不一致的，是灯光和背景造成影响；第三，方向的差别会造成明暗差别；第四，观察者不同，会对颜色有不同的判断，不同人、不同年龄段对相同颜色的判断也是不同的；第五，同样的颜色，尺寸大一些和尺寸小一些、距离远一些和距离近一些让人做出的颜色判断都是不一样的。基于这些原因，人们对色彩有了不一致的判断。

颜色判断差异的成因

环境对视觉的影响

观察左边这张图片，首先分析一下 A 方块和 B 方块哪个亮度更亮。从视觉感受上来说，A 方块属于深灰色，B 方块属于浅灰色，但实际上，A 方块和 B 方块的亮度是一致的，为什么会有这种视觉误差呢？为什么大家会觉得 A 方块颜色更深、B 方块更浅呢？这就是环境对视觉判断造成的影响，因此，人的眼睛是不值得信赖的，我们应该靠科学的工具去判断。

接下来请在 Photoshop 中看一下 A 方块和 B 方块是否真的是一致的亮度。在 Photoshop 中打开这张图片，选择菜单栏中的"窗口－信息"选项，打开"信息"面板。

选择"信息"选项

"信息"面板

在工具栏中选择吸管工具，按住键盘上的 Shift 键在 A 方块的灰度区域进行取样，此时在"信息"面板中就可以看到取样点的亮度值，R 为 107，G 为 107，B 为 107。接下来按住键盘上的 Shift 键在 B 方块的灰度区域进行取样，此时在"信息"面板中可以看到取样点的亮度值，同样也是 R 为 107，G 为 107，B 为 107。也就是说，A 方块的亮度与 B 方块的亮度通过科学采样可以得出结论：它们是一模一样的。

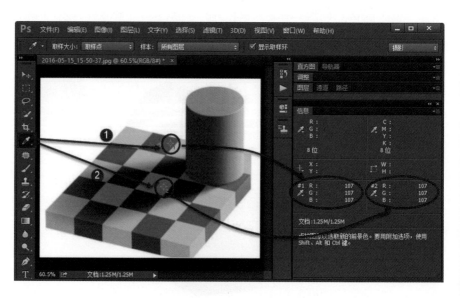

在 A 方块和 B 方块中取样查看亮度值

造成这种颜色误判的原因是，我们的大脑在分辨颜色的时候，是将颜色与四周环境对比判断的，因此观察单独一种颜色的时候要尽量排除周围环境的干扰，这样才能对颜色有一个更细致的判断。同时，我们要养成良好的操作习惯，例如，计算机桌面最好设置为灰色，这样有助于对颜色进行判断，也有助于对偏色的判断，因为灰色或浅灰色的工作界面有助于排除色彩对视觉的干扰。

加色法三原色

　　色彩中不能再分解的基本色称为原色，原色之间的混合，可以合成出我们肉眼所见的所有颜色，而其他颜色不能还原出原色。通常说的加色法三原色是红、绿、蓝。三原色可以混合出所有的颜色，三原色达到最亮时同时相加为白色。三原色分为两类，一类是色光三原色，称为加色法三原色；另一类为颜料（染料）三原色，又称为减色法三原色。

　　在自然景物中，我们看见的所有物体的色彩，都是物体在色温正常的光线照射下反射的颜色，不论红绿蓝青品黄，所有的颜色在 RGB 模式中都由红绿蓝 3 种颜色按照不同的强度与比例组合而成。

照片示意图

　　沙漠为什么是红色？因为它吸收了大量的蓝色与绿色光线，只反射红色光。天空为什么是蓝色？因为它吸收了大部分的红色与绿色光，只反射蓝色光。其实我们看见某种颜色是因为物体只反射了我们所见的颜色，吸收了不可见的颜色。在色温正常的白天，三原色达到最亮时，光线相加为白色。三原色混合而成的白光照射在物体上，物体按照不同的强度和比例反射与吸收，所以，才混合出了红橙黄绿青蓝紫等丰富的色彩。我们称之为加色法三原色。

　　下面是三原色加法的原理图。在 Photoshop 中按 F8 键打开信息面板。将鼠标放在图中任意移动，可以在信息面板上看到鼠标所在点的 RGB 数值。

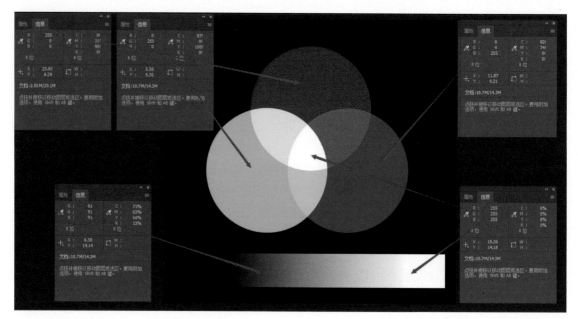

三原色加法的原理图

红色：R=255，G=0，B=0，红色中不含绿色与蓝色。

绿色：R=0，G=255，B=0，绿色中不含红色与蓝色。

蓝色：R=0，G=0，B=255，蓝色中不含红色与绿色。

黑色：R=0，G=0，B=0，黑色等于物体把光线全部吸收了，不反射任何光线，因此 RGB 数据为"0"。白色：R=255，G=255，B=255，白色等于物体把光线全部反射了，不吸收任何光线，因此 RGB 数据为"255"。

上图中三原色重叠之处即相加之处，形成了不同的色彩，三个原色完全叠加的中间区域为白色，代表最亮的红光 + 最亮的绿光 + 最亮的蓝光 = 大自然中晴朗白天的光线。如果三原色光的数值不等，光线的颜色就不是标准色温了，我们所说的标准色温是不偏色的光线，例如 6500K 的色温。日出与日落时光线呈现暖色，是因为红与绿光多了，蓝光少了，所以颜色偏暖。

原色的纯度最高，最纯净、最鲜艳，可以调配出绝大多数色彩（理论上三原色可以调配出所有的颜色），而其他颜色不能调配出三原色。原色与原色进行相加可以得到补色与其他不同的颜色，下面为各原色相加得出的色彩。

加色法三原色：

（红）+（绿）=（黄）

（蓝）+（绿）=（青）

（红）+（蓝）=（品红）

（绿）+（蓝）+（红）=（白）

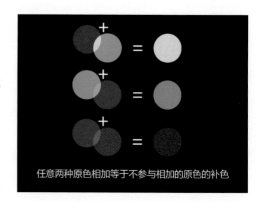

任意两种原色相加等于不参与相加的原色的补色

三原色相加后的得到三补色

补色又称互补色，如果两种颜色混合后形成中性的灰黑色，则这两种色彩为互补色。与三原色对立的是三补色：青、品红（又称洋红）、黄。补色与原色可以相互抵消与互补，如果等量的原色与等量的补色混合就等于颜色消失了，如黄与蓝、青与红、品红（又称洋红）和绿均为互补色。

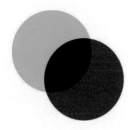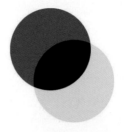

原色与补色混合后颜色抵消

对照片进行调色时，必须完全理解原色与补色之间的关系。三原色是红、绿、蓝，它们对应的补色是青、品红、黄。这六个颜色是必须牢牢记住的，要记住它们之间的互补关系。

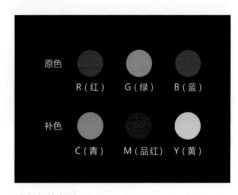

原色与补色图

在"色彩平衡"命令的界面上十分容易明白原色与补色的关系。青色对应的是红色，如果照片偏青就将滑块往红色方向移动，就能补充红色，照片就不会偏青了。如果照片偏红了，则往青色方向移动滑块，就会解决偏红现象。下面的洋红与绿色也是互补色，黄色与蓝色也是互补色，调整这些滑块就能使颜色互补，从而解决偏色现象。

"色彩平衡"面板中的原色与补色关系

中性灰的原理

有一个现象值得注意：在 RGB 图像中，只要是黑白灰的物体，其 RGB 值就应该相等。而灰色会有不同深度的灰，有无数种数值。如果画面中真正的黑、白、灰的 RGB 数值不相等了，那么照片肯定就偏色了，在后期色彩校准时，可以用白平衡工具修正。单击画面原本是纯灰色的区域，即可快速校准色彩，这种校准色彩的方法更适合 RAW 格式文件，因为 RAW 格式文件是原始数据，不会压缩图像。

按 F8 键打开信息面板，鼠标在照片中随意移动，可以看到鼠标所在位置的 RGB 数值。可见照片每一块区域的色彩都不一样，每一种颜色的 RGB 值的比例也不一样。自然界中很少有纯色，即便是蓝天，它的 G（蓝色）值也不会是 255，而是有 R（红色）与 G（绿色），其他颜色的 RGB 值也是按不同比例来混合的，只有黑白灰的物体的 RGB 是等值的。

信息面板中各区域的 RGB 数据

　　实际上自然界中又有多少物体是 RGB 等值的黑白灰呢？如果有的话，是哪些呢？我们不得而知。因此，色彩管理公司才生产了专业的色卡，色卡中的黑白灰是 RGB 等值的，所以，要做到真正的色彩校准，必须购买色卡，然后将色卡放在拍摄现场的光照下，连同画面一起拍下来，然后用白平衡工具去单击色卡当中的灰色，才能做到较为准确的颜色校准。

爱色丽便携式色卡

爱色丽 24 色色卡

　　下图所示是一张偏黄的 RAW 格式照片，只靠眼睛判断，无法得知照片偏了多少，如果校准色彩只是凭感觉去调整，那么遇到严格要求产品色彩准确还原的商业摄影作品，就很难精确地达成要求。但是，如果有色卡的帮助，在软件中使用灰平衡工具，即可轻松校准色彩。在 ACR 中打开 RAW 格式文件，在上方的选项栏中选择颜色取样器工具,然后在爱色丽迷你色卡的灰色卡上单击,得到颜色采样数据 R(红色)168、G(绿色)117、B(蓝色)65。用加色法的原理来验证,很快得知照片中红与绿的数值很高,红 + 绿 = 黄,显然照片中的黄色多了很多,颜色取样器工具给了我们精确的颜色数据,让我们知道照片偏红色与偏绿色的数值是多少。

用颜色取样器工具得到的颜色数据

　　得知偏色的数据,便可以用手动的办法依据数据调整色彩偏差,但是一般来说,使用白平衡工具自动校正就可以了。单击 ACR 软件选项栏,选择白平衡工具,然后在色卡的灰色方框中单击,色彩立刻准确还原,此时可以查看颜色取样窗口中的RGB 数值,它已经还原到 RGB 相等的状态了。

用白平衡工具快速校正色偏

通过以上案例，我们得知要对照片进行准确的色彩还原，必须将专业的色卡放在相同环境拍摄一张照片，用来校准白平衡，然后就可以在相同的色温环境下拍摄其他照片了。将相同色温环境下拍摄的其他照片在软件里一起打开，用同样的白平衡调整数据同步批处理其他照片，即可快速还原所有照片色彩。批处理的方法在后面的章节会有介绍。

前面说过，即便有色卡帮助校准白平衡，也应该采取 RAW 格式拍摄，为什么必须用 RAW 格式拍摄呢？我们通过下面这个案例，来理解其中的原理。打开 RAW 格式拍的照片，不做任何调整，直接单击"打开图像"按钮载入 Photoshop。这种直接打开等同于拍摄 TIFF 格式或 JPEG 格式文件。

不做任何调整直接打开照片

在 Photoshop 中用白平衡工具校色的效果

在 Photoshop 中打开后，建立曲线，然后用曲线中的白平衡工具单击色卡的灰色方框，得到照片的色彩。可见照片上部偏黄红，底部偏绿。为什么在 Photoshop 中用白平衡工具单击色卡的同一个区域会得到两种截然不同的色彩呢？这是因为在 ACR 中我们是针对 RAW 格式文件的原始数据校准色彩，而在 Photoshop 中打开后就不是原始数据了，因此用白平衡工具也很难把颜色一键校准。

5.2 色彩平衡的深入理解与应用

滩涂美景

在 Photoshop 中打开一张照片，然后单击"图层"面板下方的"创建新的填充或调整图层"按钮，弹出快捷菜单，选择"色彩平衡"选项，打开"属性"面板，可以看到三个颜色条右侧分别为三原色红色、绿色和蓝色，与其对应的分别为三补色青色、洋红和黄色。如果照片偏红色，就增加青色，如果照片偏青色，就增加红色；如果照片偏洋红色，就增加绿色，如果照片偏绿色，就增加洋红色；如果照片偏黄色，就增加蓝色，如果照片偏蓝色，就增加黄色。这样就能增加颜色的互补，进行颜色的校准。

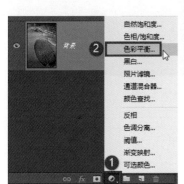

选择"色彩平衡"选项　　　　　　补色与原色的关系

观察这张照片，发现整个画面偏洋红色，这时可以通过向右拖动"色彩平衡"工具中的"洋红－绿色"滑块去增加绿色，即可解决照片偏洋红色的现象。

增加绿色即减少洋红色

查看画面调整前后的对比效果。调整偏色的时候，首先要观察照片偏什么颜色，然后根据互补色的原理去进行颜色的调整，当然，观察照片偏色与否的同时，有一台颜色相对准确的显示器是一个必要条件。

调整前的效果

调整后的效果

山中秋色

打开下面这张照片。这张照片从视觉上判断是以偏品红色为主，品红的邻近色是什么颜色呢？我们要利用色相环进行判断，即"红橙黄绿青蓝紫"。任何一个颜色偏色，都会在临近的颜色上发生一定的偏离，例如，紫色的邻近色是蓝色，因此，照片偏紫色时必定会偏蓝色。校正色彩的时候，一定要考虑到邻近色的因素。

照片偏品红色和蓝色

打开"色彩平衡"工具，既然这张照片偏洋红色，那么我们首先就来解决这个问题。由于这张照片是以中间调偏色为主，因此"色调"选择"中间调"，向右拖动"洋红－绿色"滑块，降低洋红色的比例，可以看到照片中的洋红色得以减轻，增加绿色时要适度，否则会带来其他偏色。

调整中间调偏色

一般来说，一个影调的偏色修正是不可能纠正照片整体的偏色的，后者需要在多个影调中调整实现。仔细观察照片，可以看到远景有一点偏紫色和蓝色，这个区域的影调处于中间调和暗部，因此，为中间调加一点蓝色的互补色——黄色，向左拖动"黄色－蓝色"滑块，增加黄色。

为中间调增加黄色

接下来选择"色调"为"阴影"，去解决一下暗部偏洋红和蓝色的问题。向右拖动"洋红－绿色"滑块，增加绿色，然后向左拖动"黄色－蓝色"滑块，增加黄色。

调整暗部偏色

接着，在"色调"项选择"高光"，解决高光部偏洋红和蓝色的现象，向右拖动"洋红–绿色"滑块，增加绿色，然后向左拖动"黄色–蓝色"滑块，增加黄色。

调整高光部偏色

最后，再次在"色调"项选择"中间调"，稍微调和整体的偏色。

再次调整中间调

调整完成后，观察调整前后的对比效果。通过这个案例可以看到，一张照片的影调和色调的调整校正，需要用"阴影""中间调"和"高光"项来解决。

调整前的效果　　　　　　　　　　　调整后的效果

异域面孔

　　下面再看一个案例，这张照片偏黄色。

　　打开"色彩平衡"工具，由于这张照片以中间调为主，照片偏色主要集中在中间调，因此在"色调"项选择"中间调"，为照片减少黄色，增加蓝色，向右拖动"黄色－蓝色"滑块，增加蓝色。调整的过程中需要注意不能使暗部或高光部产生其他偏色。

照片偏黄色

为中间调减少黄色

增加过多的蓝色后，发现照片偏洋红色，降低蓝色后照片还是偏黄色，这时需在"色调"项选择"高光"，向右拖动"黄色－蓝色"滑块，增加蓝色。

为高光部减少黄色

接着，在"色调"项选择"阴影"，向右拖动"黄色－蓝色"滑块，增加蓝色。

为阴影部分减少黄色

这时发现照片又偏红色，在"色调"项选择"高光"，向左拖动"青色－红色"滑块，减少红色，然后向右拖动"洋红－绿色"滑块，增加绿色。

继续调整高光部

至此，色彩调整完成。色彩的调整完全凭感觉和经验完成，大家只有经过长时间的练习，才能够把握颜色的属性，也才能够完成好颜色校准和色调的渲染。

调整前的效果

调整后的效果

上面通过多个案例讲解了"色彩平衡"的应用，但是用"色彩平衡"不能做到真正灵活自如地调整某一个区域的偏色，例如上一个案例，人物面部属于高光部，但是高光部处于影调的哪一个区域、哪一个结构上呢？它处于直方图的哪一个位置上呢？我们不得而知。额头、鼻子、脸部的高光肯定不是处于同一位置上的，如果我们只是用"色彩平衡"工具当中的"高光"进行调整，肯定是不精确的，因为我们不能准确调整某一块区域的高光、中间调以及暗部，所以，用"色彩平衡"调整颜色的时候，只是得到一个大概的调整，如果想要更加精确地调整方向、调整位置，"色彩平衡"就不能胜任了，这时，就要学习使用"曲线"工具，"曲线"工具可以做到万能的调整。

5.3 万能的曲线深度剖析

上一节内容介绍了"色彩平衡"工具的不足，这一节介绍"曲线"工具。对于影调控制而言，"曲线"是不可替代的"五星级"工具。如果在 Photoshop 中只选一个工具，那么毫无疑问一定会选择"曲线"。因为"曲线"不仅可以用来精细调整照片亮度、对比度，修复偏色，制作各种色调效果，也可以制作黑白、低饱和效果，高饱和、高调、低调、高反差、低反差效果。"曲线"还可以用来配合图层蒙版做暗角，修复"死白"的天空，完成色调分离、复杂选区、精细抠图、精细磨皮等。所以，"曲线"在 Photoshop 中是万能的。Photoshop 中最强大的三个工具是：曲线、图层蒙版、图层混合模式，它们是 Photoshop 中最为核心的调整工具。如果能够深入理解和灵活应用这三个工具，影调控制、影像合成、特效制作等就可以随心所欲，游刃有余。因此，想快速又精细地处理照片，达到高手的境界，就必须熟练地掌握"曲线"的用法，应用"曲线"要像呼吸一样自然。接下来，让我们一起走进神奇的曲线世界，学习使用万能的"曲线"。

"曲线"工具的基本知识

打开一张照片，在"图层"面板下方单击"创建新的填充或调整图层"按钮，弹出快捷菜单后选择"曲线"选项。打开"属性"面板，在其中可以看到"曲线"工具。

选择"曲线"选项

"曲线"工具

在曲线图中，曲线的上半部分代表照片的亮部，曲线的下半部分代表照片的暗部，曲线的中间部分代表照片的中间影调。通过控制曲线的中间部分，可以调整整张照片的明暗分布；控制曲线的高光部分，可以调整照片亮部的明暗分布；控制曲线的暗部，可以调整照片暗部的明暗分布。

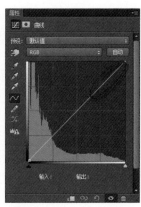

调整中间调   调整高光部   调整暗部

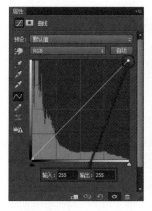
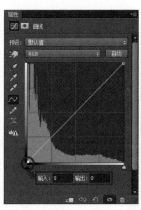
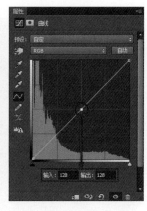

曲线的最高光部   曲线的最暗部   曲线的中点

曲线的最高光处代表照片中最白的区域，以 255 表示；曲线的最暗部代表照片的最黑部分，以 0 表示；曲线的中间则以 128 表示。

在曲线上，最多可定位 14 个锚点，因此，用它可以十分轻松地控制照片某一个局部的明暗，这样在做普通照片的调整时，不做选区就能够快速控制照片影调分布区域的明暗，从而做到相对比较细致的调整。如果锚点定位错误，或者想去掉某一个锚点，可以按住相应的锚点，向曲线框外拖动，松开鼠标，锚点即可去除。也可以按住键盘上的 Ctrl 键，单击要去除的锚点，也可以将锚点去除。

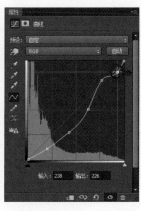
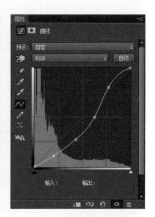

在曲线上定位锚点   向框外拖动锚点   去除锚点

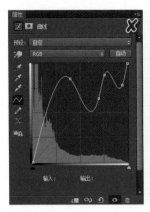
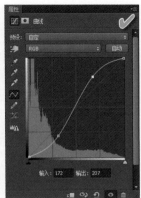

坡度不能太陡峭 　　　　曲线要平滑

利用"曲线"调整时，最忌讳的是锚点与锚点之间距离过近，以及坡度太陡峭，如果距离太近，坡度又太陡峭，很容易造成色调分离，因此在控制曲线时一定注意锚点不要太密集，要形成平滑的曲线。

打开偏色的照片

欧美人像的曲线调色

打开左侧这张照片，这张照片在上一节中利用"色彩平衡"工具修复过，接下来利用"曲线"工具继续修复。

下面具体介绍如何使用"曲线"工具快速完成这张偏色照片的色彩校正。打开"曲线"工具，在"曲线"工具的"预设"选项下方，有一只抓手工具，该工具称为"目标选择和调整工具"，单击该按钮，然后在图像上单击，可以看到在曲线的高光区域出现了一个锚点，这个点代表抓手工具在图像上吸取的相应区域的亮度信息，它告诉我们，刚才吸取的那块区域处于色阶值189的亮度上。

利用抓手工具选取画面中的点

使用抓手工具，我们可以快速选择影调的亮部区域或暗部区域，从而实现精确的选取，只有精确地选取，才能做合理的调整。例如，要看一下人物脸部的色阶值，可在选择抓手工具后，在人物脸部单击，这时我们就在曲线的中间调上又创建了一个点，由此可知脸部的亮度处于色阶值为120的位置。

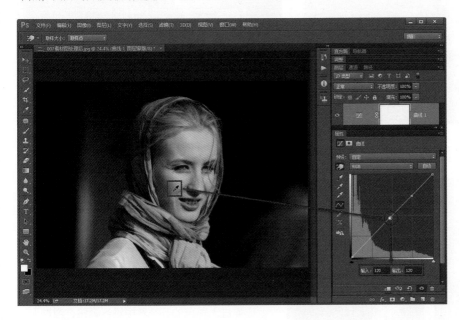

利用抓手工具查看脸部的亮度

此时去除所有锚点，让曲线回到初始状态。下面调亮人物脸部的亮度。选择抓手工具，在人物脸部单击并按住鼠标左键向上拖动，即可提升脸部的亮度。在曲线下方的"输入"和"输出"框中可以看到，调整前脸部亮度为91，调整后变为109。通过这个简单的操作，我们可以知道，利用抓手工具可以快速选取并调整图像中某一块区域的亮度，从而实现精确的调整。

利用抓手工具在脸部单击

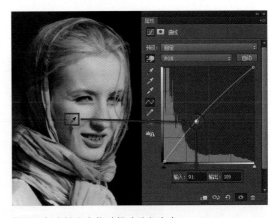

按住鼠标左键向上拖动提升脸部亮度

再比如，如果觉得人物额头区域太亮，可选择抓手工具，在额头单击并按住鼠标左键向下拖动，可看到曲线中的高光区域调整前亮度为203，调整后亮度还是203，这意味着我们进行了亮度的平衡控制，提升了中间调以下的暗部亮度，但没有修改高光部的亮度，高光区域的亮度仍旧处在原来的水平上。

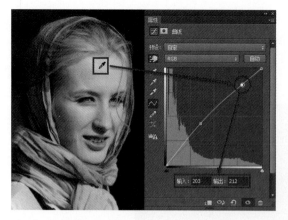

利用抓手工具在额头单击

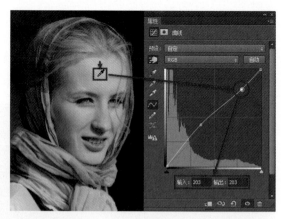

按住鼠标左键向下拖动降低额头亮度

选择"蓝"选项

进入"蓝"通道

接下来,通过抓手工具调整照片的偏色现象。可以看到,在抓手工具后面可以选择相应的通道,默认的通道为 RGB 通道,RGB 通道是红、绿、蓝的复合通道,代表整张照片的亮度信息。如果需要更改某一个颜色,就选择相应的颜色通道。单击通道,可展开下拉列表,这张照片偏黄色,就应该进入黄色的互补色中进行调整,通过上一节介绍的色彩平衡原理可以知道,黄色的互补色是蓝色,因此这里选择"蓝"通道。

在哪里确定锚点呢?选择抓手工具,由于人物脸部偏黄色,因此在脸部单击并按住鼠标左键向上拖动,降低黄色,通过目测、观察,觉得调整到位后,松开鼠标即可。

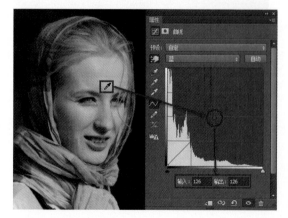

利用抓手工具在脸部单击

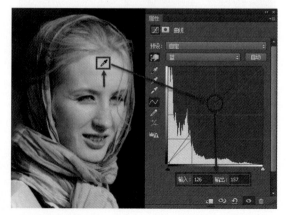

按住鼠标左键向上拖动降低黄色

可以看到,脸部的偏色基本得以解决,但背景仍旧有轻微的偏黄,此时可在背景的偏色区域单击并按住鼠标左键向上拖动,降低黄色。利用同样的方法,可将其他背景区域的偏黄现象调整好。这就是在"蓝"通道对照片的亮度进行精确调整的一个案例。

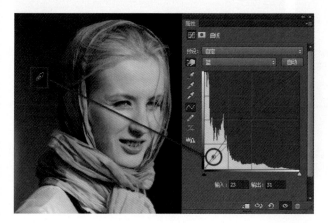

调整背景偏色

调整其他区域的偏黄现象

如果要让人物肤色变得更加红润，可以选择"红"通道，在人物脸部单击并按住鼠标左键向上拖动，增加红色，可以看到，在人物脸部增加红润的同时，整张照片也变红了。这是因为影调是连续的，在提亮高光部的同时，中间调和暗部有轻微的改变，这时一定要平衡亮度曲线，让不想调整的区域复位到原始状态，这样才不会带来新的偏色。因此，调整偏色的时候一定要注意亮度平衡。若只想改变高光部偏红，不想让高光部以外的区域受影响，可在曲线中间添加锚点，将其向下拖动调整至初始状态，而只让高光部发生颜色的改变。

调整高光偏红现象

一个锚点不能锁住不想调整的区域

使用两个锚点锁住不想调整的区域

小提示

一般来说，确定两个锚点才能锁住不想调整部分的曲线结构。例如，要调整高光部，如果高光部外的其他区域只有一个锚点，调整高光区域时，其他区域会受到影响因此，如果想要调整某一局部区域，应使用两个锚点来锁住不想调整的区域，从而实现精确的局部控制。

调整完成后，看一下调整前后的对比效果。

调整前的效果

调整后的效果

打开照片

荷花

打开左边这张照片。然后打开"曲线"工具，如果想使荷叶的亮度变得更亮，首先应该利用抓手工具来正确判断影调的分布，而不是靠肉眼来判断。选择抓手工具，在荷叶上单击并按住鼠标左键向上拖动，提亮荷叶，可以看到，整张照片的亮度都加强了，照片中的暗部也被提亮了，如果不想让暗部变得很亮，在暗部单击并按住鼠标左键向下拖动，将暗部拉回来，使之回到原状或更黑。

提亮荷叶

将暗部亮度拉回来

　调整后，可以看到暗部有了足够的黑场，但这时高光部发生了偏离，荷花变得更亮了，如果这时不想让高光部变得更亮，可单击高光区域的荷花，按住鼠标左键向下拖动，将高光部亮度拉回来。从曲线图中可以看到，我们只调整了中间调和比较深的区域，高光部和暗部最黑的区域基本没有调整。

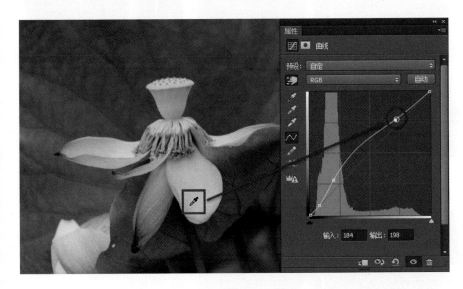

将高光部的荷花亮度拉回来

　接下来渲染色彩。如果要使荷叶变得更绿，选择"绿"通道，在荷叶上单击并按住鼠标左键向上拖动，提升绿色，可以看到，整张照片变得更加亮丽了，但伴随而来的是，荷花也变得稍微有点绿，这时在荷花上单击并按住鼠标左键向下拖动，将荷花的亮度调整回来，如果想要使荷花变得更红，可以继续降低绿色，即可增加绿色的互补色洋红色，在曲线上按住鼠标左键继续向下拖动，即可使荷花变得更红。

给荷叶提升绿色

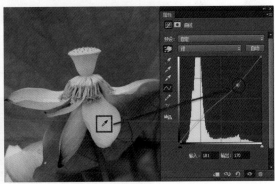

给荷叶提升洋红色

　如果想要调整其他通道，就进入相应通道进行更加精确地调整。选择"红"通道，在荷花上单击并按住鼠标左键向上拖动，再为荷花增加一点红色，然后将高光部以外的区域颜色调整回来。

为荷花增加一点红色

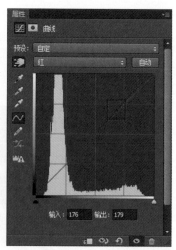

将高光部以外的区域颜色调整回来

为花蕊增加黄色

如果要使花蕊更黄一点，选择"蓝"通道，在花蕊上单击并按住鼠标左键向下拖动，适当增加一点黄色。

调整完成后，看一下调整前后的对比效果。

调整前的效果

调整后的效果

通过这个案例可以看到，利用抓手工具，结合颜色互补和亮度平衡，可以精确地控制颜色、控制亮度。需要对某一张照片进行大幅度颜色修改的时候，如要使颜色变得更加鲜艳、明快，或大幅度纠正偏色的时候，首先应该考虑"曲线"工具，而不是"色彩平衡"。要使颜色变得更加鲜艳，不是一味增强饱和度就能够实现的，如果将照片饱和度大大增强，只会带来色调分离，使色痕增加。因此，要使照片颜色更加鲜艳，应考虑到颜色的明度和亮度关系，用"曲线"去提升某一个颜色在通道当中的亮度，从而实现饱和度的提升以及对偏色的修改和纠正。

5.4 色彩三要素的深入应用

在影调和色彩的调整过程中，除了"曲线"占有绝对的主导地位之外，还有一款非常重要的工具——"色相／饱和度"，它是用来快速渲染、修改局部的色彩以及控制照片整体鲜艳程度的一款重要工具。在"曲线"与"色相／饱和度"的紧密配合下，我们可以调出想要的各种色调。

"色相／饱和度"工具的基本知识

打开一张照片，通过对照片进行"色相／饱和度"调整，来认识"色相／饱和度"工具。在"图层"面板下方单击"创建新的填充或调整图层"按钮，弹出快捷菜单后选择"色相／饱和度"选项。打开"属性"面板，在其中可以看到"色相／饱和度"工具。

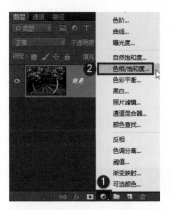
选择"色相／饱和度"选项

"色相／饱和度"工具

下面通过这个"色相／饱和度"调整图层，来认识色彩的三要素。色相指颜色的种类，如红、橙、黄、绿、青、蓝、紫，移动"色相"滑块时，整张照片的颜色会发生严重的偏离。

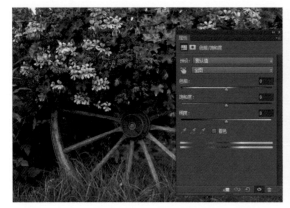

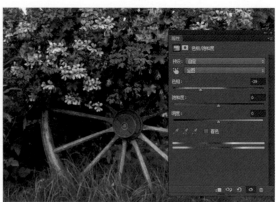

原照片色彩

移动"色相"滑块后颜色偏离

在"色相/饱和度"工具下方有两条色相环,上面是调整之前的颜色分布,下面是调整之后的结果。将"色相"滑块移动到最左端时,通过色相环可以看到,原来的蓝色变成黄色,原来的品红色变成绿色。一般来说,不会针对全图去调整整体的色相,而是调整局部颜色的色相。

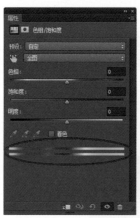

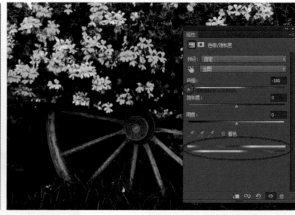

未调整前的色相环

调整后的色相环

饱和度决定了颜色的鲜艳程度,增强饱和度,可以得到非常浓郁的颜色;降低饱和度,会得到灰度图像。

增强饱和度

降低饱和度

在数码时代，我们经常可以看到饱和度过高的照片，作品中颜色的细节全部丢失，或者颜色看上去太假、失真，这都是高饱和度造成的。一般来说，一张耐看的彩色照片，最主要的颜色不应超过三种，如果照片中所有颜色的饱和度都非常高，这张照片看上去会显得过于鲜艳、不耐看，因此控制颜色的鲜艳程度的时候，一般来说应该区分主要颜色和次要颜色，想要得到一张颜色鲜艳的照片，应该让主要颜色变得鲜艳一点，而次要颜色则不需要增强，这样照片才经得起推敲，也才会比较耐看。

明度是指颜色的明亮程度，通过增加明度，可以把整张照片变成白色；减少明度，可以把整张照片变成黑色。

增加明度   减少明度

一般情况下，不会针对全图控制色相和明度，只会控制饱和度。我们往往需要通过局部颜色的选取，去控制颜色的三要素。用三个工具调整，实现颜色的准确修改。

在"色相／饱和度"工具中也有一个抓手工具 ，用该工具可以在照片中选中想要修改的颜色。例如，想要修改红色，只需要选择抓手工具后，在画面中的红色花朵上单击，其通道列表则会由"全图"通道自动更改为"红色"通道，移动"色相"滑块，即可修改红色的色相，使红色变成想要的其他颜色。观察色相环的对比，可以看到，此时红色被修改为黄色，照片上的红色部分也变成黄色。

选中红色花朵后自动进入"红色"通道   调整"红色"色相

如果要让黄色变得不鲜艳，可以降低饱和度；如果要使黄色变为暗黄，可以减少明度。

降低黄色花朵的饱和度和明度

修改色相和明度时，往往是选取单独一种颜色进行修改，通过颜色的选取，可以精确调整照片中的某一个局部颜色。若某些颜色选取和修改后，没有全部改变，那是因为选取范围不够大。例如，要把洋红色的花变成黄色，利用抓手工具选中洋红色的花朵，这时自动进入"洋红"通道，然后调整色相。操作后，放大照片可以看到，花瓣上还有很多洋红色的部分没有被选中，这意味着在修改洋红色的花时，颜色出现了分离。

选中洋红色花朵

有一部分洋红色没有被选中

如果要将洋红色部分继续选中，可以用两种方法来添加选取范围。第一种方法是单击"色相/饱和度"工具下方吸管工具中的"添加到取样"按钮 ，然后在照片上单击没有被修改的颜色，这时就增加了选择范围，可以看到，刚才没有被修改的洋红色被修改了。

选择   洋红色被修改

当利用吸管工具不能精确选取需要修改的颜色时，可以通过手动调整来增加或减少选择范围，这是第二种方法。在色相环上，上下两条色相环之间有两根竖线，两根竖线之间的区域代表主要选择范围，可以看到，目前选择的颜色以洋红色为主，但颜色是连续的，花瓣上的颜色不止洋红色，还有邻近色，因此要增加颜色选择范围。色相环中两根竖线之间的区域为颜色的主要选择范围，竖线之外到小三角之间的区域是临近选择范围，要修改主要选择范围，可以单击竖线并向外拖动，同时，还要向外拖动小三角来增加临近选择范围。修改完成后，可以看到，之前花瓣边缘的洋红色也被修改为黄色。

色相环上的选择范围   手动调整色相环来增加选择范围

调整完成后，看一下调整前后的对比效果。

调整前的效果   调整后的效果

这就是用"色相/饱和度"工具对颜色进行精确选取和调整的案例。需要针对某一个颜色进行精确修改的时候,可以通过自动选择和手动选择两种方法来进行精确选取,然后进行色相、饱和度和明度的调整。需要注意的是,这三个选项的调整幅度因图而异,每一张照片都不一样,所以要提前知道想要什么样的效果,然后才能进行合理调整。

鹈鹕

打开下面这张照片。

打开照片

如果要渲染、调整照片中鹈鹕嘴部的黄色,可以用"色相/饱和度"工具进行调整。打开"色相/饱和度"工具,选择抓手工具,在鹈鹕嘴部单击,选中黄色,增加"饱和度",调整"色相",使颜色更纯或者更符合需要。如果要使黄色更亮,可以修改"明度",一般来说,修改明度后。颜色的饱和度会降低,只有明度与饱和度完美配合,才能使颜色看上去更加鲜艳。最终,调整"明度"至"+45",调整"饱和度"至"+74",调整"色相"至"+2",才能得到需要的颜色。

利用抓手工具选中鹈鹕嘴部

调整色彩三要素

调整完成后，看一下调整前后的效果。

调整前的效果　　　　　　　　　　　　调整后的效果

　　由于使用计算机可以随心所欲地控制色彩和亮度，所以很多读者调整的照片会出现反差过大或饱和度过高的现象。如果饱和度过高，可以用"色相／饱和度"工具进行精确修改。在调整照片的过程中，要提醒自己，颜色不要过于浓郁，养成良好的习惯，才能准确把握颜色的饱和度和整个效果。

时光

　　打开下面这张照片。这张照片显然饱和度过高，虽然整体没有偏色，但人物的肤色偏黄，那是因为黄色的饱和度过高。这时如果修改色彩平衡，可能会造成照片偏色，因此在调整时，一定要判断照片是偏色还是局部颜色过于浓郁，如果是偏色，就调整整体的颜色；如果不是偏色，是局部的色彩效果太强，则应该调整"色相／饱和度"。

打开照片

打开"色相/饱和度"工具，选择抓手工具，在人物脸部单击选取颜色，降低"饱和度"至"－30"，提高"明度"至"＋25"，这时发现提高明度后人物肤色变得很黯淡，再次提高"饱和度"至"－29"，如果要使肤色更红润，可以调整"色相"进行轻微修改。

利用抓手工具选中人物脸部

调整色彩三要素

如果被修改区域的颜色出现了色调分离，应该是选择面积不够导致的，我们可以手动增加选择范围。分别向左和向右拖动色相环之间的竖线和小三角，即可增加色彩选择范围。之后，再次轻微调整色彩，调整"色相"为"－1"，调整"明度"为"＋13"。这样通过对三个项目的控制和对颜色范围的扩大或缩小，就能相对精确地控制照片局部颜色。

手动调整色相环来增加选择范围

再次轻微调整色彩

调整完成后，看一下调整前后的效果。

调整前的效果

调整后的效果

5.5 制作黑白照片

　　黑白摄影能以黑、白、灰展现细腻的明暗过渡和层次感，从而展现出简约、含蓄的格调与品味，是很多摄影爱好者十分喜欢的一种影调表现形式。调整黑白照片的方法有很多，下面先来介绍最简单且实用的黑白照片制作技法。

　　打开要转为黑白的照片。可以看到，照片整体的构图没有太大问题，但照片灰度很高，色彩暗淡，欠缺视觉冲击力。

打开照片

单击展开 Photoshop 主界面右侧的"调整"面板，单击中间的"创建新的黑白调整图层"图标，创建黑白调整。可以看到在"图层"面板中出现了黑白调整图层蒙版，"调整"面板左侧出现了黑白调整界面，并且照片已经变为了黑白状态。

创建黑白调整图层

在黑白调整界面内，可控制各种色彩的明度参数，来实现彩色到黑白的转换。不同的彩色照片中画面主体与陪体的色彩分布是不同的，在彩色转换黑白的过程中，要根据立意和影调的需要去合理调整色彩的明度，实现良好的黑白影调效果。

在黑白调整界面中，通过调整色彩的明度来改变黑白照片的反差

初步调整黑白之后，单击调整界面右上角的">>"按钮，收起该界面。然后在右侧的"调整"面板内单击"创建新的曲线调整图层"图标，创建一个调整曲线。压暗曲线的中间调，使画面变暗一些，以营造神秘与厚重的感受。

用曲线压暗环境

调整完成后，收起曲线调整界面。在左侧的工具栏中选择多边形套索工具，为照片中的道路制作选区。

用多边形套索绘制选区

选区制作完成后，再次建立曲线调整图层，然后用曲线提亮路面，加大对比。

用曲线改变选区内的影调

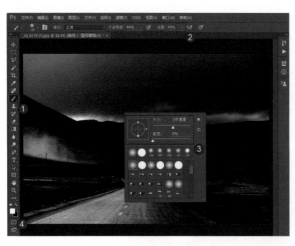

此时有一个比较大的问题是，调整后选区边线位置的明暗过渡出现了断层（选区内亮，选区外暗），不够自然，我们需要对这个边缘部位进行修饰，让明暗过渡平滑起来。

选择画笔工具，在画面上单击鼠标右键，在弹出的画笔窗口中，把画笔的硬度设置为最低，并选择合适的画笔大小。然后，将画笔的不透明度设置到较低处。最后，将前景色设置为白色。

选择合适的笔触与前景色

首先涂抹原来选区的边缘部分，让这部分过渡平滑起来，然后将前景色改为黑色，适当增大画笔直径，在过亮的路面部分轻轻涂抹，压暗这部分的亮度，使前景不至于亮得刺眼。最后，将前景色设定为白色，在画面中景处涂抹，适当提亮这些位置，营造出更为丰富的影调层次，并让道路引导观众的视线到更远的远方。这是影调控制的核心理念，即通过影调控制来突出主体。

红色区是压暗的区域，绿色区是提亮的区域

继续创建曲线调整图层，提亮画面。

提亮画面

选择画笔工具，前景色设置为黑色，在天空与前景的地面处涂抹，压暗天空与前景地面，从而营造更为强烈的光影对比，加强黑白影调的感染力。

压暗环境突出兴趣中心

照片调整完毕后，拼合图层，将照片保存即可。最后可以对比照片处理前后的效果。

调整前的效果

调整后的效果

本章结合 Photoshop 多种功能和工具来介绍照片明暗层次的调整技巧。

06

影调层次优化

6.1 渐变映射与照片通透度

控制照片的通透度有很多种方法，通过渐变映射控制照片的通透度以及照片的反差比较便捷，而且能够取得理想的效果。

背孩子的老人：追回高光部与暗部后，提高照片通透度

打开下面这张照片。

打开照片

在 Photoshop 菜单栏中选择"图像 – 调整 – 阴影 / 高光"选项，打开"阴影 / 高光"对话框，调整"阴影"选项组中的参数，适当恢复照片的暗部。调整"高光"选项组中的参数，适当恢复高光部的细节。然后调整"调整"选项组中的参数，设置完成后单击"确定"按钮。

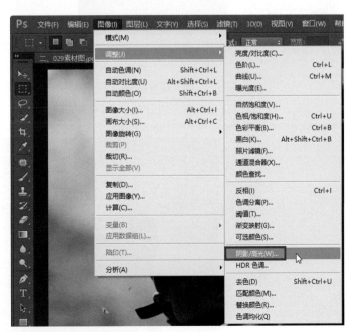

选择"阴影／高光"选项

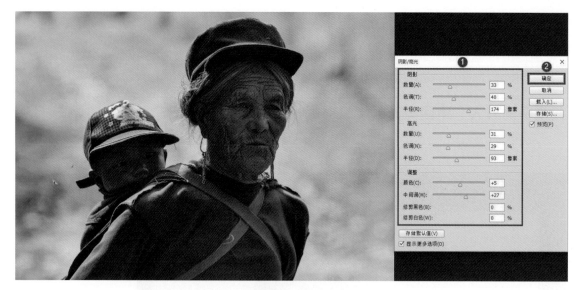

设置"阴影/高光"选项

选择"渐变映射"选项

打开"渐变映射"工具

这时照片中暗部和高光部的细节已经控制得基本到位，接下来通过渐变映射来控制照片整体的通透度。单击"图层"面板下方的"创建新的填充或调整图层"按钮，弹出快捷菜单，选择"渐变映射"选项，在"属性"面板中打开"渐变映射"工具。

在"渐变映射"下拉列表中选择"黑，白渐变"选项，此时这个渐变映射并不是纯黑－纯白的，可以看到，照片覆盖了一层淡淡的暗红色。

选择"黑，白渐变"选项

单击渐变条，弹出"渐变编辑器"对话框，双击黑色色标滑块。

单击渐变条　　　　　　　双击黑色色标滑块

弹出"拾色器（色标颜色）"对话框，通过R、G、B参数可以看到，此时的黑色并不是纯黑，是略带一点红色的黑。将R的值改为0，这时选择的黑色为纯黑。我们需要用完全不偏色的黑色来映射照片，即将R、G、B的值都设置为0，单击"确定"按钮关闭"拾色器（色标颜色）"对话框。

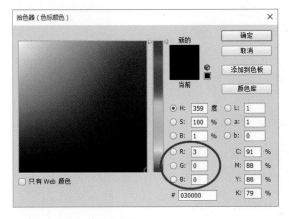

此时选中的黑色并不是纯黑

将颜色设置为纯黑

双击白色色标滑块

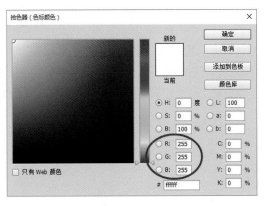

此时选中的白色为纯白

双击白色色标滑块，弹出"拾色器（色标颜色）"对话框，查看R、G、B的值，若都为255，就意味着这个白色没有偏色，单击"确定"按钮关闭"拾色器（色标颜色）"对话框。

设置完成后,此时的映射就是纯黑-纯白的映射了。为了方便以后使用这个纯黑-纯白的渐变映射,可以将其保存下来。单击"渐变编辑器"对话框中的"新建"按钮,即可在"预设"列表框中新增一个自己创建的"纯黑-纯白"映射,最后单击"确定"按钮关闭"渐变编辑器"对话框。

单击"新建"按钮　　　　　　　　　　　　　　新增一个映射

渐变映射制作完成之后,可以看到彩色照片变成了黑白照片。

彩色照片变成了黑白照片

但这并不是我们想要的效果。我们要通过渐变映射中的黑-白去映射照片中的彩色,从而解决照片的灰度问题,因此,需要用渐变映射的明度去映射彩色照片。在"图层"面板中的"设置图层的混合模式"下拉列表中选择"明度"模式,即可用渐变映射的亮度(黑、白、灰)去映射彩色照片中原本达不到纯黑或纯白的灰度。可以看到,通过渐变映射,照片的对比度以及通透度大大增强。

选择"明度"模式　　　　　　　照片变通透

如果觉得渐变映射的效果过于强烈，可以在"图层"面板中降低它的不透明度，如降低"不透明度"到"50%"。

降低"不透明度"的效果

如果觉得照片的通透度还不够，可以复制一个渐变映射图层。具体的操作为在"图层"面板中选中"渐变映射1"图层，然后按住鼠标左键将其拖动至面板底部的"创建新图层"按钮上，即可复制出一个"渐变映射1拷贝"图层。

拖动图层至"创建新图层"按钮上　　　复制的新图层

然后降低该图层的"不透明度"到"36％"即可。这样就可以利用两个渐变映射控制这张照片。

降低图层的不透明度

调整完成后，看一下调整前后的对比效果。

调整前的效果

调整后的效果

这是常规的渐变映射的应用，下面学习如何创建更加丰富、更加有可控性的渐变映射。

油菜花开：利用影调宽度改善通透度

打开下面这张照片，使用渐变映射来调整照片的通透度。

打开照片

144

打开"渐变映射"工具，在"渐变映射"下拉列表中选择刚才新建的纯黑－纯白渐变映射。

选择纯黑－纯白渐变映射

接着在"图层"面板中的"设置图层的混合模式"下拉列表中选择"明度"模式，可以看到，渐变映射后照片变通透了。

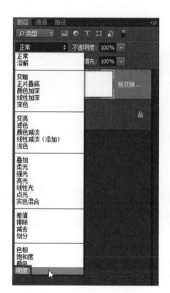

选择"明度"模式

照片变通透

接下来介绍如何制作更多个性化的渐变映射，以调整不同灰度照片的通透度。在刚才的案例中，如果要修改渐变映射，只需在"图层"面板中双击渐变映射图层前面的缩览图，即可打开"渐变映射"工具，单击渐变条。

双击图层缩览图

单击渐变条

弹出"渐变编辑器"对话框后，如果觉得画面中的黑色不够黑，可以单击黑色色标滑块并按住鼠标左键向右拖动，从而改变渐变映射的结构。当然，还可以单击白色色标滑块并按住鼠标左键向左拖动，也可以左右移动"颜色中点"滑块，使画面渐变得亮一点或渐变得暗一点，即控制中间调的明暗。

调整黑色色标滑块

调整白色色标滑块

调整"颜色中点"滑块

调整完成后，观察画面效果。

调整前的效果

调整后的效果

为渐变映射命名

保存的渐变映射

如果要保存该渐变映射，可以为该渐变映射命名，在"名称"文本框中输入名称，如"强对比"，再单击"新建"按钮，即可将渐变映射重命名后保存在"预设"列表框中。

以同样的方法可以制作很多不同的渐变映射，这样在今后控制照片通透度的过程中，我们就可以更加方便地使用这些渐变了。利用渐变映射控制照片通透度应用广泛，这款工具很重要，大家应熟练掌握该工具，并将它应用在实际的照片制作当中，快速提升照片的通透度。这种操作比较简便，而且不留痕迹，效果显著。

6.2　调整图层与图层蒙版，精细控制影调

一张好的照片应该有一个鲜明突出的主体。在摄影构图的过程中，可以通过角度的选择、光影的控制来突出主体、简化背景，但很多时候，由于被摄体的反差以及环境、光线角度的影响，主体会不够突出，需要通过后期制作来弥补这种遗憾。绝大多数摄影作品只通过简单的调整不可能呈现想要的效果，因此需要通过对局部影调的控制来弱化陪体、突出主体。

摄影创作过程中通常使用摄影语言来突出、强化主体，表现意境。通常会使用各种对比手法，最常用的对比手法是用明暗对比来突出主体，强化光影关系。另外，还有冷暖对比、大小对比、疏密对比、虚实对比、动静对比等。正因为使用了这些对比手法，摄影作品才呈现了不同的艺术效果。如果一张照片中同时使用多种对比手法，那它的视觉效果肯定与众不同。

佛像后的少女：突出局部的重点人物

打开这张照片，照片中的女孩已经十分突出，但照片影调结构不是特别理想，这时可以通过后期制作进一步突出主体人物，营造更加艺术化的视觉效果。另外，这张照片最明显的对比是大小对比，佛像很大，人物很小，如果在后期制作过程当中进一步强调它的明暗对比关系，那这张照片会更加出彩。下面就来讲解局部影调控制的方法，通过明暗对比来强调主体。

打开照片

制作明暗对比最常用的工具就是"曲线"。打开"曲线"工具，单击曲线右上角的锚点，按住鼠标左键向下拖动，降低曲线最亮部的亮度，这样就可以得到陪体变暗的画面。虽然陪体变暗，但反差没有增强，这样既不会增强饱和度，也不会增对比度，这种手法是影调控制常用的手法。接着，适当降低中间调，可以看到，整张照片都变黑了，主体也变暗了。

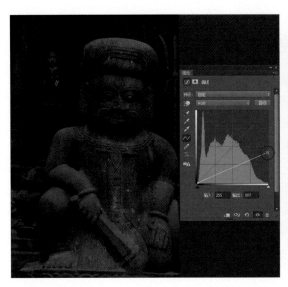

降低高光部的亮度　　　　　　　　　　　　　　　　　　　　适当降低中间调

此时在工具栏中选择"渐变工具"，单击"设置前景色"色块，弹出"拾色器（前景色）"对话框，将前景色设置为黑色（R：0，G：0，B：0），然后单击"确定"按钮关闭对话框。

单击"设置前景色"色块　　　　　将前景色设置为黑色

接着单击"设置背景色"色块，弹出"拾色器（背景色）"对话框，将背景色设置为白色（R：255，G：255，B：255），然后单击"确定"按钮关闭对话框。

单击"设置背景色"色块　　　将背景色设置为黑色

单击渐变条　　　　　　　选择"前景色到透明渐变"

单击选项栏中的渐变条，弹出"渐变编辑器"对话框，选择"前景色到透明渐变"，这款渐变能让我们灵活自如、随心所欲地控制影像的局部亮度，单击"确定"按钮关闭对话框，即可完成渐变的预设。

 小提示

需要注意的是，单击的点应为主体中心。拖动鼠标的线段越长，渐变越柔和，线段越短，渐变越生硬。大面积渐变拖动的线段应长一点，小面积渐变拖动的线段应短一些。

接下来选择渐变的方式。渐变工具的选项栏中提供了多种渐变方式，第一种是"线性渐变"，线性渐变是平行或垂直的渐变，一般来说，人文类摄影作品通常较少使用线性渐变，更多使用第二种"径向渐变"。这里选择"径向渐变"，然后将鼠标指针放在照片中主体的区域去进行调整，单击并向外拖动鼠标，松开鼠标后，即可将经过曲线操作后变暗的主体区域擦亮。

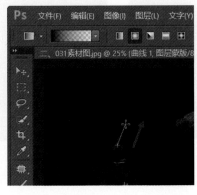

选择"径向渐变"　　　　　　单击并向外拖动鼠标　　　　　　主体区域被擦亮

149

这个渐变操作可以反复进行多次，在操作过程中，设置较低的"不透明度"可以得到柔和、自然、不露边界痕迹的渐变效果，这里设置"不透明度"为"30%"，这样可以快速给照片制作局部光，对照片进行影调控制。

降低"不透明度"得到柔和的渐变效果

通常情况下，可以给主体最重要的区域多做几次渐变，主体边缘的区域是过渡区域，可以降低"不透明度"到"20%"再进行渐变，然后降低至"10%"再进行渐变，直到边缘看不出痕迹为止。

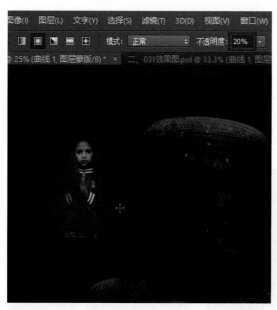

降低"不透明度"到"20%"再进行渐变

降低"不透明度"到"10%"再进行渐变

不小心提亮的区域

单击 按钮

前景色变为白色

在佛像的肩膀上单击并拖动鼠标进行渐变，渐变的过程中，注意与主体的过渡要自然，这样可恢复这块区域。修改完成后，再次单击"切换前景色和背景色"按钮，使前景色变为黑色。

在肩膀上做渐变拉伸

恢复该区域

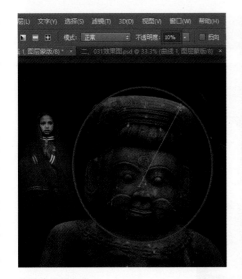

将佛像脸部提亮

将其他关键区域提亮

如果觉得佛像的脸部太黑，可以使用较低的透明度，如"10%"，在佛像的脸部进行渐变操作，使这块区域适当亮一些。然后可以使用同样的方法去突出照片中的关键区域和想要强调的部分。

调整完成后，看一下调整前后的对比效果。这就是利用"曲线"通过图层蒙版进行快速影调控制的最科学、最简捷的方法，而且不露痕迹。

调整前的效果

调整后的效果

6.3 羽化与反相蒙版，让影调过渡更自然

图层蒙版的羽化和反相，给影调控制和蒙版控制增加了更多的可控选项，可以使照片的过渡更加自然。

老人与骆驼：低反差照片影调优化

打开下面这张照片。这张照片拍摄于印度的骆驼节，当时光照效果很强，人物衣服的亮度很高，导致画面影调不够厚重，下面要对这张照片的影调加以控制。

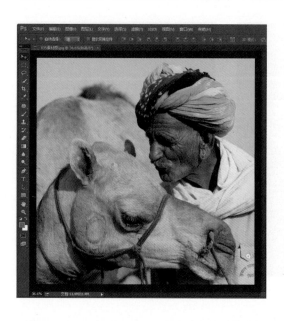

打开照片

创建"曲线"调整图层，单击曲线右上角的锚点，按住鼠标左键向下拖动，降低曲线的高光，然后适当降低中间调，来降低天空和人物衣服的亮度。

创建"曲线"调整图层
降低画面亮度

在工具栏中选择"渐变工具"，设置前景色为黑色，选择"前景色到透明渐变"并使用"径向渐变"，降低"不透明度"至"57%"，在人物面部做渐变，渐变的中心区域是人物的眼睛，然后做眼睛－额头－脸部的渐变，将人物脸部的亮度控制在正常范围。

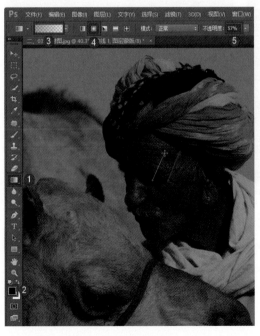

利用渐变工具在人物脸部做渐变拉伸

人物脸部亮度被还原

现在控制的是脸部的影调，在不影响周边过渡的情况下做的调整，目前还没有调整人物嘴巴、耳朵和脖子区域，因为以当前这么高的透明度去调整的话，有可能会导致周边泛白。使用渐变工具控制影调的过程中，首先应把最主要区域的中心区域提亮，影响过渡的区域需要做进一步的调整。降低"不透明度"至"24%"，然后对人物嘴巴、耳朵和脖子区域做更加小范围的调整，因为降低了不透明度，所以即便周边有一些渗透，也不会影响过渡。

小提示

在控制蒙版的时候，一定要注意细节。需要控制局部小范围区域时，可以放大图像进行操作，例如人物的嘴部区域。对于面积过小的区域，可以使用画笔工具进行调整，画笔的直径相对较小，不会造成太大的渗透，对边缘也不会有太大的影响。图层蒙版最关键的就是边缘过渡的问题，其实就是渐变工具与画笔工具的控制问题。要用好渐变工具与画笔工具，最主要的就是控制好不透明度以及调整面积的大小。

降低不透明度，涂抹脸部周边区域　　　　涂抹后的效果

放大图像调整小范围区域　　　　使用画笔工具涂抹面积过小的区域

做完主体区域之后，可以继续降低渐变工具的"不透明度"，再拉出一个相对比较大的直径，使主体与周边有略大的过渡空间，这样看上去更加自然。

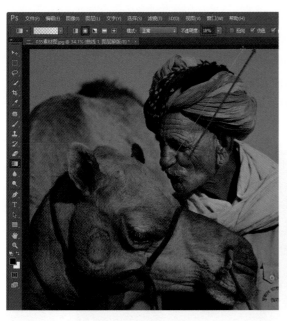

拉出一个比较大的直径

使主体与周边过渡更自然

增加"不透明度"至"40%"，将骆驼的眼睛、嘴巴加以强调，因为骆驼是第一陪体。

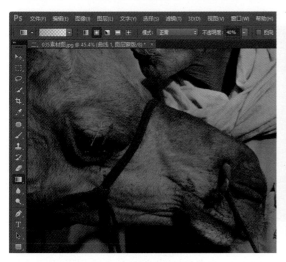

增加"不透明度"涂抹骆驼的重要区域

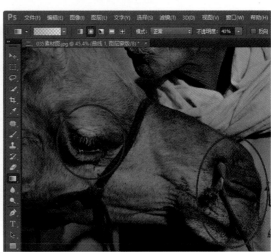

涂抹后的效果

这样就完成了第一步蒙版制作。按住键盘上的 Alt 键并单击图层蒙版，可以看到蒙版的真实状态。有些地方很黑，有些地方黑色很浅，意味着刚才使用渐变工具或画笔工具的过程中有一些调整不均匀，这会导致照片的明暗过渡有问题，所以下面学习蒙版的羽化。

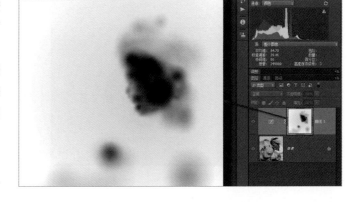

蒙版的真实状态

羽化的作用是柔化蒙版中不自然的过渡区域，使图像过渡变得更加平滑。在调整羽化值的过程中可以看到羽化后的蒙版效果，操作十分便利，如果羽化效果过于强烈，就失去了蒙版效果；如果羽化效果太弱，可能边界过渡效果会比较生硬。

现在观察照片的实际效果，控制蒙版的羽化。单击"图层"面板中"曲线1"调整图层前面的缩览图，返回照片窗口。

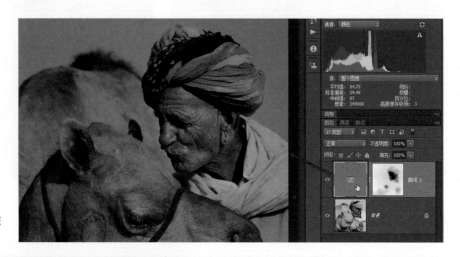

单击曲线缩览图返回照片窗口

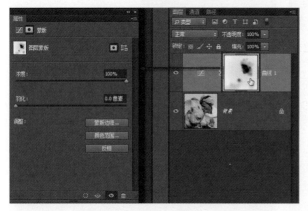

打开"蒙版"工具

双击"曲线1"调整图层中的曲线蒙版，可打开"蒙版"工具。

增加羽化值使过渡更自然

这里增强"羽化"值至"8.1像素"，使人物脸部形成比较自然的过渡，虽然我们刚才在控制蒙版的时候已经十分小心，但仍旧有很多区域没有涂抹到，所以要通过羽化蒙版来处理边缘过渡问题。蒙版羽化时直接观察照片即可，不需要观察曲线蒙版。

再次用"曲线"来控制人物的围巾亮度，将围巾的亮度降下之后，主体会更加突出。再次创建"曲线"调整图层，单击曲线右上角的锚点，按住鼠标左键向下拖动，降低围巾的亮度，然后适当降低中间调。

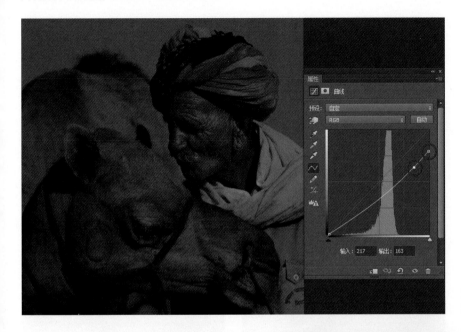

创建"曲线"调整图层
降低围巾的亮度

这时照片的整体亮度也降低了，但我们想要的效果是围巾变暗。如果采取前面介绍的方法使用渐变工具去把不想变暗的区域涂抹掉，那么就要涂抹除围巾外的所有画面，十分烦琐，所以刚才的方法就不是最佳方法了，下面介绍反相蒙版的操作方法。使用反相蒙版，就只需要涂抹非常小的面积。

双击"曲线"调整图层中的曲线蒙版，打开"属性"面板的"蒙版"工具，目前蒙版是白色的，白色的蒙版应用了刚才降低曲线亮度的效果。

单击"蒙版"工具中的"反相"按钮，这时可以看到，蒙版变成了黑色，刚才的曲线调整就不起作用了，因为黑色完全覆盖了调整效果。

打开"蒙版"工具

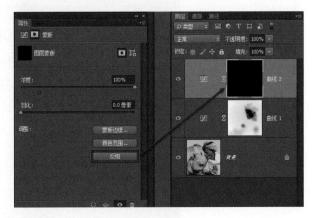

反相蒙版

使用反相蒙版的目的是把围巾区域变暗，因此只需要涂抹围巾处很小的面积即可。设置前景色为白色，选择画笔工具，设置合适的画笔大小，然后在选项栏中降低"不透明度"和"流量"。

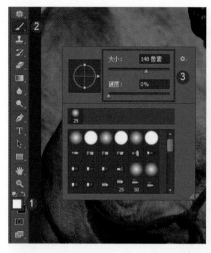

设置画笔大小和硬度

降低画笔"不透明度"和"流量"

接着在画面中的围巾区域涂抹。这条曲线是变暗的曲线，因此涂抹后的围巾区域变暗，只要涂抹小范围的区域，即可达到想要的效果，加快了处理速度。

在围巾处涂抹

使围巾变暗

涂抹完成后，设置"羽化"为"40.5像素"，使周边过渡自然。这个例子体现出羽化蒙版的重要性和反相蒙版的便捷性。

增强羽化值使过渡更自然

此时观察画面，画面整体显得比较暗。继续创建"曲线"调整图层，提升画面高光部的亮度，将中间调和暗部的亮度拉回来。

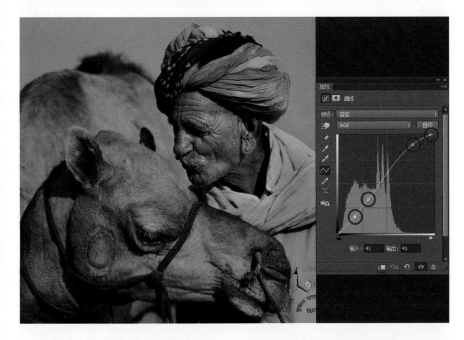

创建"曲线"调整图层
提升画面亮度

调整完成后，看一下调整前后的对比效果。

调整前的效果

调整后的效果

部落生活：高反差照片的影调控制

下面再看一个案例。控制影调除了可以通过直接建立曲线、渐变去快速调整，还可以用快速选择工具选中想要的区域，实现快速调整。

打开下面这张照片。照片中的人物需要修改，可以使用快速选择工具选中想要的区域，再进行影调调整。

打开照片

首先利用快速选择工具选中人物和需要修改的区域，创建选区。

利用快速选择工具创建选区

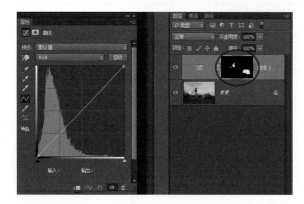

创建"曲线"调整图层，该图层自带蒙版，刚才被选中的区域为白色，其他区域为黑色。

"曲线"调整图层自带蒙版

160

此时适当提亮曲线，就可以修改想要调整的区域，但是修改后的选区边缘有明显的痕迹。

提亮想要调整的区域

双击"曲线"调整图层中的曲线蒙版，打开"蒙版"工具，设置"羽化"为"9.0像素"，就可以淡化选区与周边的边界，使选择区域的边缘被羽化过渡得更加自然。这就是曲线配合蒙版的强大之处，可以使我们快速地调整图像的局部和整体，使之没有边界地融合。

增加羽化值使过渡更自然

再次创建"曲线"调整图层，为画面增加一些压抑的气氛。单击曲线右上角的锚点，按住鼠标左键向下拖动，降低高光，然后适当降低中间调，进一步强调天空的层次。

再次创建"曲线"调整图层压暗画面

选择渐变工具，设置前景色为黑色，选择"前景色到透明渐变"并使用"径向渐变"，设置"不透明度"为"66%"，在人物身上做较大的渐变拉伸。

利用渐变工具在人物身上做渐变拉伸

人物亮度被还原

然后降低"不透明度"至"29%"，在人物周边区域做渐变拉伸，使过渡比较自然。掌握了影调的结构和蒙版的控制，就能进行轻松快速的没有痕迹的影调控制。

降低"不透明度"在人物周边做渐变拉伸

周边亮度被还原

渐变操作完成后，打开"蒙版"工具，设置"羽化"为"20.0像素"，羽化蒙版。

增加羽化值使过渡自然

最后，在"图层"面板中降低"曲线 2"调整图层的"不透明度"至"85%"。

降低图层的"不透明度"

如果此时觉得照片还是偏暗，可以再创建一个"曲线"调整图层，提升画面的高光，然后适当降低中间调。

再次创建"曲线"调整图层提亮画面

调整完成后，看一下调整前后的对比效果。"曲线"调整图层的优势是可以任意修改，并且不破坏原图。制作完成后，可以将照片保存为 PSD 格式文件，这样可以保存各个图层，方便下一次在 Photoshop 中打开进行修改。

调整前的效果

调整后的效果

控制影调的目的是强化照片的主题，营造作品的意境，本章主要为大家讲解快速控制影调的技法。影调与色调从来都不是单独调整的，所以本章的内容本质上是影调与色调的综合调修。通过本章向大家介绍简易、快捷、实用的制作技法，配合经典的案例，希望读者能够在短时间内学会，然后通过调整影调和色调来突出主体或是主题。

Ps

07

影调与色调的完美控制

7.1 快速控制影调与色调，突出主体

　　拍摄受到现场的光线与环境的限制，画面很难符合我们的设想，往往需要在 Photoshop 中对影调进行调整。接下来我们通过两个案例来介绍快速控制影调、突出主体的方法。案例一是针对一般光线下陪体过亮的照片进行影调调整，案例二是针对逆光下高反差照片进行影调调整。

165

对镜贴花黄：降低高光部分亮度，突出主体

　　这张照片是从室外向室内拍摄的，由于室外环境亮度较高，室内人物处于阴影中，势必会造成较高的反差，并且这种反差必然导致画面上室外亮、室内暗。对于这种情况，我们在拍摄现场无法保证室内的人物与室外的环境亮度一样，或者室外环境更暗一些，但从影调控制角度来说，主体人物的亮部就要比环境更亮一些，这样主体才会更加突出。这只有靠后期控制才能达到理想效果。

打开照片

　　首先，打开照片，在菜单栏中选择"图像－调整－阴影／高光"选项。用"阴影／高光"的调整来获取更多高光部与暗部的层次。打开"阴影／高光"对话框，由于户外光线照射的前景亮度较高，所以首先要在"高光"选项组中解决这一问题，然后在"阴影"选项组中进行调整，优化暗部层次。调整之后，少女的手臂部位色彩过度浓郁，因此在"调整"组中降低颜色的饱和度，适当增强中间调对比度。调整完成后单击"确定"按钮关闭对话框。

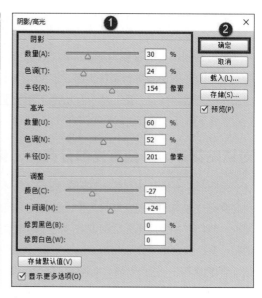

选择"阴影/高光"选项　　　　　　　　　　　　　　在"阴影/高光"对话框中设置

小提示

第一次打开"阴影/高光"对话框时，勾选底部的"显示更多选项"复选框，可以显示更多的选项来扩展"阴影/高光"的命令面板。以后再打开该对话框，显示的就是完整选项界面了。

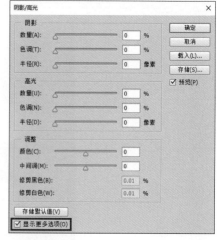

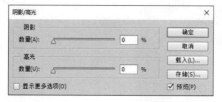

默认的"阴影/高光"对话框　　　　　　　　　在"阴影/高光"对话框中显示更多选项

　　通过对照片阴影及高光的调整，画面的反差缩小。此时作为主体的人物仍旧不够突出，这可以通过曲线调整来解决。

人物不够突出

166

在"图层"面板下方单击"创建新的填充或调整图层"按钮，弹出快捷菜单，选择"曲线"选项。打开"属性"面板，可以看到"曲线"工具。在"图层"面板中可以看到"曲线1"调整图层。

 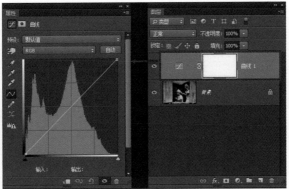

选择"曲线"选项　　　　　创建"曲线1"调整图层

下面通过这个调整图层来进一步降低画面环境的亮度。首先降低高光部分的亮度，之后再适当降低中间调的亮度。这样既能降低画面的高光部亮度，又不会让画面对比度过强。对比度没有增强，饱和度就不会变高，画面色彩和影调看起来会比较自然、柔和。

降低画面亮度

小提示

如果不降低高光部亮度，而直接降低画面整体的中间调亮度，会增大画面的反差，并且让色彩饱和度变得很高，画面失真。

在左侧的工具栏中选择"渐变工具"，设置前景色为黑色，选择"前景色到透明渐变"并使用"径向渐变"，降低"不透明度"至"52%"，对人物进行渐变调整，用渐变拉亮人物。首先调整人物的头部及胳膊等最主要的区域。

使用渐变工具对人物进行渐变调整

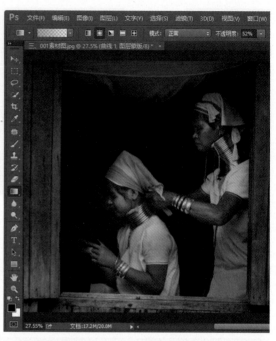

渐变后的效果

小提示

（1）设置渐变工具时，切记在"渐变工具"选项栏"渐变预设"窗口中，选择第二个"前景色到透明渐变"，这样才能多次使用渐变而不影响前一次的渐变效果。

（2）在实际使用中，基本只用线性渐变与径向渐变，画面中大面积平行的区域（海平面、地平面与天空平行的区域）使用线性渐变比较好，而非平行的部分（人像、人文、风景中的局部）主要使用径向渐变。在使用"渐变工具"时工具栏其他选项的设置如下："模式"设为"正常"，"仿色"与"透明区域"须勾选，这三项请勿改变设置。

渐变工具的设定

将渐变工具的"不透明度"继续降至"27%"，在主体周边做渐变拉伸，让人物与周边环境的明暗过渡更加自然。

降低"不透明度"后在人物周边做渐变

双击"曲线1"图层中的蒙版，可打开"属性"面板中的"蒙版"工具。增加"羽化"值至"36.7像素"，使渐变效果更加自然、平滑。

打开"蒙版"工具并增加"羽化"值

小提示

在Photoshop cc 2015之前的版本双击图层中的蒙版，即可自动弹出"属性"面板中的"蒙版"工具，但是在Photoshop cc 2015之后的版本中，双击蒙版是进入"选择并遮住"界面，这对于羽化蒙版来说有些不方便，因此，需要在"编辑 – 首选项"中做一个设置，改为双击打开"属性"面板中的"蒙版"工具。设置一次即可，下次启动Photoshop软件，无须重新设置。设置方法如下：打开"编辑菜单 – 首选项 – 工具"，在"工具"

面板中，不勾选"双击图层蒙版可启动'选择并遮住'工作区"，单击确定后，在图层蒙版中双击蒙版即可弹出"属性"面板中的"蒙版"工具。

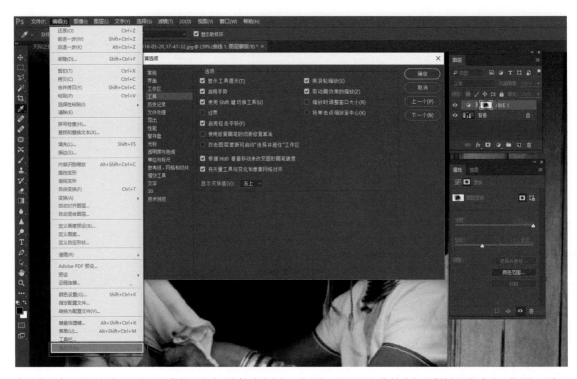

在首选项中设置不勾选"双击图层蒙版可启动'选择并遮住'工作区"，即可双击蒙版弹出"属性"面板中的"蒙版"工具。

在"图层"面板下方单击"创建新的填充或调整图层"按钮，弹出快捷菜单后选择"渐变映射"选项。打开"属性"面板，可以看到"渐变映射"工具。在"图层"面板中可以看到"渐变映射1"调整图层。

选择"渐变映射"选项

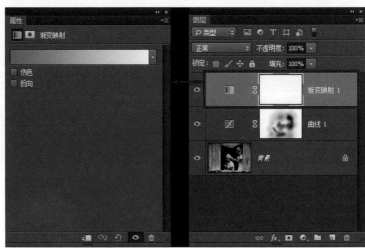

创建"渐变映射1"调整图层

在渐变映射下拉列表中选择之前创建的"纯黑－纯白"映射（有关渐变映射的知识，本书在前面已有详细介绍，这里不再赘述）。

选择"纯黑－纯白"映射

"纯黑－纯白"映射

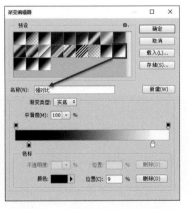

"强对比"映射

小提示

本书在前面已经详细介绍过新建渐变映射的方法，这里列举出笔者创建的一些渐变映射，供读者参考。

"中对比"映射

"大对比 1"映射

"变暗"映射

在"图层"面板中的"设置图层的混合模式"下拉列表中选择"明度"模式。可以看到，使用渐变映射后照片变通透了。

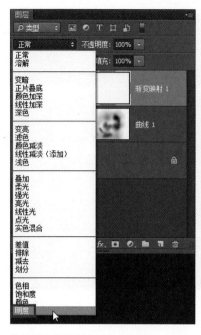

设置图层的混合模式为"明度"　　　照片变通透

如果觉得效果过于强烈，可以适当降低渐变映射图层的"不透明度"，这里设定为"66%"。

降低图层"不透明度"

如果某些局部的过渡不够自然，可以单击选中"渐变映射1"图层中的蒙版，然后使用渐变工具对这些不自然的局部区域进行适当调整。

使用渐变工具对局部区
域进行调整

经过以上操作后，查看照片的直方图。在"直方图"面板中选择"明度"通道，
然后单击直方图显示区域右上角的感叹号图标，关闭高速缓存。观察直方图是否
合理，主要的标准是"撞墙不起墙"。直方图的高光部没有"撞墙"，即高光部亮
度不够。（有关直方图的知识，本书在前面已有详细介绍，这里不再赘述。）

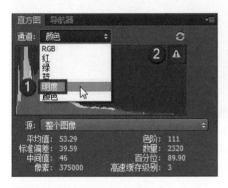

选择"明度"通道并关闭高速缓存

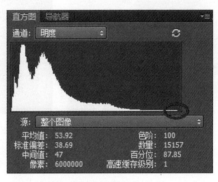

高光部亮度不够

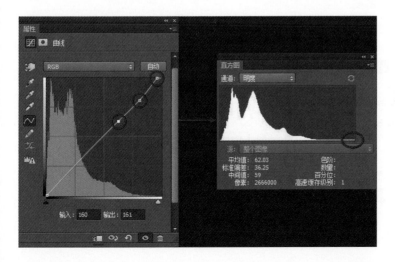

调整曲线使直方图到位

再次创建"曲线"调整图层，
轻微提亮高光部亮度，并适当优化
中间调，调整过程中要关闭"直方
图"面板中的高速缓存图标进行
查看。

处理完成后，单击"图层"面板右上角的扩展按钮▤，在弹出的快捷菜单中选择"拼合图像"选项。此时所有的图层拼合为一个图层。

选择"拼合图像"选项　　　　　　　拼合为一个图层

至此，照片处理完成，下图所示为调整前后的对比效果。

调整前的效果

调整后的效果

174

处理完成后，保存照片。选择菜单栏中的"文件－存储为"选项。弹出"另存为"对话框，设置保存位置、文件名和保存类型，最后单击"保存"按钮，即可将处理后的照片保存起来。

选择"存储为"选项

保存照片

非洲掠影：逆光照片中影调的翻转

这张照片摄于非洲，阴天拍摄，背景是天空，人物与天空的亮度有较大的反差，属于逆光拍摄作品。逆光拍摄的照片中，为了兼顾天空背景的曝光准确性，主体人物面部往往会曝光不足，这显然不是摄影者想要的效果。如果在拍摄期间解决人物面部过暗的问题，就要使用闪光灯或反光板等对人物正面补光，这对人文题材的拍摄来说，显然不太方便。这种情况是摄影创作过程中经常会遇到的，下面我们来学习这类照片的后期制作思路与技法。

打开照片

打开照片，在菜单栏中选择"图像－调整－阴影／高光"选项，打开"阴影／高光"对话框。对于反差较大的照片，一般来说调整的第一步就是缩小反差。首先使用"阴影／高光"工具强调人物脸部的暗部区域，然后降低高光部亮度，使云彩更加突出。调整过程中，要随时观察画面中是否有轮廓边产生，如果有轮廓边出现，要重新调整各项参数，在实际操作中设置较大的半径，会获得更为柔和的边界过渡。

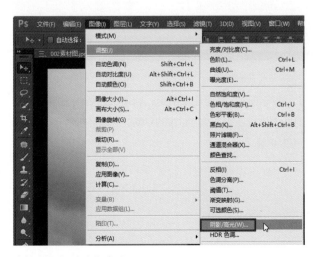

选择"阴影／高光"选项

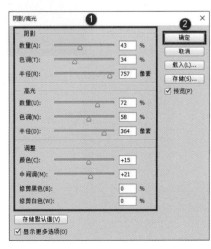

在"阴影／高光"对话框中设置参数

通过对画面阴影
及高光部的调整，缩
小画面的反差。

阴影及高光部调整后的
效果

接下来，选择工具栏中的"快速选择工具"，对人物的暗部区域做相对精确的选取。

利用"快速选择工具"
选取人物的暗部

创建"曲线"调整图层，提亮选区。需要注意的是，我们只需要提亮中间调以
提亮人物面部，因此要注意对暗部进行还原，控制曲线的平衡，否则暗部也会被提亮，
照片会变得没有层次，或者灰度不够。

提亮人物面部

双击"曲线 1"图层中的蒙版，打开"属性"面板中的"蒙版"工具，增加"羽化"值至"6.3 像素"，使周边过渡相对自然。

打开"蒙版"工具增加"羽化"值

调整明暗之后，人物脸部色彩显得太浓郁。这时可以右击"曲线 1"图层中的蒙版，在弹出的快捷菜单中选择"添加蒙版到选区"选项，再次载入利用"快速选择工具"选取的人物脸部选区，此时选区被再次载入。

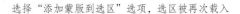
选择"添加蒙版到选区"选项，选区被再次载入

接着调整人物面部过于浓郁的色彩，保持选区选中状态，在"图层"面板下方单击"创建新的填充或调整图层"按钮，弹出快捷菜单后选择"色相／饱和度"选项。打开"属性"面板，其中可以看到"色相／饱和度"工具。在"图层"面板中可以看到"色相／饱和度1"调整图层。

选择"色相／饱和度"选项

在"色相／饱和度"工具中适当降低"饱和度"至"−34"，此时可以发现人物面部色彩正常了。

降低饱和度使人物面部
色彩正常

接着继续创建
"曲线"调整图层，
再一次降低环境和天
空的整体亮度，目的
是突出人物并给画面
制造气氛。

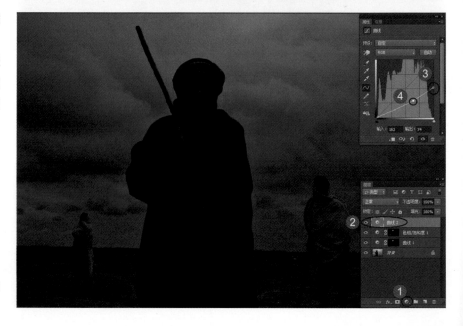

再一次降低环境和天空
的整体亮度

选中刚创建的"曲线2"图层中的蒙版，在工具栏中选择"渐变工具"，设置前景色为黑色，选择"前景色到透明渐变"并使用"径向渐变"，降低"不透明度"至"54%"，在画面中三个人物的脸部做渐变拉伸，以恢复人物原本的脸部亮度。在做渐变拉伸的时候，应该由小至大地拉伸渐变线条的长度，选择较低的渐变不透明度后多次拉伸，这样不容易使人物边界出现不自然的白边。

使用渐变工具对人物进行渐变调整

继续降低"不透明度"至"14%"，在人物的衣服、手部做渐变拉伸，使人物与陪体有一个良好的过渡。

降低"不透明度"后在人物脸部周边做渐变

逐步降低渐变工具的"不透明度"，多次使用渐变后人物边缘不再有白边，过渡自然。

小提示

注意，如果渐变做得过于粗糙，可能会造成人物边缘有白边出现，过渡很不自然。这多是人物提得过亮背景过暗，且渐变范围不够大导致的。

粗糙的渐变会导致出现白边

调整之后，画面整体的颜色显得过于浓郁，因此可继续创建"色相/饱和度"调整图层，降低"饱和度"至"-43"，画面的色彩就变得正常了。

降低全图的饱和度

经过以上操作后，查看照片的"明度"直方图，关闭高速缓存。可以看到，画面的高光部严重不足。这张照片制作完成后是一张低调摄影作品，所以不能参照一般照片"撞墙不起墙"的标准，而应该参照低调摄影作品的直方图标准进行调整，即高光部的色阶值至少应达到230。

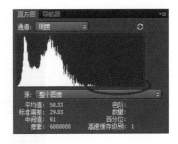

直方图高光部严重不足

继续创建"曲线"调整图层，提高画面亮度，同时降低暗部亮度，确保画面影调层次的丰富。恢复照片影调之后，可见画面中间区域的天空亮度太高，破坏了画面的气氛，因此，需要对这个区域进行压暗处理。这是影调控制必须做到的，即对干扰主体的区域进行亮度控制，使主体更加醒目与突出，这是影调控制的核心。在图像制作的过程中，必须理解影调控制的重要概念，学会观察与分析照片的影调结构，做到没有痕迹地突出主题，营造意境。

提高画面亮度后，天空有明显的高光部位

选择"渐变工具"，设置"不透明度"为"30%"，在照片顶部从上向下做渐变拉伸，这样就不会影响人物的脸部，并可以将过亮的区域恢复到原来的亮度。调整完成后，执行"图层－拼合图像"命令来合并所有图层，接下来，进入下一步调整。

在天空高光处做渐变

渐变后的效果

　　因为照片经过多步调整，暗部与亮部的细节有改变，因此应再次在菜单栏中选择"图像－调整－阴影／高光"选项，打开"阴影／高光"对话框，对其中的参数进行细微的调整，恢复部分暗部和高光部的细节，继续优化作品效果。

调整"阴影／高光"恢复部分暗部和高光部的细节

　　至此，照片处理完成，拼合图像保存即可。

调整前的效果   调整后的效果

　　通过这两张作品的案例，我们了解到在照片处理过程中，影调的控制应该是循序渐进的，应一步一步进行细致合理的调整，让"曲线"与"渐变"紧密配合，哪里不对调整哪里，但调整要参照一定的标准（如直方图的标准等），遵循一定的流程，这样才能让摄影作品的影调真正符合创作意图。

7.2　HDR 高动态范围影调制作技巧

　　随着数码摄影的不断进步，很多胶片时代不能实现的效果在数码摄影时代变得易如反掌。下面三张照片采取了 HDR 的拍摄手法，即利用包围曝光拍摄三张不同曝光量的照片，然后用 Photoshop 将它们快速合成到一起，从而实现全影调的合成。对于传统的胶片摄影，想要高光部到暗部都拥有十分清晰的层次，几乎是不可能的，但随着数码摄影的进步与 Photoshop 功能的改进，这些效果对数码摄影来说都变得很容易。数码时代给摄影创作提供了更多可能，提供了更加广阔的创作天地。

　　下面看一下这三张照片的拍摄与合成方法。

用 HDR 拍摄的三张照片

　　在大光比的场景拍摄，特别是在日出日落时拍摄，照片上往往会出现强烈的反差，减少曝光可以得到高光部的层次，但暗部层次就丢失了。例如，中间这张照片曝光不足，天空的云彩层次很丰富，但是想要获得暗部的细节十分困难，即便我们能把暗部的细节调回来，也是以损失照片质量为代价的一种无奈的调整。因为数码相机大部分的噪点都集中在照片的暗部，所以即便照片被调亮，品质也会大打折扣。案例中的三张照片，是相差两级曝光量采取包围曝光连拍的三张照片。第一张照片按正常测光拍摄，中间调细节很多；第二张针对亮部曝光，天空细节很多；第三张针对暗部曝光，暗部细节很多，但是天空曝光过度。在 Photoshop 中采取 HDR 的方法合成三张不同亮度的照片，即可获得亮度均衡的全影调作品。拍摄 HDR 照片，最好将相机固定在三脚架上，如果没有三脚架，需尽量保持相同的拍摄位置和高度，屏住呼吸，打开相机的连拍功能，然后打开包围曝光功能，至少让每一张照片相差两级以上的曝光，一般采取光圈优先拍摄模式，因为采取快门优先模式拍摄会让画面的景深不统一。使用连拍功能，可以确保流动的物体影像尽可能少抖动。

下面用软件将这三张照片进行快速合成。如果安装了 Bridge 软件，首先在 Bridge 中同时选中这三张照片。

在 Bridge 中同时选中三张照片

如果照片是使用三脚架拍摄的，那么选择菜单栏中的"工具 -Photoshop- 合并到 HDR Pro"选项。

小提示

如果是手持相机拍摄的照片，必须使用以下方法来操作：选择菜单栏中的"工具 -Photoshop- 将文件载入 Photoshop 图层"选项，然后在 Photoshop 编辑菜单中，选择"自动对齐图层"，裁剪多余的画面，再将三个图层导出，然后按上面所说的方法进行操作（具体案例后面的章节有详细介绍）。

选择"合并到 HDR Pro"选项

打开"合并到 HDR Pro"窗口，软件会将这三张曝光不同的照片自动合成到一张照片当中。

三张照片自动合成为一张照片

在窗口右侧勾选"移去重影"复选框，可以移去运动物体产生的重影。放大照片可以看到勾选和不勾选该复选框的不同效果。

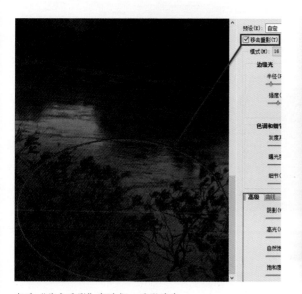

勾选"移去重影"复选框，重影消失

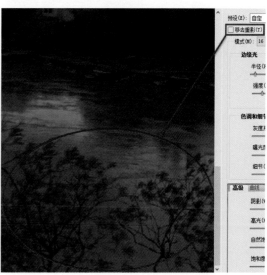

不勾选"移去重影"复选框，物体有重影

设置"模式"为"16 位"，然后在"高级"面板中降低"高光"至"-64%"，使天空的细节更多、更丰富，设置"阴影"为"49%"，提升暗部的层次，使画面中黑色的区域细节更加丰富，该面板中的选项与"阴影 / 高光"工具中的命令差不多，"自然饱和度"可用来控制中间调的颜色饱和度，即颜色不是很鲜艳的区域的饱和度，这里设置为"33%"，"饱和度"是指全局饱和度，该选项可以适当增加数值，这里设置为"15%"。

设置"高级"面板

　　如果在调整"高级"面板中的选项后不能使画面变得完美，那么可以切换至"曲线"面板，进行进一步的细节提升和亮度修改。因为目前是 16 位调整，所以调整的韧性会更强，宽容度会更大。

设置"曲线"面板

　　接着调整"色调和细节"选项组中的"细节"，"细节"是中间调对比度的提升或减弱，过度增强"细节"，则画面中间调会被抽取，画面会显得很粗糙；减少"细节"，画面会显得非常柔美。"细节"的设置应根据照片要表达的意境来进行合理掌握，如果需要强烈粗糙的质感，可以增强"细节"，例如表岩石、粗犷的风光或饱经沧桑的人物面部线条等。追求柔和、柔美的画面需要减少"细节"，使画面显得更加柔和。这里设置"细节"为"58%"。"灰度系数"与"曝光度"保持默认状态即可。

调整"色调和细节"选项组

最后调整"边缘光"选项组中的选项。"边缘光"决定了三张照片亮度混合之间的过渡问题，例如高光部到中间调以及中间调到暗部之间的过渡问题。"半径"选项用以解决高光部、中间调与暗部之间的羽化问题，"半径"越大，过渡越柔和，画面则更加细腻、自然。"强度"选项决定了高光部、中间调与暗部之间的混合程度，一般来说不宜增强该选项，那会使画面变粗糙，出现明显的轮廓边。因此，在控制"边缘光"的时候应采取"大半径、小强度"的手法时刻观察照片的过渡是否平滑，这里设置"半径"为"330 像素"，设置"强度"为"0.84"。

调整"边缘光"选项组

参数调整完成后，单击"确定"按钮，即可在 Photoshop 中打开合成后的 HDR 照片，将其保存即可。

在 Photoshop 中打开合成后的 HDR 照片

没有安装 Bridge 的用户，可以在 Photoshop 中 选 择 菜单栏中的"文件 – 自动 – 合并到 HDR Pro"选项，打开"合并到 HDR Pro" 对话框，调入拍摄的 HDR 文件，单击"浏览"按钮。

选择"合并到 HDR Pro"选项

单击"浏览"按钮

弹出"打开"对话框后在文件夹中选择三张 HDR 照片，单击"确定"按钮关闭 "打开"对话框。然后在"合并到 HDR Pro"对话框中勾选"尝试自动对齐源图像" 复选框，这样软件就会自动对齐三张照片，然后单击"确定"按钮。

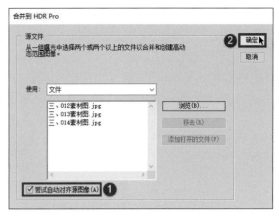

选择三张 HDR 照片　　　　　　　　　　　　　　　　　"合并到 HDR Pro"

　　打开"合并到 HDR Pro"窗口，可以看到这三张照片自动合成到一张照片当中，接下来参照上面讲述的方法操作即可。

打开"合并到 HDR Pro"窗口

　　因为通过 Photoshop 载入源文件效率低，所以应该安装 Bridge 软件。用 Bridge 软件进行自动合成，可以大大提高工作效率。

　　相机中也有 HDR 功能，用该功能拍摄的效果好不好呢？实际上，使用相机自带的 HDR 功能拍摄 HDR 照片，效果不尽如人意，所以尽量不要使用相机自带的 HDR 功能拍摄单张的 HDR 照片，而应该用包围曝光法拍摄多张 HDR 照片，然后在电脑中进行合成。另外，如果拍摄一张正常曝光的照片，然后在电脑中将这张照片调亮，模拟曝光过度，再调整一张比较暗的，模拟曝光不足，然后将这曝光正常、曝光过度和曝光不足的三张照片在电脑中合成 HDR 照片，效果好不好呢？实际上这是毫无意义的合成，因为提取的不是原始数据，这种合成与单张的调整没有什么区别。因此，在大光比的环境下，应该拍摄多张照片进行后期合成，这样才能获得完美的品质。一般采用 RAW 格式进行拍摄，拍摄三张曝光不同的照片，然后不要用软件修改，直接进行合成，合成之后再在 Photoshop 中进行细微的修改。千万不要先用 ACR 或相关的 RAW 调整软件来对原始数据的 RAW 格式文件进行亮度修改，再通过 HDR 来合成，这样合成会带来色痕或者根本无法进行 HDR 合成。

另外，拍摄多张用于 HDR 合成的照片时，必须注意以下几个拍摄要点。

1. 必须打开包围曝光功能，每档曝光相差两档；
2. 必须使用光圈优先模式，这样不会带来景深变化；
3. 使用快门线，并使用高速连拍功能拍摄，避免风吹草动的影响；
4. 快速变换的云、水和大风中摇动的树木与草，以及运动的物体都不适合拍摄要合成的 HDR 照片，移动的物体合成后会错位，会造成合成中的重影。

7.3 高质感 HDR 照片制作技巧

纪实肖像：特写人像的高质感 HDR 效果

下面这张照片中，主体人物饱经沧桑的脸部有强烈的质感，如果我们通过 HDR 调整工具进一步强调脸部的肌理和头发的线条，可强化照片的视觉冲击力，将这张照片的细节刻画得更有质感。

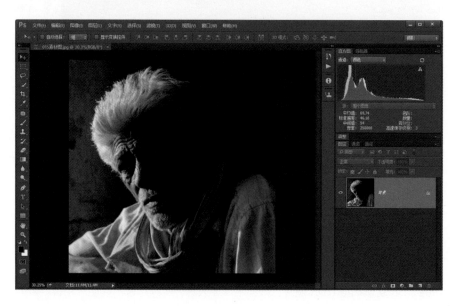

打开照片

选择菜单栏中的"图像－调整－阴影/高光"选项，打开"阴影/高光"对话框，恢复部分高光部和暗部的层次。

选择"阴影/高光"选项

设置"阴影"选项组中的"数量"为"34%""色调"为"30%"；设置"高光"选项组中的"数量"为"30%""色调"为"32%"；设置"调整"选项组中的"中间调"为"+30"，单击"确定"按钮。

设置"阴影/高光"参数

接着选择菜单栏中的"图像－调整－HDR色调"选项，针对这张照片单独制作HDR效果。当然，我们现在学习的这种HDR高质感制作与上一节讲解的HDR合成是完全不同的两个概念，我们只是利用"HDR色调"中的细节增强来强调人物脸部的质感。

选择"HDR色调"选项

打开"HDR 色调"对话框，在其中设置参数，以获得更多、更好的细节，最后单击"确定"按钮。

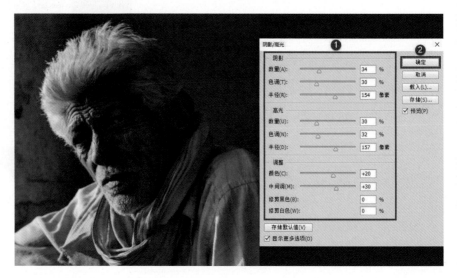

这样我们就得到了一张质感十分强烈、纹理十分清晰的 HDR 照片。现在全图都拥有了这种强烈的质感，但实际上很多区域并不需要有这么强烈的质感，这时就需要对照片做局部的 HDR 质感的提升。选中照片并进行拷贝，然后重复前面的步骤，通过两个步骤来合成，具体操作如下：

选择菜单栏中的"选择－全部"选项，全选这张照片。

选择"全部"选项

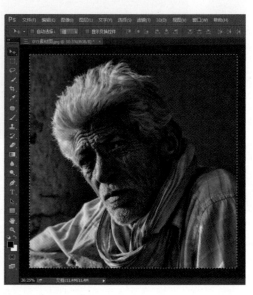

全选照片

选择"编辑－拷贝"选项，这时这张照片已经存在于 Photoshop 的剪贴板中。打开"历史记录"面板，返回到"HDR 色调"前面的一个步骤，即选择"阴影 / 高光"步骤，然后在菜单栏中选择"编辑－粘贴"选项。

选择"拷贝"选项

选择"阴影/高光"步骤

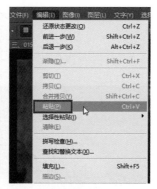

选择"粘贴"选项

　　这时"图层"面板中新增了一个"图层1"图层，这个图层就是我们刚才复制的
HDR效果图层，该画面比较硬朗。而"背景"图层是做完"阴影/高光"效果后的图层，
该画面相对比较柔和。

复制的 HDR 效果图层

设置"橡皮擦工具"参数　　　　涂抹不需要强化的区域

　　这时将质感不需要太强的区域用橡皮擦工具涂抹掉。选择"橡皮擦工具"，在画面中单击鼠标右键，弹出快捷菜单后设置合适的大小，设置"硬度"为"0%"，在选项栏中将"不透明度"和"流量"设置为"100%"，然后在画面中不需要强化的区域涂抹，如背景、人物衣服等。

人物头发区域可以保留少量的 HDR 效果，因此设置"橡皮擦工具"的"流量"为"34%"，然后在人物头发上进行涂抹，减少头发区域的 HDR 效果。查看"图层1"，可以看到现在只留下了人物脸部的 HDR 效果。

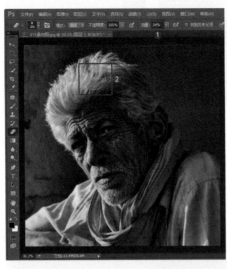 

降低"流量"后在头发上涂抹　　　　　　　　　查看涂抹后的图层效果

从这个案例可以看出，当需要强烈质感、纹理的时候，可以采取 HDR 来实现主体与背景质感分离的效果。接着，创建"曲线"调整图层，进行适当的色调修改。

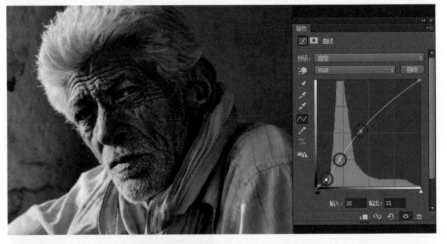

创建"曲线"调整图层修改色调

选择"蓝"通道，稍微降低蓝色的比例。

在"蓝"通道中降低蓝色的比例

194

创建"色相/饱和度"调整图层，降低"饱和度"至"-27"。

创建"色相/饱和度"调整图层降低饱和度

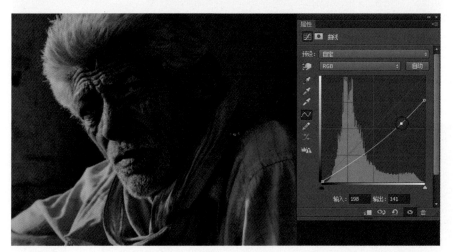

再次创建"曲线"调整图层制作暗角，单击曲线右上角的锚点，按住鼠标左键向下拖动，降低画面亮度，再适当降低中间调亮度。

创建"曲线"调整图层降低画面亮度

在工具栏中选择"渐变工具"，设置前景色为黑色，选择"前景色到透明渐变"并使用"径向渐变"，降低"不透明度"至"75%"，在画面中人物脸部做渐变拉伸，将主体人物提炼出来。

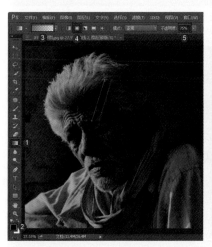

使用"渐变工具"对人物脸部进行渐变调整　渐变后的效果

双击"曲线 2"调整图层中的曲线蒙版，打开"属性"面板的"蒙版"工具，可以对蒙版进行羽化操作，设置"羽化"为"16.2 像素"，使周边过渡相对自然。

打开"蒙版"工具并增加"羽化"值

双击"色相 / 饱和度 1"调整图层前面的色相饱和度缩览图，再次打开"色相 / 饱和度"工具，调整"色相"为"-5"、"饱和度"为"-35"。

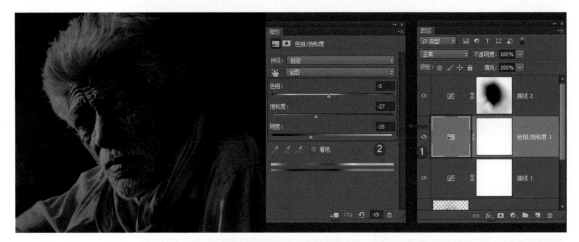

再次设置"色相 / 饱和度"

还可以利用抓手工具选择某些颜色刺眼的区域进行弱化，如针对围巾上的绿色，降低"饱和度"为"-33"，增加"明度"至"+30"。

使用抓手工具选取围巾颜色

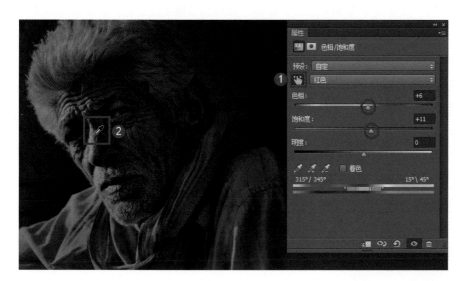

再用抓手工具选
取人物鼻梁上的颜色，
设置"色相"为"+6"、
"饱和度"为"+11"。

使用抓手工具选取鼻梁
颜色

最后，检查直方图，在"直方图"面板中设置"通道"为"明
度"，关闭高速缓存，确保直方图暗部和高光部"撞墙不起墙"。

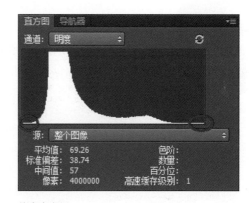

检查直方图

至此，照片处理完成，拼合图像并保存即可。比较一下调整前后的对比效果。

调整前的效果

调整后的效果

在大家学习了一定的影调及色彩原理，掌握了常用的调修工具之后，本章将介绍影调与色调的艺术渲染，介绍如何让作品变得与众不同。

影调的重要性自然不必多说，而色彩的重要性，可能许多读者并不是十分了解。

色彩可以传达意念，唤起感情，影响情绪。在摄影艺术创作中，具有良好色彩构成的作品，能充分地表现被摄对象的真实感、质感、量感、情感，增强画面的艺术感染力，吸引观众的注意力，并引发共鸣。

在摄影艺术创作中，创作者对色彩原理的认知，他的色彩搭配、色彩运用以及对色彩的把控，决定着一张摄影作品的成败。然而，即便我们懂得以上所述色彩知识，拍摄时也会有诸多因素影响到作品最后的效果。所以大家都说，摄影是一门遗憾的艺术。

学会在后期制作过程中驾驭色彩，才能弥补许多前期拍摄的遗憾，从而更好地表达作品的情感，锦上添花，甚至是化腐朽为神奇。

08

影调与色调的艺术渲染

8.1 轻松制作局部光照效果

在摄影创作的过程中，所有摄影者都希望遇到强烈的局部光照射效果，这样摄影作品会有更强的艺术感染力。但事与愿违，我们通常没有足够的时间去等待最理想的光线出现，这时应先将照片拍下来，然后通过合理的后期制作去弥补拍摄过程中的一些遗憾。广大摄影爱好者毕竟不是专业摄影师，没有足够的时间在某一个拍摄地长期守候，等待那最漂亮的光线。这时，后期制作为摄影提供了更多的可能性。当然，在摄影创作的过程中，如果能够一步到位，就尽可能一次性把作品拍好，然后通过简单的后期修改得到最好的效果，这是最好不过的。如果得不到好的光线，就可以通过后期制作弥补种种遗憾。

高原之光：纠正局部光的错位

打开下面这张照片。这张照片的主体是草地上的牦牛，光线没有照射到这片草地，笔者也没有时间去等待，因此随手拍下了这张照片，这是非常可惜的。但Photoshop可以消除这个缺陷，纠正这种局部光的错位，从而让照片变得完美起来。在Photoshop中提亮光线、制作光影是十分轻松的，只需要用套索工具制作选区，然后用曲线配合蒙版，就可以快速制作光影效果。下面介绍为这张照片制作光影效果的方法。

打开照片

选择工具栏中的"套索工具"，为需要添加光线的区域随意地绘制选区。

使用"套索工具"绘制选区   绘制的选区

小提示

需要注意的是，绘制选区的过程中要绘制扁长形的光线，而不应绘制圆形的光线，扁长形显得更加真实，而且制作时不要太刻意，要尽量随意。

选区制作完成后，创建"曲线"调整图层，单击曲线右上角的锚点，按住鼠标左键向左拖动，提亮选区内的高光部，然后单击曲线左下角的锚点，按住鼠标左键向右拖动，适当加强暗部。

创建"曲线"调整图层
提亮高光部

此时选区边缘非常粗糙，这是因为制作选区时没有羽化。双击"曲线"调整图层中的曲线蒙版，打开"蒙版"工具，增加"羽化"值至"83.7像素"，让选区边缘完美无痕地过渡。

打开"蒙版"工具并增加"羽化"值

如果觉得哪一块区域调整得不理想，可以选择"画笔工具"，设置前景色为白色，在选项栏中设置合适的"不透明度"和"流量"，然后在不理想的区域上进行涂抹和修改，即可快速修改蒙版，实现边缘的自然过渡和亮度的变化。

使用"画笔工具"修改不理想的区域　　　　　　　　修改后的效果

这是第一步的曲线修改，如果想要做出更加真实的光线效果，可以通过两个"曲线"调整图层进行调整。再次使用"套索工具"在主体区域制作选区，还可以单击选项栏中的"添加到选区"按钮█绘制多个选区。

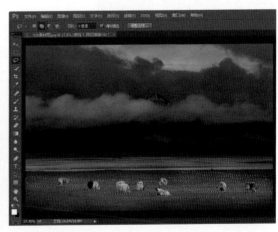

再次使用"套索工具"绘制选区　　　　　　　　　　添加多个选区

绘制完成后，继续创建"曲线"调整图层，单击曲线右上角的锚点，按住鼠标左键向左拖动，修改选区亮度，然后适当降低中间调亮度。

创建"曲线"调整图层提升选区亮度

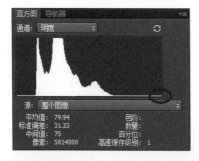

查看直方图

这时注意查看"直方图"面板中的直方图，确保高光区域"撞墙不起墙"。

双击"曲线"调整图层中的曲线蒙版，打开"蒙版"工具，增加"羽化"值至"89像素"。

打开"蒙版"工具并增加"羽化"值

然后选择"画笔工具"，设置前景色为白色，在不理想的区域上进行涂抹和修改。由于有两层曲线的光影制作，因此画面上的光线照射感会显得更加强烈。

使用"画笔工具"修改不理想的区域 　　　　　　　　　　修改后的效果

使用"画笔工具"修改不理想的区域　　　　修改后的效果

　　如果需要修改光线的色温，可以双击"曲线"调整图层前面的曲线缩览图，打开"曲线"工具，选择"蓝"通道，适当减少蓝色，即增加黄色。

在"蓝"通道中减少蓝色

　　选择"红"通道，适当增加红色。这样光线就打造出来了。

在"红"通道中增加蓝色

最后，创建"曲线"调整图层，对画面整体的亮度、对比度和色调进行进一步强化和修改。这就是局部光线的打造。

创建"曲线"调整图层
修改画面整体亮度

至此，照片处理完成，拼合图像并保存即可。对比一下调整前后的效果。

调整前的效果

调整后的效果

在同台竞技的情况下，要使自己的作品脱颖而出，除了要有扎实的基本功，更重要的是要有高超的后期技巧，这样才能得到与众不同的画面。

滩涂劳作：局部光的创意性制作

下面这张照片，题材、取景、拍摄环境都很好，唯一可惜的是光影效果不佳，看起来非常普通。在 Photoshop 中借助"套索"与"曲线"工具，可以改善这张照片的光影效果，让照片看起来与众不同。

按照与前面案例相似的方法制作出局部光，可以让画面的影调及色调发生巨大变化，让表现力加强。因为这两个案例制作思路和方法几乎完全一致，所以就不再过多赘述。

原始照片的效果

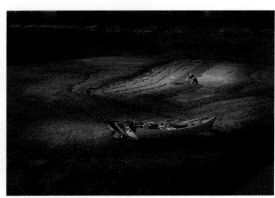

调整后的效果

8.2 随心所欲再造光影

前面介绍了许多关于光影制作的案例，用一根曲线就可以制作出如此多的效果，可见"曲线"是十分重要的一种工具。本节讲解的案例会再一次凸显"曲线"的重要性，在此会介绍实际影像调整过程中"曲线"的各种操作技巧。首先讲解光线及投影的制作。我们不仅可以打造局部光，而且可以制作强烈的光影效果，例如"耶稣光"、物体上的投影等。

秋日晨景：特定场景的"耶稣光"

这是一个非常经典的效果，很多摄影者都拍摄过，现在我们想做的是强化光线从远处照射下来的效果。如果远处光线的投射痕迹明显，可以直接通过影调调整强化。如果光线的投射效果不明显，则可以在后期进行制作，制作出的光效被称为"耶稣光"，也称为丁达尔光。下面一起来看具体的制作技巧。

打开照片

首先，创建"曲
线"调整图层，调整
照片反差。

创建"曲线"调整图层
调整反差

然后创建"色相／饱和度"调整图层，利用抓手工具选择画面中的红色树叶，
增强"饱和度"至"+42"，修改"色相"为"+3"，提高"明度"至"+43"。

利用抓手工具选取红色
树叶

右击工具栏中的"套索工具"，在弹出的列表中选择"多边形套索工具"。由于画面中的光线是从右侧照射的，所以利用"多边形套索工具"在画面中制作由窄变宽的选区，模拟"耶稣光"。

选择"多边形套索工具"绘制由窄变宽的选区

然后选择选项栏中的"添加到选区"按钮，利用同样的方法制作出多条长宽、疏密不等的光线。

绘制多条长宽、疏密不等的选区

制作完成后，创建"曲线"调整图层，提亮曲线，模拟万丈光芒。

创建"曲线"调整图层
提升亮度

双击"曲线"调整图层中的曲线蒙版，打开"蒙版"工具，增加"羽化"值至"25.1
像素"，使光线的边缘变得自然。

打开"蒙版"工具并增加"羽化"值

对于某些过亮的区域，可以选择"画笔工具"，设置前景色为黑色，降低"流量"
至"23%"，在画面中过亮的区域内进行涂抹，使主体区域不要照到过于强烈的光线，
以使光线相对真实。

使用"画笔工具"涂抹过亮的区域

涂抹后的效果

制作完成后，可以将照片保存为 PSD 文件，这样就可以将"耶稣光"的图层保存下来，供以后需要制作"耶稣光"的照片使用。选择菜单栏中的"文件 – 存储为"选项。弹出"另存为"对话框后设置保存位置、文件名，将"保存类型"设置为 Photoshop，最后单击"保存"按钮，即可将图层保存起来。

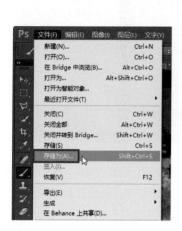

选择"存储为"选项 　　　　　　　保存照片

至此，照片处理完成，看一下调整前后的对比效果。

调整前的效果

调整后的效果

牧归：低角度照射光下的"耶稣光"

这张照片与《秋日晨景》的案例照片非常相似，侧逆光拍摄，但是画面中没有光束，也需要为照片添加光束。在本例中，我们可以用更简单的方法为照片制作出明显的"耶稣光"。

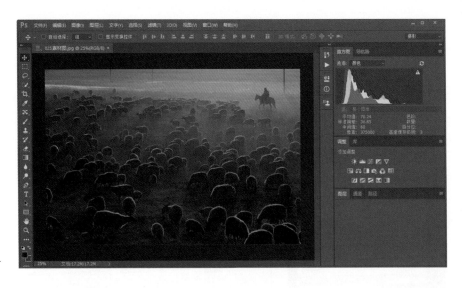

打开照片

　　首先查看图片的直方图，高光部不够亮，暗部也不够深。建立"曲线"调整图层，在"RGB"通道中提亮高光部，压暗暗部。选择"蓝"通道，单击曲线右上角的锚点，按住鼠标左键向下拖动，降低蓝色。选择"红"通道，增强红色。通过亮度与色彩的调整，照片的气氛已经有了提升。

在"RGB"通道中加大对比　　　在"蓝"通道中降低蓝色比例　　　在"红"通道中增强红色

　　利用"RGB"通道曲线的调整改变照片明暗层次，用"蓝"通道和"红"通道曲线的调整可改变照片色调。调整之后照片色彩浓郁，影调漂亮。

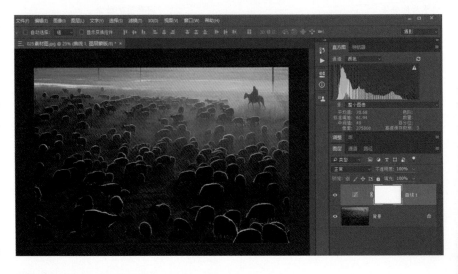

照片初步调整后的效果

210

按照上一个案例《秋日晨景》的方法制作光线。如果保存了上一个案例的 PSD 格式文件，可以直接将《秋日晨景》案例的"曲线 2"图层拖动到这张照片中。拖动前，要在工具栏中选择移动工具，然后单击《秋日晨景》案例的"曲线 2"调整图层，向本案例的照片中拖入。

将"耶稣光"图层向目标照片中拖动

由于两张照片尺寸不一样大，拖进来的"耶稣光"面积不够大，因此选择菜单栏中的"编辑 - 变换"中的"缩放"选项，则"耶稣光"周围会出现可控制的锚点。

选择"自由变换"选项，"耶稣光"周围出现锚点

按住 Shift 键不放，单击变换窗口右上角的锚点，用鼠标往右上角拖锚点，将"耶稣光"放大。仍然按住 Shift 键不放，单击照片左下方的锚点，往左下角拖移鼠标锚点，继续放大"耶稣光"。变形完成后单击选项栏上方的"对勾"，或者双击鼠标确认变形完成。

对"耶稣光"进行变形
放大操作

双击"曲线 2"图层蒙版，在弹出的蒙版快捷窗口中，修改"羽化"值，使光线
边缘更加柔和与真实。

修改蒙版的"羽化"值，使光线更柔和

查看直方图，照片暗部缺少像素分布，因此，继续创建"曲线"调
整图层来修改照片暗部。

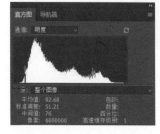

创建"曲线"调整图层来修改照片暗部

在曲线中加深暗部，同时观察直方图变化，做到暗部"撞墙不起墙"。

调整照片暗部，注意暗部不能溢出

至此，照片处理完成，拼合图像并保存即可。对比一下调整前后的效果。

调整前的效果

调整后的效果

8.3 轻松制作暖色调照片

可能有人会问，在相机里调整白平衡、调整色温也能够改变冷暖色调，为什么还要用数码后期制作？实际上在相机上调整色调，是全图性的、全局性的，很难做到精确到位，往往都不尽如人意，要想获得精确的色彩调整、色调渲染，必须手动调整，加强对照片的理解，才能够做出具有表现力、符合现场意境的摄影作品。

好滋味：利用暖调强化照片的艺术感染力

这张照片在黄昏的逆光下拍摄，人物的表情与画面的氛围均不错，但是色调没有达到应有的效果。如果在后期制作中将这张照片做成暖色调，无疑更符合当时的拍摄环境以及气氛。很多傍晚拍摄的照片，画面的色温都达不到我们想要的那种暖色的水平，通过学习这个案例，以后遇上清晨与傍晚拍摄的暖色不足的照片，都可以用这个方法轻松获取暖色调。

暖色调的出现基本是在早上或黄昏，这时现场的光比一般比较大。因此，制作暖色调的前提条件是照片本身具有较大的光比，逆光、侧逆光或剪影以及低角度照射的光比较适合做暖色调。如果是顶光照射，就不太适合做暖色调，即便能够做出暖色调效果，照片的真实性和美观性也会大打折扣。

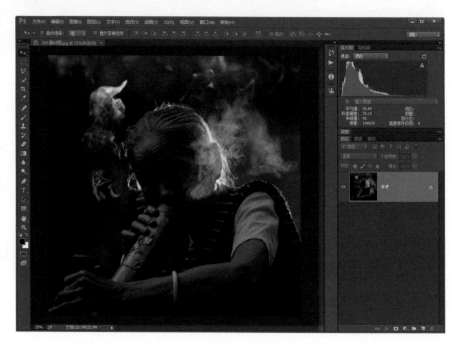

打开照片

制作暖色调一般用"曲线"就能快速完成。首先，创建"曲线"调整图层，提亮照片。

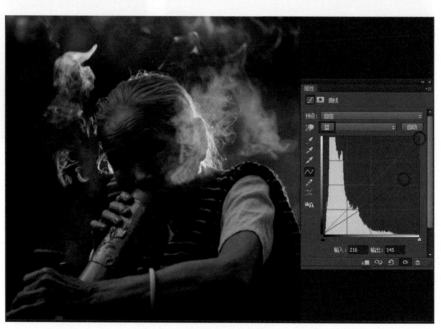

创建"曲线"调整图层提亮照片

然后选择"蓝"通道，单击曲线右上角的锚点，按住鼠标左键向下拖动，降低蓝色比例，然后适当降低较亮部分的亮度，画面就呈现出偏黄色的效果。这是制作暖色调通用的规律，请切记。

在"蓝"通道中降低蓝色的比例

选择"红"通道。一般来说，暖色调会出现在阳光照射的地方，即高光区域，因此做暖色调的时候都是以做高光部为主，不要让暗部偏离过多。此时，加强"红"通道的高光，这里要确保暗部不要覆盖过多的暖色，否则色彩太过浓郁，会使画面失真。

在"红"通道中增强红色

选择"绿"通道，降低一点绿色，这样就增加了洋红色。一般在做暖色控制"绿"通道时，调整幅度要小一点，少量增加洋红色就可以。

在"绿"通道中降低绿色的比例

这几个通道的调整完成后，返回"RGB"通道，对曲线进行微调。

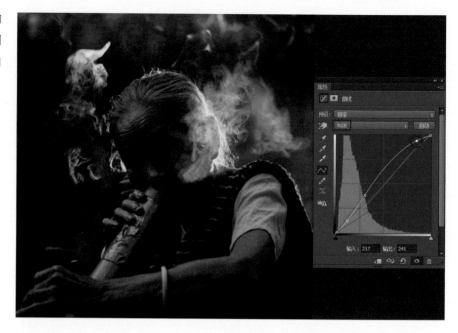

在"RGB"通道中微调曲线

这就是制作暖色调的方法，绝大多数要制作成暖色调的照片都可以采用这种方法来快速制作。

至此，照片处理完成，拼合图像并保存即可。下面是调整前后的对比效果。

调整前的效果

调整后的效果

8.4　快速制作冷色调照片

冷色调可以表现出宁静、忧郁等氛围。制作冷色调与制作暖色调照片的手法正好相反，营造暖色调要给画面增加红色、黄色与洋红色，冷色调则是给画面增加蓝色与青色。

江上泛舟：利用冷色调渲染过于单调的照片

打开下面这张照片。画面构图简单，整体显得过于单调。这种照片如果没有色彩及影调方面的烘托，会显得非常平淡。针对这张照片，我们可以考虑将其渲染为冷色调的效果。

打开照片

创建"曲线"调整图层，选择"蓝"通道，加强蓝色。

在"蓝"通道中加强蓝色

选择"红"通道，降低红色比例，意味着加强青色。

在"红"通道中降低红色比例

选择"绿"通道，适当增加或减少绿色。绿色是中性色，可以轻微调和各个颜色，这里稍微降低绿色比例。

在"绿"通道中降低绿色的比例

这样，冷色调照片就制作完成了，拼合图像并保存即可。看一下调整前后的对比效果。

调整前的效果

调整后的效果

小提示

制作冷色调照片有什么要求呢？它与制作暖色调照片相比有什么区别吗？暖色调要求有足够的光比和反差，因为只有在强烈的光照下和早晚的色温情况下才会出现暖色调。出现冷色调的环境与暖色调截然不同，冷色调的出现往往是在弱光环境下，例如太阳还没有出来的时候，由于色温偏高，会出现冷色，或者是太阳下山的时候，由于没有阳光照射，色温也偏高，所以容易出现蓝色调。弱光环境下，画面的反差不会太大，对比度相对较小，因此，冷色调照片对直方图的要求没有暖色调那么严格，它比较柔和，我们可以把它当成低反差照片来看待，缺少高光部、缺少暗部，是弱光照片的特点，也是冷色调照片的特点，所以在做冷色调的时候，可以不去在乎直方图的呈现效果。

滩涂渔耕：灰调滩涂的冷色调制作

打开下面这张照片。这张照片的问题也很简单，即色彩表现力欠佳，此时可通过对照片色调的渲染，增强照片整体的表现力。

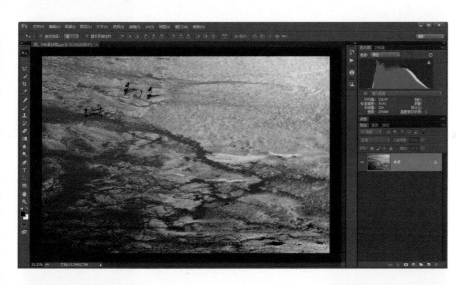

打开照片

创建"曲线"调整图层，调整反差。

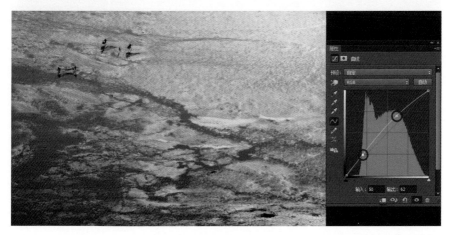

创建"曲线"调整图层
调整反差

选择"蓝"通道,加强蓝色。

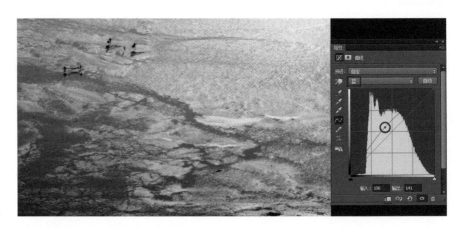

在"蓝"通道中加强蓝色

选择"红"通道,降低红色比例。

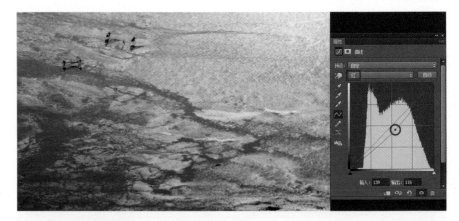

在"红"通道中降低红
色比例

选择"绿"通道,减少绿色。

在"绿"通道中减少绿色

　　这样,就完成了冷色调照片的制作。同样,可以将这个冷色调的曲线保存下来,以便以后制作冷色调照片时使用。单击"曲线"工具所在的"属性"面板右上角的扩展按钮▣,打开扩展菜单,选择"存储曲线预设"选项,打开"另存为"对话框,设置"文件名"为"冷色1号",然后单击"保存"按钮,即可将刚才制作的冷色调曲线保存起来。

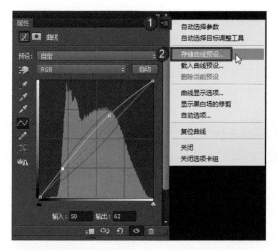

选择"存储曲线预设"选项　　　　　　　　　　　　　　　　　设置"文件名"

　　至此，照片处理完成，拼合图像并保存即可。看一下调整前后的对比效果。

调整前的效果　　　　　　　　　　　　　　　　　　　　　调整后的效果

　　这种照片滤镜的方法比较适合快速制作一些冷色调照片，画面中原本就有一些冷色调元素的照片更适合使用这种方法制作，它相对比较自动化，但是没有"曲线"调整来得完美，用"曲线"可以控制不同区域的亮度，而照片滤镜是给整张照片覆盖相同的色调。这是两种不同的制作冷色调照片的技巧，在实际的操作中，我们可以大胆尝试这两种方法，当然，还是应以使用曲线工具为主。

8.5　制作冷暖对比色调照片

　　冷暖色调对比在风光摄影中是最常用的一种表现手法，通常日出或日落时最容易出现冷暖色调对比。在拍摄现场，想要获得非常唯美的冷暖色调对比可能很难，因此需要通过适当的后期渲染去强调这种冷暖对比。

霞浦日出：制作冷暖对比色调的光影处理

　　打开下面这张照片。照片的色彩还是比较漂亮的，问题在于水面景物稍显杂乱，并且缺乏色彩感。我们将海面景物渲染为冷色调，使之与暖调的天空形成冷暖对比，让画面表现力更强。

打开照片

　　创建"曲线"调整图层，降低照片的亮度。

创建"曲线"调整图层
降低亮度

　　继续创建"曲线"调整图层，单击曲线右上角的锚点，按住鼠标左键向下拖动，把天空适当压暗。

创建"曲线"调整图层
压暗天空

222

在工具栏中选择"渐变工具"，设置前景色为黑色，选择"前景色到透明渐变"并使用"线性渐变"，降低"不透明度"至"79%"，从画面下部向上拖动，让海面被压暗的区域恢复原本的亮度，使地面与天空自然过渡。掌握"渐变工具"后，拍摄风光照片时，就经常可以省去中灰渐变镜。

使用"渐变工具"对地面进行渐变调整

渐变后的效果

接着继续创建"曲线"调整图层制作冷暖色调对比效果，前面介绍了暖色调与冷色调照片的制作，暖色调是给画面增加红色、黄色与洋红色，冷色调则是给画面增加蓝色与青色，那么在冷暖色调对比的制作过程中，将制作暖色调和制作冷色调照片的方法并用在曲线中，就可以实现冷暖色调对比了。

选择"蓝"通道，单击曲线右上角的锚点，按住鼠标左键向下拖动，降低高光，然后适当降低亮调，即针对高光部加暖色调，针对暗部加强蓝色，一般冷暖对比强烈的照片中被光线照射到的高光部会呈现暖色调，没有被光线照射到的区域就呈现冷色调，所以要为高光部降低蓝色，即加强黄色，为暗部加强蓝色。

在"蓝"通道中降低高光部比例加强暗部

选择"红"通道，提升高光部的红色比例，降低暗部的红色比例，即增强青色。

在"红"通道中提升高
光部降低暗部

选择"绿"通
道，对颜色进行适当
调整，"绿"通道的
调整一般比较轻微，
主要在"红"通道和
"蓝"通道中做调整。

在"绿"通道中适当调
和色彩

调整完成后，返
回"蓝"通道，做细
微的调整。

在"蓝"通道做细微调整

制作完成后，如果觉得这个色调不错，可以将其存储为曲线的预设值，以供今后使用。单击"曲线"工具所在的"属性"面板右上角的扩展按钮▤，打开扩展菜单，选择"存储曲线预设"选项，打开"另存为"对话框，设置"文件名"为"冷暖色1号"，然后单击"保存"按钮，即可将刚才制作的冷暖色调对比曲线保存起来。可以保存多个预设曲线，以满足不同照片的使用需求。

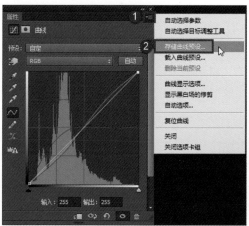

选择"存储曲线预设"选项　　　　　　　　　　　　设置"文件名"

225

这时，照片的冷暖色调对比效果已经制作完成，但还需要局部的渲染才会使重点更加突出。例如这张照片，照片整体的色调已经营造出来，但是局部的色调并不是很完美，主体亮度不够。在这张照片里我们并不想表现夕阳，而要表现夕阳下海面的滩涂。滩涂的反射率不高，海面的亮度不够，因此首先选择"套索工具"，在想强调的区域绘制一些随意的选区，来提亮水面的波光。

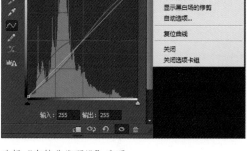

小提示

在风光摄影中，我们经常要做渲染，来强调水面的亮度或者景物被阳光照射区域的亮度，使照片兴趣中心的色调和亮度呈现出最佳的状态。

使用"套索工具"绘制选区

选区做好后，创建"曲线"调整图层，提升选区亮度。

创建"曲线"调整图层
提亮选区

双击"曲线"调整图层中的曲线蒙版，打开"蒙版"工具，增加"羽化"值至"73.0像素"。

打开"蒙版"工具并增加"羽化"值

羽化完成后，如果效果不是很理想，就返回"曲线"，继续进行调整。

返回"曲线"继续调整

这时应注意环境色的影响，太阳是暖色的，那么水面也应该是暖色的，因此，需要为选区加强暖色调。选择"蓝"通道，单击曲线右上角的锚点，按住鼠标左键向下拖动，降低高光，然后适当降低亮调，为画面加强黄色。

在"蓝"通道中降低高光

选择"红"通道，加强红色。

在"红"通道中加强红色

选择"绿"通道，适当降低绿色比例，调和品红色，注意水面的色温应与天空的色温差不多，这样才符合环境色的真实状况。

在"绿"通道中适当降低绿色比例

再次返回"蒙版"工具，调整"羽化"为"121.0 像素"。

打开"蒙版"工具并增
加"羽化"值

再次创建"曲线"调整图层，提升高光部亮度，修整一下画面整体的对比度，使画面更加通透。

创建"曲线"调整图层
修整画面整体对比度

这就是冷暖色调对比效果的制作。至此，照片处理完成，拼合图像并保存即可。看一下调整前后的对比效果。

利用这种方法，我们可以制作各种冷暖色调对比效果，但是要注意，冷暖色调对比的形成是有一定规律的，朝霞、晚霞比较适合做这种效果，在逆光、侧逆光、剪影等大光比的环境下做出的冷暖色调对比效果相对比较真实，但不是任何照片都能够做出我们想要的冷暖色调对比效果。

调整前的效果

调整后的效果

Photoshop 中的工具很多，例如"矩形选框工具""椭圆选框工具"等，但它们只能用来选取长方形、正方形、椭圆形等几何形状，要进行精确的选取是不可能的。而"套索工具"是一款可以自由绘制选区的工具，"多边形套索工具"可以绘制边缘比较清晰的选区，"磁性套索工具"能够依照片内容的轮廓进行自动吸附，"魔棒工具"适合背景颜色单一、线条清晰、轮廓清晰、主体与陪体对比度比较大的照片。

Ps

09
选区的制作与背景的简化

9.1 使用抠图工具抠图

滩涂劳作：使用"魔棒"工具进行抠图

打开下面这张照片，观察背景水面的色彩，有些区域偏青色，另外一些区域泛灰，这种不协调的色彩会让画面看起来杂乱。本案例中，我们要做的是为背景水面建立选区，然后对选区进行调色，让背景变得干净简洁，并且色彩表现力更强。

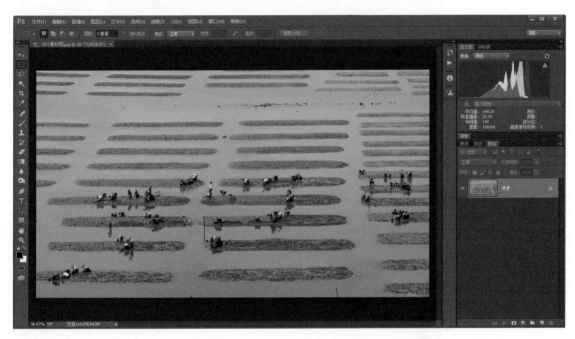

打开照片

使用"魔棒工具"在水面处单击，快速选取水面区域。

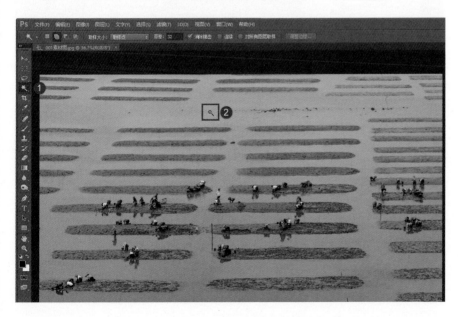

使用"魔棒工具"单击
水面

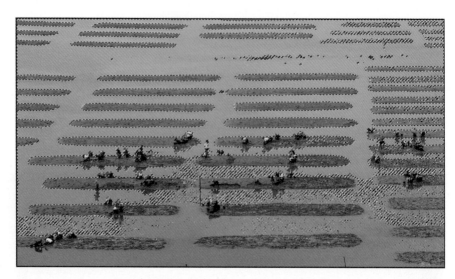

快速选取水面区域

对于没有选中的水面区域，可以单击选项栏中的"添加到选区"按钮■，然后在没有选中的区域单击，添加选区。

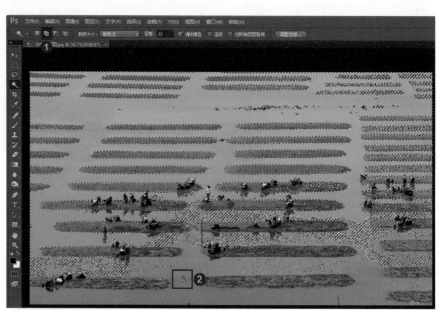

单击"添加到选区"按钮后单击没有被选中的区域

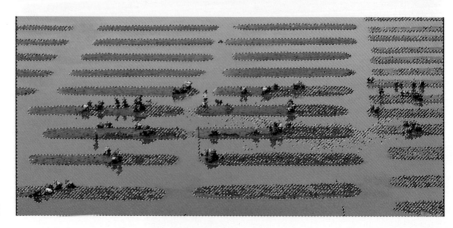

添加水面选区

此时选择的区域过大，将不需要选取的区域也选中了，那么在"历史记录"面板中返回上一步，然后在选项栏中减小"容差"，单击没有选中的区域，添加选区。

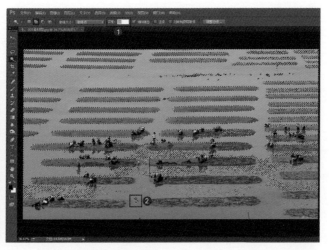

返回上一步骤　　　减小"容差"后单击没有选中的区域

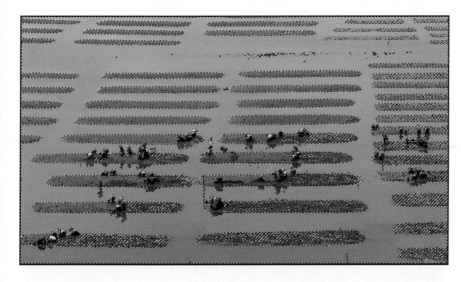

添加选区的最终效果

选区创建完成后，创建"曲线"调整图层，降低水面的亮度。

创建"曲线"调整图层
压暗水面

如果边缘有痕迹，可以单击"属性"面板中的"蒙版"按钮，打开"蒙版"工具，增加"羽化"值至"0.7像素"。

增加"羽化"值

可以看到，使用"魔棒工具"选取背景单一的选区，操作十分简单快捷。最后查看一下制作完成的照片效果。

查看最终效果

祈祷：使用快速选择工具勾选人物

打开下面这张照片，可以看到背景有些杂乱，并且亮度偏高，我们要做的是调整背景区域，适当调得暗一些。使用"魔棒工具"选取人物后面的背景很难实现，因为背景的色调、线条、纹理变化比较多，此时应该换一种工具进行快速选取。

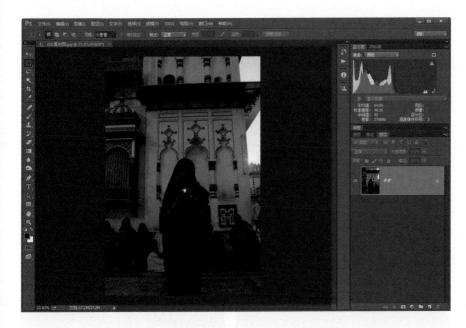

打开照片

　　这里利用"快速选择工具"选取主体有明显轮廓的区域。对于这张照片来说，选择背景会相对比较麻烦，选择人物就简单很多。使用"快速选择工具"，将人物制作成选区。

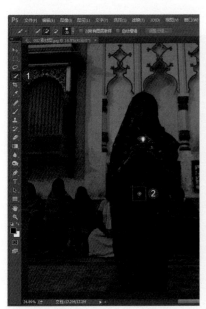

利用"快速选择工具"选择人物

将人物制作成选区

　　放大照片观察，可以发现人物和旁边色彩比较接近，不需要选中的区域也被选取了进来。

多选的区域

这时可以配合使用其他工具来减去多余的区域。选择"磁性套索工具"，在选项栏中单击"从选区减去"按钮■，沿人物胳膊边缘制作选区。这样就可以把多余的部分从人物选区中减去。

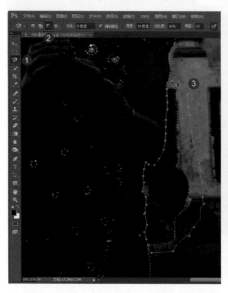 

使用"磁性套索工具"将多选的区域制作为选区　减去多余部分后的效果

利用同样的方法减去人物另一侧多余的选区。

小提示

使用"磁性套索工具"时，遇到要转弯的区域，应单击确定一个锚点进行固定。如果锚点定位有误，可以按下键盘上的Delete键进行清除。制作选区时，按住空格键可以移动画面。

减去人物另一侧多余的选区

我们为这张照片的人物制作选区的目的是调整背景色调，将背景制作成冷色调，使画面形成冷暖色调的对比。还要将背景加深，以形成强烈的明暗对比。对于这种有明显轮廓的区域，要先制作选区再调整。

目前我们选中的是人物，在画面中右击选区，在弹出的快捷菜单中选择"选择反向"选项，这样就可以将人物之外的部分选为选区。

236

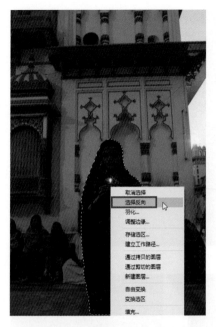 

选择"选择反向"选项　　　　反向选取

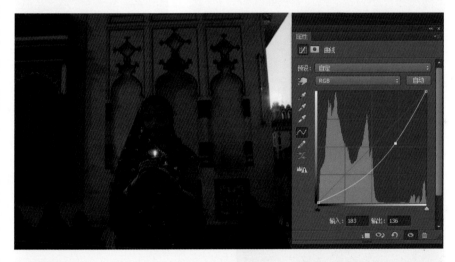

创建"曲线"调整图层，加深背景。

创建"曲线"调整图层
加深背景

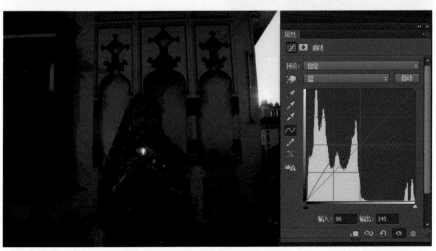

选择"蓝"通道，增加蓝色，为背景添加冷色调。

在"蓝"通道中设置

选择"红"通道，降低红色比例，为画面增加青色。

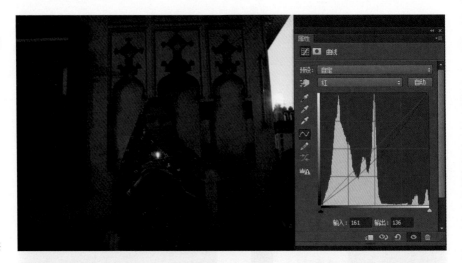

在"红"通道中调整

如果人物与背景的边缘有痕迹，单击"属性"面板中的"蒙版"按钮 ▣ ，打开"蒙版"工具，增加"羽化"值至"0.4像素"。

增加"羽化"值

这就是用"快速选择工具"配合"磁性套索工具"修改选区的案例。只有学会各种选取方法，才能精确地制作选区。

处理后的效果

老人肖像：抠取主体中与背景色彩接近的部分

打开下面这张照片，来了解一下这种边缘轮廓相对清晰的人物肖像该怎样抠图。

打开照片

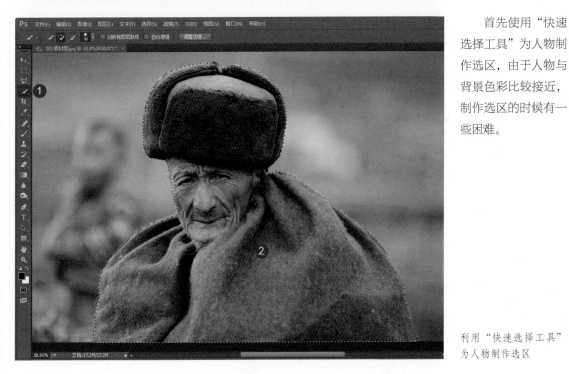

首先使用"快速选择工具"为人物制作选区，由于人物与背景色彩比较接近，制作选区的时候有一些困难。

利用"快速选择工具"为人物制作选区

使用"快速选择工具"制作大致的选区后，选择"多边形套索工具"，在选项栏中单击"添加到选区"按钮■，为没有选中的区域进行添加。

使用"多边形套索工具"添加没有选中的区域　　　　添加选区

小提示

使用"多边形套索工具"时，单击鼠标左键可以创建锚点，可以根据自己的需要创建任意选区。

对于多余的区域，可以在选项栏中单击"从选区减去"按钮，将相应区域从选区中减去。

小提示

这里如果使用"磁性套索工具"添加选区，效果会很不理想，因为人物边缘与背景明暗太接近，色调区分也不明显，"磁性套索工具"很难吸附，因此这里不适合使用"磁性套索工具"。

将多余的区域从选区中减去　　　　减去选区

小提示

"多边形套索工具"和"磁性套索工具"适用的范围是有区别的。"多边形套索工具"完全由人控制去制作选区，而"磁性套索工具"用在反差大或色彩分离或对比较明显的照片上会比较方便。上面这张照片对比度不明显，因此可以使用"多边形套索工具"来进行添加选区的操作。

利用上述方法对选区边缘进行多次选区添加和减去操作，直至将人物选区完全制作完成。

小提示

制作选区相对来说比较麻烦，也比较费时间，但很多照片在处理过程中必须制作选区。

241

选区制作完成

选区制作完成后，在选区单击鼠标右键，在弹出的快捷菜单中选择"选择反向"选项，这样就可以选中人物以外的部分。

选择"选择反向"选项

反向选取后的效果

创建"曲线"调
整图层，加深画面的
背景。

创建"曲线"调整图层
加深背景

单击"属性"面
板中的"蒙版"按钮
，打开"蒙版"工
具，增加"羽化"值
至"0.7像素"。

增加"羽化"值

虽然此时边界的
问题处理好了，但是
放大观察，会发现边
界处痕迹很明显。

边界处痕迹很明显

此时再次创建"曲线"调整图层，将画面整体加深。

创建"曲线"调整图层
加深画面

选择"渐变工具"，设置前景色为黑色，选择"前景色到透明渐变"并使用"径向渐变"，降低"不透明度"至"18%"，在人物身上做渐变拉伸，将人物的亮度拉回来。

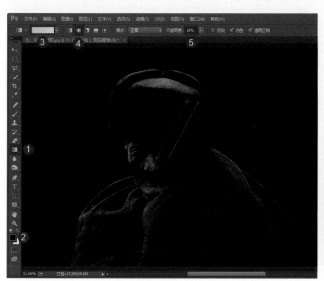

使用"渐变工具"对人物进行渐变调整

渐变后的效果

人物的头发部分可以看到明显的痕迹，这时选中"曲线1"图层中的蒙版，选择"画笔工具"，设置前景色为白色，在选项栏中降低"流量"至"33%"，然后在头发区域进行涂抹。

选中"曲线1"图层蒙版

使用"画笔工具"涂抹头发

涂抹后的效果

对于人物的边界，可以继续使用"画笔工具"在边缘处进行涂抹，消除明显的痕迹，使边缘与背景过渡自然，这样人物就能逐渐融入环境色。虽然这种方法比较麻烦，但它是最有效的方法，否则边缘痕迹很难消除。

使用"画笔工具"涂抹人物边缘的效果

接着返回"曲线2"图层，创建"色相/饱和度"调整图层，调整"色相"至"+3"，降低"饱和度"至"-34"。

返回"曲线2"图层

创建"色相/饱和度"
调整图层,降低饱和度

最后,创建"渐
变映射"调整图层,
打开"渐变映射"工
具,在"渐变映射"
下拉列表中选择之前
创建的"纯黑–纯白"
渐变映射。

选择之前创建的"纯黑–
纯白"渐变映射

然后在"图层"
面板中的"设置图层
的混合模式"下拉列
表中选择"明度"模
式,增强画面的通
透度。

设置图层的混合模式为
"明度"

此时人物的帽子和鼻梁等区域过亮,需要再次创建"曲线"调整图层,降低画
面亮度。

创建"曲线"调整图层，
降低画面亮度

单击"属性"面板中的"蒙版"按钮 ▣ ，打开"蒙版"工具，单击"反相"按钮，让蒙版反相。

选择"渐变工具"，设置前景色为白色，选择"前景色到透明渐变"并使用"径向渐变"，降低"不透明度"至"18%"，在帽子、鼻梁、下巴等比较亮的区域做渐变拉伸，使这些区域变暗，还可以在人物身上和人物边缘做渐变，使画面更自然。

蒙版反相　　　　　使用"渐变工具"对画面进行渐变调整

这就是用"快速选择工具"配合"多边形套索工具"修改选区的案例，最后查看一下最终的画面效果。

查看画面效果

牛头骨：使用"钢笔工具"进行抠图

接下来介绍一个利用"钢笔工具"进行抠图并进行合成的案例。这里要完成一个环保题材的作品，要将画面中的牛头合成到地面背景中。

247

打开照片 1

打开照片 2

抠取牛头时，如果使用"快速选择工具"或者"多边形套索工具"，效果都不会很理想，这里只能使用"钢笔工具"进行抠图，才能准确制作选区。

打开牛头照片，在"图层"面板中单击"背景"图层右侧的锁图标，将"背景"图层解锁为"图层0"。

单击锁图标　　　　　　给"背景"图层解锁

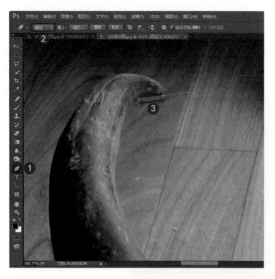

选择"钢笔工具",然后在选项栏中选择工具模式为"路径"。放大图像,在牛角边缘单击并沿物体边缘拖动,拉出控制臂,控制臂前面的锚点用来控制线条的走向,后面的锚点可以控制线条的弧度,通过调整使其符合物体的轮廓。

使用"钢笔工具"确定第一个锚点

隔一段距离,单击确定下一个点并拖动拉出控制臂,然后按住 Ctrl 键,拖动该点控制臂后面的锚点,使两点之间的弧线符合牛角的轮廓。

248

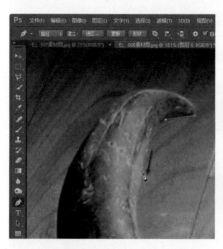

使用"钢笔工具"确定第二个锚点

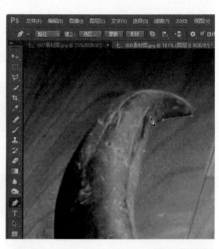

调整弧度

小提示

利用"钢笔工具"抠图的时候,遇到直角等大角度的转弯时,按住 Alt 键并单击控制键前面的锚点,就可以自如地改变该锚点的方向。

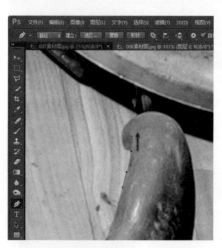

在转弯处确定锚点

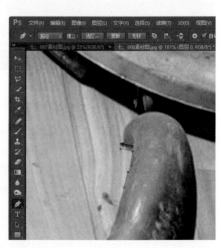

改变锚点方向

锚点定位有误

移动锚点

如果某个锚点定位有误，可以按住Ctrl键同时单击锚点并拖动，将其移动至正确的位置。

将鼠标置于要去除的锚点上

单击去除锚点

如果要去除某一个锚点，可以将鼠标放置在要去除的锚点上。鼠标指针处出现一个减号时单击该锚点，即可将锚点去除。

将鼠标置于要增加锚点的线段上

单击增加锚点

如果要在制作好的线段上增加一个锚点，可以将鼠标放置在要增加锚点的线段上，鼠标指针处出现一个加号时单击线段，即可在单击处增加一个锚点。

利用"钢笔工具"抠图的时候，可以适当往图像内侧走一点，删除一点图像的边缘，这样图上就不会带有背景部分的痕迹。

路径制作完成。

路径制作完成

选择"建立选区"选项

此时要将路径转化为选区。在路径中单击鼠标右键，弹出快捷菜单后选择"建立选区"选项，弹出"建立选区"对话框，设置"羽化半径"为"1 像素"，单击"确定"按钮。

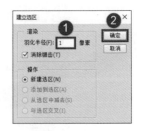

设置"羽化半径"

为牛头制作选区

按 Ctrl+J 键将抠取的牛头选区提取出来，生成"图层 1"。

单击"图层 0"前面的"指示图层可见性"按钮，将"图层 0"隐藏，可以看到抠取的图像。

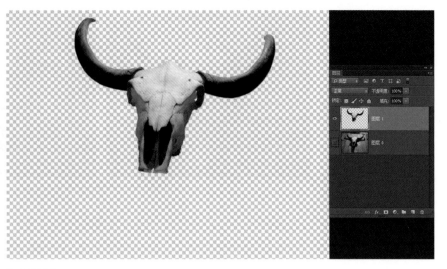

将选区提取出来　　　　　抠取的图像

接下来将牛头的影子抠出来。首先再次单击"图层0"前面的"指示图层可见性"按钮，将该图层显示出来，并将该图层选中。

此时使用"钢笔工具"抠图就显得太麻烦了，因为影子只需要一个大概的轮廓，所以可选择"魔棒工具"制作选区。由于牛头影子是连续的，因此在选项栏中勾选"连续"复选框，在影子区域单击。

选中"图层0"　　　　　使用"魔棒工具"选择影子区域

可以看到，大部分的影子区域已经被选中，对于没有选中的区域，可以单击选项栏中的"添加到选区"按钮 ，然后在没有选中的区域单击，添加选区。

小提示

对于多余的牛角区域，先不用理会，因为后面制作照片时，牛头会挡住这个区域。

大部分影子区域被选中

影子区域全部选中

同样，按 Ctrl+J 键将抠取的影子选区提取出来，生成"图层 2"。

单击"图层 0"前面的"指示图层可见性"按钮 ，将"图层 0"隐藏，可以看到抠取的牛头和影子图像。

将影子选区提取出来

抠取的牛头和影子

按住 Ctrl 键，同时选中"图层 1"和"图层 2"，使用"移动工具"单击选区内部，然后按住鼠标左键将这两个图层移动至目标照片中，生成"图层 1"和"图层 2"。

同时选中两个图层

移动选区后生成"图层1"和"图层 2"

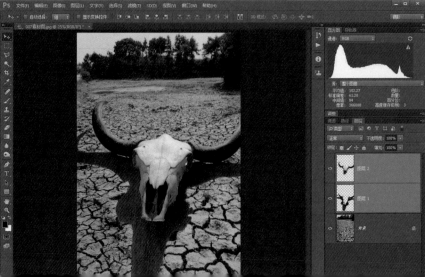

252

此时发现牛头的面积太大，按住 Ctrl 键同时选中"图层 1"和"图层 2"两个图层，选择菜单栏中的"编辑－自由变换"选项，缩小牛头和影子的大小。

"自由变换"选项　　　　　缩小牛头和影子的大小

牛头的影子上有一块多余的区域，选中"图层 1"，选择"橡皮擦工具"，设置前景色为黑色，在选项栏中将"不透明度"和"流量"都设为"100%"，在多余的区域涂抹。

选中"图层 1"　　　　使用"橡皮擦工具"涂抹多余的区域

涂抹后的效果

我们需要将影子区域做成全黑色，按住 Ctrl 键单击"图层1"的缩览图，将影子选区载入。

将影子选区载入

这时就不需要使用"图层"了，单击"图层 1"前面的"指示图层可见性"按钮，将该图层隐藏。

隐藏"图层 1"

创建"纯色"调整图层，弹出"拾色器（纯色）"对话框，选择纯黑色，单击"确定"按钮，这样影子选区就被黑色覆盖了。

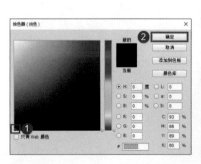

选择纯黑色

影子选区覆盖了黑色

由于影子太黑，可以在"图层"面板中降低该图层的"填充"项至"87%"。

降低图层的"填充比例"

影子的边缘太锐利，双击"颜色填充 1"图层中的蒙版，打开"蒙版"工具，增加"羽化"值至"7.9 像素"，可以得到柔和的边界效果。

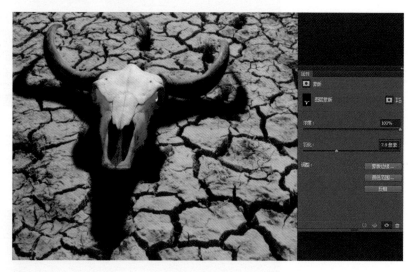

双击"颜色填充 1"图层蒙版　　增加"羽化"值

接下来为背景调整色调。选中"背景"图层，创建"曲线"调整图层，加深画面色调。

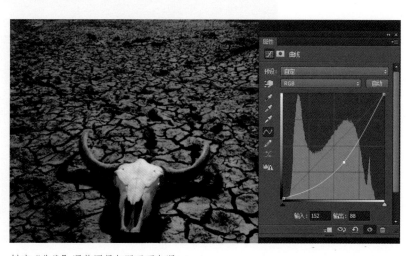

选中"背景"图层　　创建"曲线"调整图层加深画面色调

画面饱和度过
高，此时创建"色相／
饱和度"调整图层，
降低"饱和度"至
"-49"。

创建"色相／饱和度"
调整图层降低饱和度

因为牛头的亮度太高，选中"图层2"，创建"曲线"调整图层，单击"曲线"
工具下方的"剪切蒙版"按钮■，调整曲线，降低牛头的亮度。这样，牛头就自然
地合成到背景中了。

选中"图层2" 　　　　创建"曲线"剪切图层，调整牛头亮度

继续创建"曲线"
调整图层，降低画面
亮度。

创建"曲线"调整图层，
降低画面亮度

另外，还可以为
画面制作黑白效果。
创建"色相/饱和度"
调整图层，勾选"着
色"复选框，设置"色
相"为"35"、"饱
和度"为"8"。

创建"色相/饱和度"
调整图层，调整饱和度

如果觉得色彩太强烈，可以在"图层"面板中降低该图层的"填充"项至"31%"。

降低图层的"填充比例"

用"钢笔工具"可以制作平滑的线条，这是其他抠图工具都替代不了的，因此要进行精确的抠图，就一定要学会使用"钢笔工具"。最后查看合成的最终效果。

合成的最终效果

通过这两个案例，我们学习了使用"套索工具""快速选择工具"以及"钢笔工具"快速抠图的方法。很多图形有具体的形状，需要抠图才能够使之相互融合，这就要用到抠图合成的技巧。

9.2 抠图与选区边缘调整

上一个抠取牛头的案例中，我们用"钢笔工具"抠图后，仍然残留着部分的边缘痕迹，想去除这些边缘痕迹，就要学习使用"蒙版边缘"。

牛头骨：去除抠图留下的边缘痕迹

打开抠取的图像，单击"图层"面板中"图层0"和"图层2"前面的"指示图层可见性"按钮，隐藏这两个图层，只显示牛头图层。

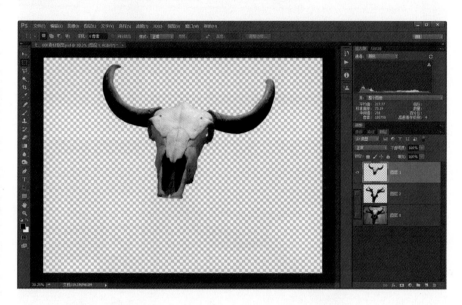

只显示抠取的牛头图层

为了观察牛头边缘，可以为其添加一个纯色背景。在"图层"面板中选中"图层0"，创建"纯色"调整图层，弹出"拾色器（纯色）"对话框，选择一种颜色，单击"确定"按钮，这样背景就被选择的颜色覆盖了。

选中"图层0"

选择一种颜色

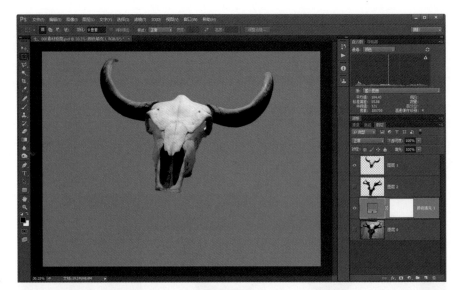

背景覆盖了选择的颜色

选中"图层1"，按住 Ctrl 键的同时单击"图层1"的缩览图，载入该图层选区。

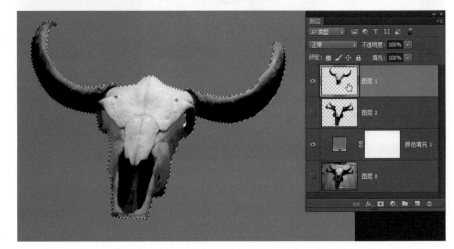

载入图层选区

在"图层"面板下方单击"添加图层蒙版"按钮，为该图层添加一个图层蒙版。

单击"添加图层蒙版"按钮

添加图层蒙版

双击蒙版

单击"蒙版边缘"按钮

双击蒙版，打开"蒙版"工具，可以看到有一个"蒙版边缘"按钮，该按钮是用来控制蒙版边缘的，也就是用以解决图像边缘的白边、紫边、蓝边等边缘细节问题的。单击"蒙版边缘"按钮。

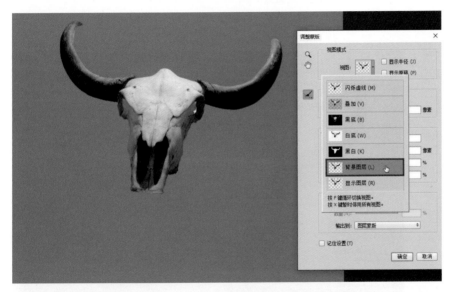

选择视图模式

弹出"调整蒙版"对话框，在"视图模式"选项组的"视图"下拉列表中选择一种最佳预览方式来查看边缘的修复状态，这里选择"背景图层"选项。

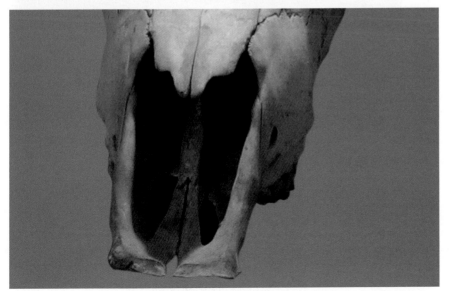

图像边缘有痕迹

放大图像观察，可发现图像边缘有一些痕迹。

在"调整蒙版"对话框中设置

接下来讲如何使边缘轮廓变得更加完美，以及如何去除边缘的线条等。在"调整边缘"选项组中设置"移动边缘"为"-14%"。"对比度"可以用来控制蒙版边缘的清晰度，使轮廓看上去更清晰。一般不增加"对比度"，以免使轮廓更加明显，只有在特定的时候才会增强该选项的数值，所以这里保持默认的"0%"。"羽化"即羽化蒙版边缘的柔和程度，一般可设置为1~2个像素，这里设置为"1.4像素"。"平滑"可用以柔化蒙版边缘拐弯的区域，通常这个选项不用开启，它主要起到柔化锯齿的作用，如果将锯齿消除，蒙版边缘会变得不那么分明，因此该选项要慎用。就本案例来说，边缘没有十分明确的有角度的边，可以增加"平滑"项至"7"。

在"输出"选项组中，有一个"净化颜色"复选框，该复选框的作用是去除边缘的紫边、红边、蓝边等，原理是将边缘的饱和度降低。此处勾选"净化颜色"复选框，可以看到照片上原本的红边被去除。"数量"选项用来设置去边的多少，这里设置为"62%"。

设置完成后，单击"确定"按钮，可以看到调整后的效果，边缘痕迹被去除，图像更加自然。

小提示

抠图时留下的白边或者背景的颜色，都可以通过"移动边缘"选项来快速去除。在前期抠图时，一定要尽量精确。当边缘有少量白边时，可以用这个方法去除。

调整后的效果

使用这种方法，可以快速将照片边缘的细节处理得更加到位，这种调整方法适合有硬朗边缘的画面，对于毛发等边缘，要采取其他的方法。接下来介绍对于毛发边缘，如何使用调整蒙版来进行快速、精确的选取。

女孩肖像：如何对毛发进行抠图

对于人像摄影作品，抠图时难点就在人物杂乱的发丝部位。利用选区是很难将发丝抠取出来的。在本案例中，我们将介绍一种利用蒙版边缘调整来抠取人物头发丝的技巧。

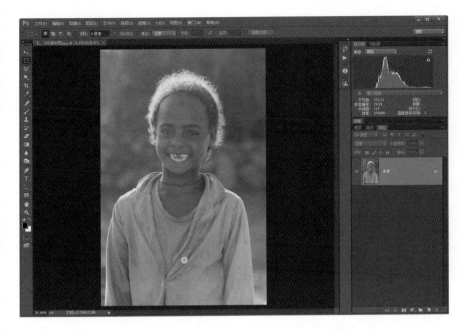

打开照片

无论抠图还是调色，第一步都应该将照片的明暗度调整到位，尽量减少颜色偏差。

创建"曲线"调整图层，调整画面对比度。

选择"蓝"通道，降低蓝色比例。

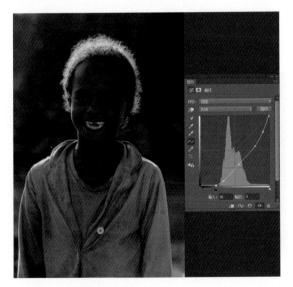

创建"曲线"调整图层调整对比度   在"蓝"通道中设置

选择"红"通道，增加红色比例。

创建"曲线"调整图层，提高人物脸部的亮度。

在"红"通道中设置

创建"曲线"调整图层提亮画面

创建"色相/饱和度"调整图层,降低"饱和度"至"-30"。

调整完成后,单击"图层"面板右上角的扩展按钮,在弹出的快捷菜单中选择"拼合图像"选项,则所有的图层拼合为一个图层。

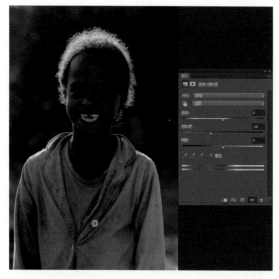

在"红"通道中设置

选择"拼合图像"选项

拼合为一个图层

接下来针对人物的边缘进行快速选取。选择"快速选择工具",将人物大致选中。这种方法比较适合主体与背景反差比较大的照片。

在"图层"面板中选中"背景"图层,按住鼠标左键拖动该图层至"图层"面板下方的"创建新图层"按钮 上,即可新建一个"背景 拷贝"图层。

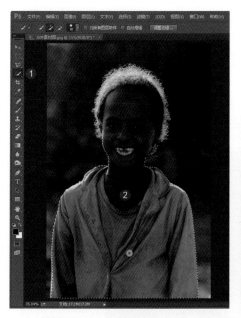

使用"快速选择工具"选择人物　　　　拖动图层至"创建新图层"按钮上　新建一个图层

在"图层"面板下方单击"添加图层蒙版"按钮，为该图层添加一个图层蒙版。

单击"添加图层蒙版"按钮　　　　为图层添加图层蒙版

双击蒙版，打开"蒙版"工具，单击"蒙版边缘"按钮。

双击蒙版　　　　　　　　　　单击"蒙版边缘"按钮

弹出"调整蒙版"对话框后,在"视图模式"选项组的"视图"下拉列表中选择"叠加"选项,可以看到蒙版边缘的头发区域很粗糙。

在"调整蒙版"对话框左侧有一个"调整半径工具"按钮,单击该按钮,在Photoshop的选项栏中设置该工具的"大小"。设置适当的大小后,在头发边缘进行涂抹,软件会自动识别高光区域或色彩有区别的区域,只有当主体和背景有明显区别的时候,该工具才能进行准确的判断。

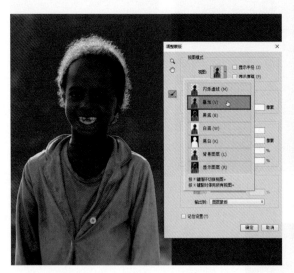

选择"视图模式"

使用"调整半径工具"涂抹头发边缘

小提示

对于某些没有涂抹好的区域,例如人物耳朵下方的区域,可以在"调整蒙版"对话框中右击"调整半径工具",在弹出的选项中选择"抹除调整工具",或者在Photoshop的选项栏中单击"抹除调整工具"按钮。

利用该工具沿人物头发边缘涂抹,涂抹后效果很好。这种方法适合抠取边缘有毛发的物体,如头发、毛绒绒的衣服、动物等。

涂抹后的效果

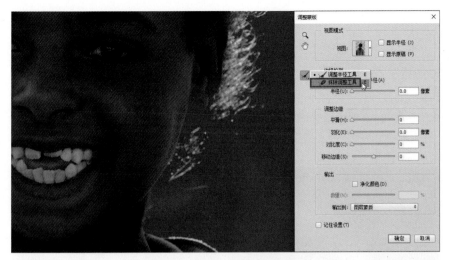

选择"抹除调整工具"

然后在画面中没有涂抹好的区域上涂抹，就可以将这块区域涂抹回原始状态，然后利用"调整半径工具"![icon]重新涂抹。

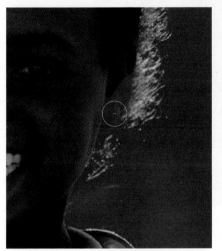

在没有涂抹好的区域上涂抹

涂抹回原始状态

在"视图模式"选项组中勾选"显示半径"复选框，可以看到涂抹区域的半径。

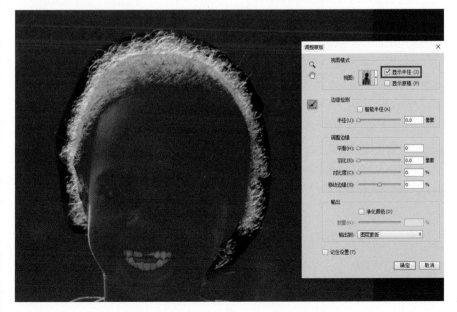

查看涂抹区域的半径

小提示

除了上面介绍的方法外，还有一种简单快捷的方法可以用来快速识别物体边缘。返回抠取出的人物最初的状态，在"边缘检测"选项组中，有一个"智能半径"复选框，勾选该复选框后，软件会进行智能识别，从而节约手动涂抹的时间。

增大"半径"，软件会自动根据选区边缘识别哪些是用户需要的，哪些是不需要的，这样就可以很轻松地将毛发抠取出来。当然，如果识别不准确的话，还要用"调整半径工具"进行手动修改。

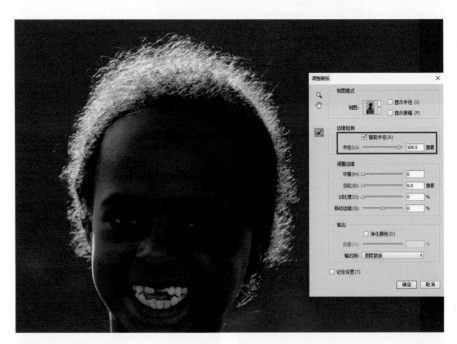

利用"智能半径"自动
抠取毛发

抠取头发丝时不能开启"平滑"选项，否则毛发边缘会被抹掉。"羽化"选项同样也不能开大，它也会抹掉边缘。可以开启1个像素左右，这里设置为"1.7像素"。

"对比度"可以根据需要去增强，设置得过大时，毛发边缘会变得很清晰，效果不好，因此这里保持默认的"0%"。"移动边缘"选项可以用来去除一些毛发周边的黑色像素，这里设置为"-33%"。

如果照片的背景是红色、蓝色或绿色，可以勾选"净化颜色"复选框，而如果背景是黑色、白色、灰色，那么该选项就不起作用了，因为黑、白、灰是中性色，不存在色彩，勾选"净化颜色"选项可以去除周边颜色的饱和度，而黑、白、灰不存在饱和度的概念。这张照片的背景不是纯黑色，而是带有一些色彩，因此勾选"净化颜色"复选框，设置"数量"为"86%"。设置完成后，单击"确定"按钮。

这样就得到了完美的抠图效果，自动创建了"背景 拷贝2"图层，可以将该图层与其他图像进行合成了。

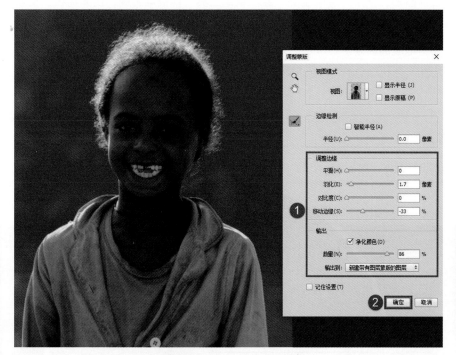

在"调整蒙版"对话框中设置其他参数

自动创建了抠取画面的图层

　　打开任意一张背景图，使用"移动工具"将刚才创建的"背景 拷贝2"图层拖动至背景图中，可以看到，抠出的人物边缘没有任何痕迹。

抠图的效果

　　遇到边缘有毛发的图像，如果利用"套索工具""快速选择工具"和"钢笔工具"都无法进行精确抠取，那么就使用"蒙版边缘"进行完美抠取。

对于抠取复杂图形，使用"套索工具"或"钢笔工具"都很难实现，例如树枝、头发以及其他复杂图形等，这时除使用"蒙版边缘"调整之外，还可以使用"通道"使其从背景中完美地脱离出来。

Ps

10

通道抠图

10.1 通道精细抠图的基本技巧

春风又绿江南岸：抠取杂乱的树枝树叶

打开下面这张照片。我们要让树枝和树叶从水面脱离出来，以便用这些元素与其他照片进行合成。具体操作是借助于通道制作出精确的选区，将树枝和树叶抠选出来。

下面来看怎样利用通道抠图。

打开照片

打开"通道"面板，选择"红"通道。主体与背景的对比并不是很强烈。接着查看"绿"通道，对比也不是很强烈。最后查看"蓝"通道，在该通道中，树叶和树枝与背景的明暗对比强烈，因此选择"蓝"通道进行加工。

查看"红"通道

查看"绿"通道

查看"蓝"通道

不管用何种通道抠图方法，都是查找对比度最大的那个通道进行调整、修改，从而实现主体与背景分离，将主体抠取出来。现在我们已经知道，"蓝"通道的对比度最大，因此需要复制"蓝"通道进行操作。如果不复制该通道直接修改，会破坏照片，使照片偏色。选中"蓝"通道，按住鼠标左键拖动该通道至"通道"面板下方的"创建新通道"按钮 上，即可新建一个"蓝 拷贝"通道。

拖动通道至"创建新通道"按钮上　　新建一个通道

小提示

在照片没有经过任何调整的情况下，用载入选区的方法载入照片，会得到什么结果呢？选中"蓝"通道，单击"通道"面板下方的"将通道作为选区载入"按钮 ，可以看到选区已经创建出来了，画面中白色与灰色部分都被选中了，但是实际情况是这样吗？

在通道中，白色可以全部选中，黑色是完全不能选中的，灰色表示选中半透明的效果，因此黑、白、灰是通道的核心，如果不理解黑、白、灰在通道抠图中的作用，就很难使用通道抠图。

单击"将通道作为选区载入"按钮　　创建选区

272

选中"RGB"通道，返回"图层"面板，使用"移动工具"将选区拖动至目标照片中，生成"图层1"。单击"背景"图层前面的"指示图层可见性"按钮 ，将该图层隐藏为不可见。可以看到创建的选区中树枝和树叶是全部透明的，这意味着刚才没有选中树枝和树叶，水面是半透明的，意味着我们选中了水面的一半，为什么会出现这种情况呢？这是因为通道没有处理我们想要的效果。在刚才的通道中，水面是灰色的，树叶是深灰色的，没有达到不需要的全黑、需要的全白的效果，因此得到了半透明与透明效果，没有得到想要的效果。

选中"RGB"通道

隐藏"背景"图层查看效果

我们想要选取树枝和树叶，而树枝和树叶不是白色的，只有白色才可以完全选取。水面是白色的，但是我们不想选取水面，此时应将画面中的黑白颠倒过来，让不需要选取的水面变成黑色，让需要选取的树枝和树叶变成白色。此时应对画面进行反相操作。

在 Photoshop 的菜单栏中选择"图像 – 调整 – 反相"选项，即可对画面进行反相操作。

选择"反相"选项

对画面进行反相操作

树枝和树叶变成白色，水面变成深灰色，虽然色彩看起来已经到位，但实际上它们和纯白色及纯黑色相差很远，因此即便进行反相操作，也不能获得想要的效果，这时需要用相关的工具进行调整。通常来说，编辑通道的工具有两大类，一种是亮度调整工具，例如"曲线""色阶"，用以进行画面整体范围的修改；另一种是使用黑色或白色的"画笔"来进行涂抹，或使用加深或减淡工具进行修复。

选择菜单栏中的"图像 – 调整 – 曲线"选项，打开"曲线"对话框，加深暗部，让不需要的水面变成全黑。

选择"曲线"选项

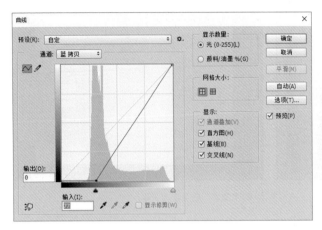

在"曲线"对话框中调整

调整后的效果

这里有一个问题，显示器显示的色彩是不精确的，可能肉眼观察到画面已经变为全黑色，但实际上这个色彩不一定为全黑色。这时可以单击 Photoshop 右侧窗口区域的"信息"按钮 ⓘ，打开"信息"面板，然后让鼠标停留在画面中要判断是否是纯黑色的区域，这时可以在"信息"面板中看到 C、M、Y、K 值，此时 K 值显示为"73/100%"，这个"73"代表修改前此处的黑色百分比，而"100"表示修改后变为了纯黑色。

让鼠标停留在其他要转为纯黑色的区域，如果 K 值后面的数值没有达到 100，表示相应区域没有变为纯黑色，就应该将这些区域变为纯黑色。比如下图中所选区域，调整前亮度为"64"，调整之后为"91"，没有变为全黑。

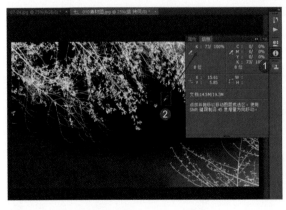

查看"信息"面板中的 K 值

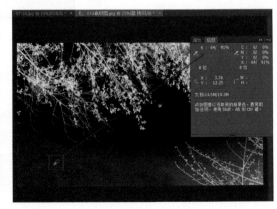

该区域没有变为纯黑色

这时又遇到问题，既然有的区域已经为纯黑色，那么如果将其他没有变为纯黑色的区域转为纯黑色，已经为纯黑色的区域周边的树枝细节和边缘就会丢失很多。在这种情况下，不能大幅度调整曲线，应该循序渐进，如果大部分区域已经变为纯黑色，那么就单击"确定"按钮关闭"曲线"对话框，然后对没有变为纯黑色的区域制作选区再进行调整。

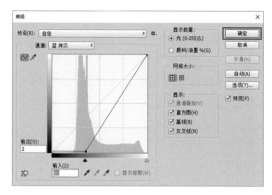

单击"确定"按钮

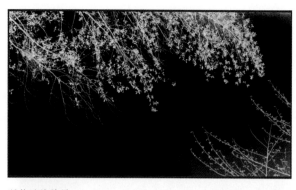

调整后的效果

选择"多边形套索工具"，对没有变为纯黑色的区域做一个大致的选区，然后选择菜单栏中的"图像－调整－曲线"选项，打开"曲线"对话框，加深暗部，并时时查看"信息"面板中的K值，将大部分暗部区域调整至纯黑色后，单击"确定"按钮。按 Ctrl+D 快捷键取消选区。

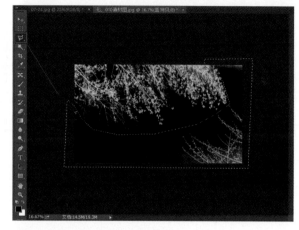

利用"多边形套索工具"制作选区

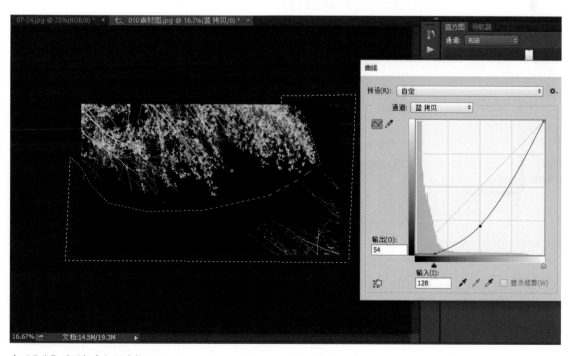

在"曲线"对话框中加深暗部

对于画面右上角和右下角没有变为纯黑色的小部分区域,可以选择"画笔工具",设置前景色为纯黑色,在选项栏中设置"不透明度"和"流量"都为"100%",在画面中没有变为纯黑的区域进行涂抹,注意不要影响主体边缘。画面右下角的树枝可以直接涂抹掉,因为这部分区域是我们不需要的。完成以上操作后,黑色部分就变为纯黑色,而白色的树枝和树叶不是纯白色。

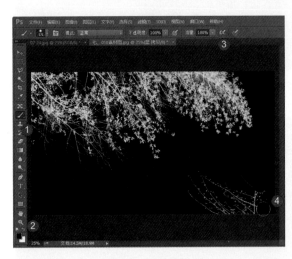

使用"画笔工具"涂抹没有变为纯黑色的区域

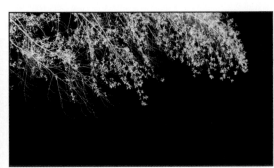

涂抹后的效果

选择菜单栏中的"图像-调整-曲线"选项,打开"曲线"对话框,提升亮部,让树枝变为纯白色,纯白色在 K 值中表现为后面的数值为 0。树枝的边缘部位有可能调整不到纯白色,因为它与环境有一些关联,这部分区域允许呈现出半透明的状态,是可以带有灰色的。调整完成后,单击"确定"按钮关闭"曲线"对话框。

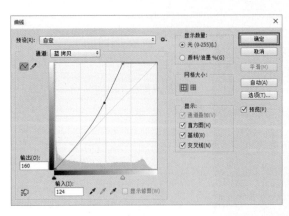

在"曲线"对话框中提升亮部

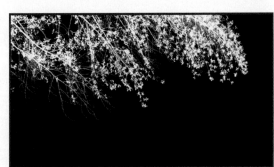

设置后的效果

此时,这张照片已经变得黑白分明了。单击"通道"面板下方的"将通道作为选区载入"按钮,可以看到选区已经创建出来了。

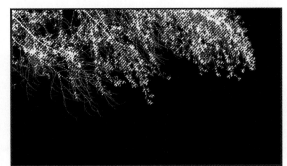

单击"将通道作为选区载入" 载入选区
按钮

选中"RGB"通道，返回"图层"面板，可以看到目前选中了树叶和树枝区域。使用"移动工具"将选区拖动至目标照片中，生成"图层 1"，单击"背景"图层前面的"指示图层可见性"按钮 👁，将该图层隐藏为不可见，可以看到抠出来的树叶和树枝选区很完美。

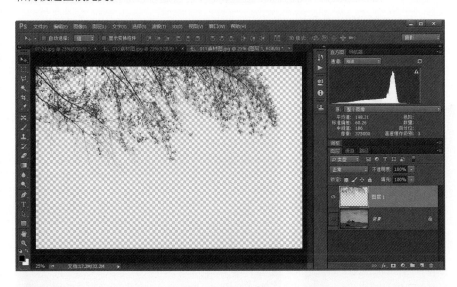

查看抠取的树叶和树枝

选择"自由变换"选项　对素材进行放大

将素材移动到合适的位置，素材面积小，因此在菜单栏中选择"编辑-自由变换"选项，按住 Shift 键拖动素材右下角的锚点对其进行放大操作，使素材符合需求。操作完成后，双击画面完成变形操作。

放大照片观察，可以看到少部分树枝的细节丢失了，这是在所难免的。如果素材出现白边、黑边等现象，可以进行修复。对于白边现象，可选择菜单栏中的"图层－修边－移去白色杂边"选项，加粗或去除白色的边缘。

选择"移去白色杂边"选项　　　　去除白色的边缘

对比一下可以看到，没有去边之前树枝很细，不够明显，移去白色杂边后边缘变粗了，白边也被去除了。

去边之前

去边之后

小提示

如果使用"移去白色杂边"选项效果不理想，可以选择菜单栏中的"图层－修边－去边"选项，则会弹出"去边"对话框，一般来说，设置"宽度"为"1像素"，单击"确定"按钮，即可将白边去除。浅色的边缘通常使用这种方法进行处理。

这就是通道抠图最基本的原理。

秋日胡杨：复杂场景的通道抠图法

接着看下一个案例。打开下面这张照片，借助通道分析和调整让这张照片的主体与背景分离。在抠图之前，首先要将画面的对比度和亮度调整到位，在"直方图"面板中可以看到，这张照片的直方图已经到位。

打开照片查看直方图

接下来，切换到"通道"面板，查看哪个通道中的主体与边缘对比度最大。在"红"通道中，背景与树叶混在了一起，显然不理想。

查看"红"通道

在"绿"通道中，树叶和背景略微分开，但仍旧不太理想。

查看"绿"通道

在"蓝"通道中，树叶的轮廓和背景完全区分开了，而且反差很大，因此，选择"蓝"通道进行调整。

查看"蓝"通道

选中"蓝"通道，按住鼠标左键拖动该通道至"通道"面板下方的"创建新通道"按钮 上，即可新建一个"蓝 拷贝"通道。

拖动通道至"创建新通道"按钮上　　新建一个通道

我们需要抠取的大树目前是黑色的，天空是白色的，由于在通道中黑色是不能选中的，白色是可以全部选中的，因此需要将通道反相，让主体变为白色，让不需要的天空变为黑色。在菜单栏中选择"图像－调整－反相"选项，即可让画面反相。可以看到，树枝和树叶变成白色，水面变成深灰色。

选择"反相"选项

对画面进行反相操作

接下来，选择菜单栏中的"图像－调整－曲线"选项，打开"曲线"对话框，加深暗部，注意调整的幅度不要太大，否则树枝的细节会丢失。调整过程中查看"信息"面板中的K值，将主体周边的区域调整为纯黑色即可，然后单击"确定"按钮关闭"曲线"对话框。

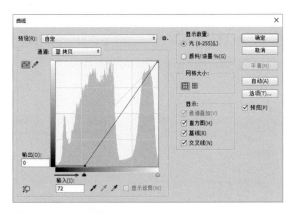

在"曲线"对话框中加深暗部

设置后的效果

对于画面上方没有调整到位的区域，利用"多边形套索工具"将这部分区域制作为选区，然后选择菜单栏中的"图像 – 调整 – 曲线"选项，打开"曲线"对话框，加深暗部，当选区下方的区域变为纯黑色后，单击"确定"按钮关闭"曲线"对话框，按 Ctrl+D 快捷键取消选区。

利用"多边形套索工具"制作选区

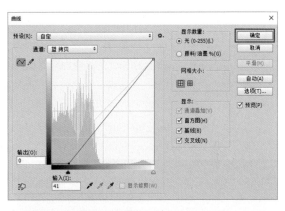

在"曲线"对话框中加深暗部

继续利用"多边形套索工具"选中没有变为纯黑色的区域，然后选择菜单栏中的"图像 – 调整 – 曲线"选项，打开"曲线"对话框，再一次加深暗部，调整到合适的状态，然后单击"确定"按钮关闭"曲线"对话框，按 Ctrl+D 快捷键取消选区。

继续利用"多边形套索工具"制作选区

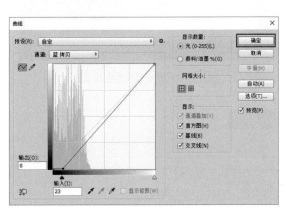

在"曲线"对话框中加深暗部

继续利用"多边形套索工具"选中树叶最高处上方的区域，选择菜单栏中的"图像 - 调整 - 曲线"选项，打开"曲线"对话框，加深暗部，使这部分区域变为纯黑色，然后单击"确定"按钮关闭"曲线"对话框，按 Ctrl+D 快捷键取消选区。

继续利用"多边形套索工具"制作选区

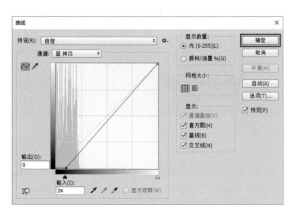

在"曲线"对话框中加深暗部

对于画面上方与主体区域距离较远的区域，可以选择"画笔工具"，设置前景色为黑色，在选项栏中设置"不透明度"和"流量"为"100%"，在这部分区域进行涂抹，使其变为纯黑色。

最后，在"信息"面板中检查树枝周边区域是否全部调整为纯黑色，对于没有变为纯黑色的区域，可以选择"加深工具"，在选项栏中设置"范围"为"阴影"，"曝光度"设在 26% 左右，在这些区域进行涂抹，使其变为纯黑色。

使用"画笔工具"涂抹没有变为纯黑色的区域

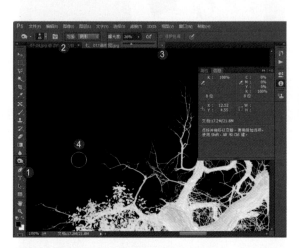

使用"加深工具"涂抹没有变为纯黑色的区域

小提示

"加深工具"和"减淡工具"主要用来调整一些复杂区域，如"选区工具"调整不到的区域，或"画笔工具"不好涂抹的区域。

这样，背景的上半部分就都调整为纯黑色了，而地面上的一些区域还没有变为纯黑色。这时选择"画笔工具"，设置前景色为黑色，在选项栏中设置"不透明度"和"流量"为"100%"，在地面上要调整的区域中涂抹，注意不要涂抹到主体上。

对于背景与主体相交的区域，可以利用"加深工具"进行涂抹，使其变为纯黑色。

使用"画笔工具"涂抹地面区域

使用"加深工具"涂抹交界处

　　如果不想选择某个区域，可以利用"多边形套索工具"将这个区域制作为选区，然后在选区内单击鼠标右键，弹出快捷菜单后选择"羽化"选项，弹出"羽化"对话框后设置"羽化半径"为"3.3 像素"，单击"确定"按钮。

　　然后选择"画笔工具"，在选区的保护下进行涂抹，这样不会影响到其他区域。涂抹完成后，按 Ctrl+D 快捷键取消选区。

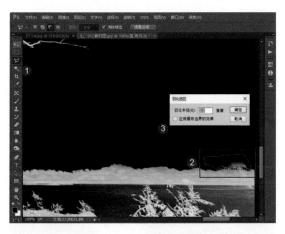
利用"多边形套索工具"制作选区并进行羽化

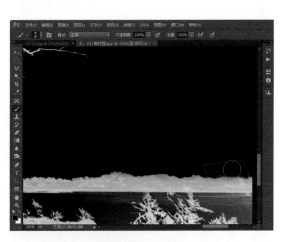
使用"画笔工具"涂抹选区

　　接下来调整白色区域，使其变为纯白色。选择菜单栏中的"图像 – 调整 – 曲线"选项，打开"曲线"对话框，提亮高光，需要注意的是，不要一次性将白色区域变为纯白，那样会使树叶边缘出现痕迹。调整到合适的程度后，单击"确定"按钮关闭"曲线"对话框。

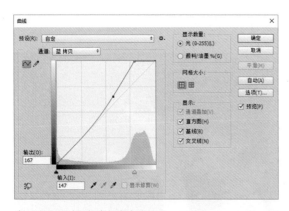

在"曲线"对话框中提亮高光

调整后的效果

对于树干区域没有变为纯白色的区域，可以选择"减淡工具"，在选项栏中设置"范围"为"高光"，然后设置合适的画笔大小在这部分区域进行涂抹。要注意，主要减淡的是树干部分，树叶部分本身就有一些暗部，不能进行减淡处理。

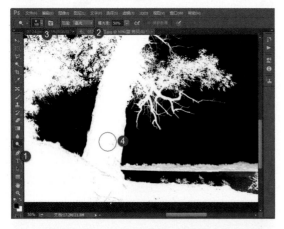

使用"减淡工具"在没有变为纯白色的区域涂抹

由于要保留右下角的水面区域，因此这部分也需变为纯白色。选择"画笔工具"，设置前景色为白色，在水面区域进行涂抹。

使用"画笔工具"涂抹水面区域

涂抹后的效果

这样选区就制作完成了，单击"通道"面板下方的"将通道作为选区载入"按钮，载入制作好的选区。

小提示

明暗反差不要太大，过渡要自然一些。否则会有明显的锯齿。

285

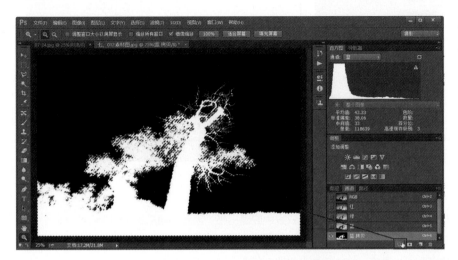

单击"将通道作为选区载入"按钮

选中"RGB"通道，返回"图层"面板。通常情况下，可以将制作好的选区复制出来，以进行更进一步的修改。

选中"RGB"通道

返回"图层"面板

选择菜单栏中的"编辑 – 拷贝"选项，然后选择菜单栏中的"编辑 – 粘贴"选项，这时就得到一个背景完全透明的画面，为"图层1"。也可以直接按键盘上的Ctrl+J快捷键，达到同样的效果。

选择"拷贝"选项

选择"粘贴"选项

生成新图层"图层1"

单击"背景"图层前面的"指示图层可见性"按钮，将该图层隐藏为不可见，可以看到画面的主体区域已经完美地从背景中脱离出来。

隐藏"背景"图层　　　　　　查看抠取的图像

通过精细的通道控制，我们能够让复杂的图像从背景中脱离出来，因此，通道对于创意合成来说十分重要。通道的使用是需要反复练习的，如果图像的边缘痕迹很重，那么一定是通道没有控制好。大家要通过反复练习去理解"纯黑色是完全不必要的，纯白色是必要的，灰色是半透明的"这种概念，即纯白色就是可见的，纯黑色是不可见的，灰色一般是轮廓的边缘，主要起过渡作用，如果灰色被处理得完全不存在了，图像抠出来之后边缘一定会有明显的锯齿和轮廓边，因此，通道调整中黑白灰的控制十分重要。没有反复的练习，就没有高超的抠图水平。练习时要使用各种不同类型的照片，将图像抠取得尽可能完美，这样才能掌握通道控制的技巧。

10.2　通道精细抠图的深度剖析

通道除了可用以抠取树枝、树叶等复杂图形，还可用以抠取毛发的边缘，如动物的毛、人物密集的发丝等。

室内人像：室内人物的发丝抠图

首先从最简单的室内人像抠图开始学习。打开下面这张照片，可以看到照片的背景很干净，这非常有利于抠图操作。麻烦在于人物左侧和右侧复杂的发丝部位。

打开照片

切换到"通道"面板，分别查看在"红""绿""蓝"三通道中，哪个通道主体的边缘与背景的对比度最大。可以看到，在"蓝"通道中，对比度更大一些。

选择"红"通道

查看"红"通道的效果

选择"绿"通道

查看"绿"通道的效果

选择"蓝"通道

查看"蓝"通道的效果

选中"蓝"通道，按住鼠标左键拖动该通道至"通道"面板下方的"创建新通道"按钮 上，即可新建一个"蓝 拷贝"通道。

拖动通道至"创建新通道"按钮上　　　新建一个通道

此时的人物头发是黑色的，而白色才是能够选取的，因此要对图像进行反相操作。在菜单栏中选择"图像 – 调整 – 反相"选项，即可让画面反相。可以看到，画面的黑白已经颠倒。

288

选择"反相"选项　　　　　　　　对画面进行反相操作

要将背景变为纯黑色，首先通过"信息"面板查看背景中最黑的区域，从 K 值的变化可以知道人物周边的下半部分比较黑，找到最黑的点，此处 K 值为"86"，其他位置一般在 80~85。因此我们选定亮度为"86"的位置。

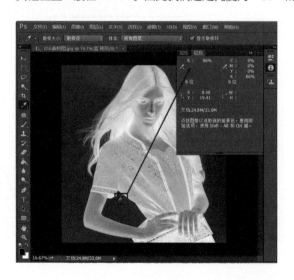

通过"信息"面板查看
背景最黑的点

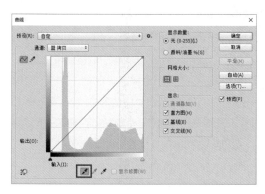

在"曲线"对话框中单击 ✎ 按钮

在画面中单击背景最黑的点

选择菜单栏中的"图像－调整－曲线"选项，打开"曲线"对话框。然后在"曲线"对话框下方单击"在图像中取样以设置黑场"按钮 ✎，在画面中单击背景中最黑的区域。

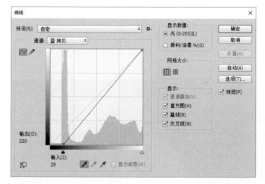

"曲线"自动加深暗部

单击处变为纯黑色

这时"曲线"自动加深暗部，且将单击处变为纯黑色。

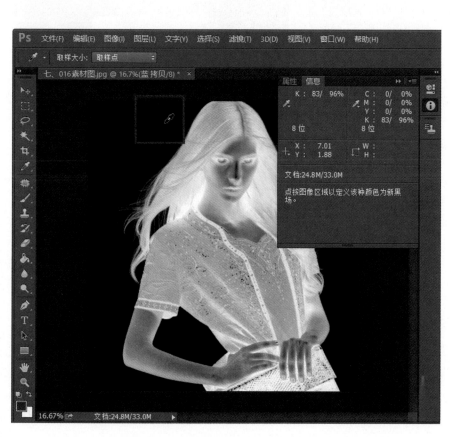

在"信息"面板中查看，发现背景的上半部分还没有变为纯黑色。单击"确定"按钮关闭"曲线"对话框。

背景的上半部分还没有变为纯黑色

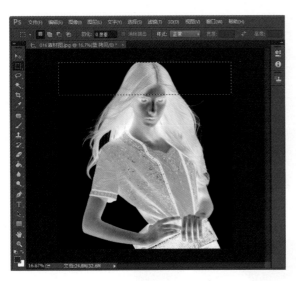

利用"矩形选框工具"将画面的上部制作为选区，继续选择菜单栏中的"图像－调整－曲线"选项，打开"曲线"对话框。单击"在图像中取样以设置黑场"按钮 ✏️，在选区的背景上单击，查看"信息"面板中黑色的 K 值，可以看到 K 值变为"100"或"99"，这时背景基本变为纯黑色。单击"确定"按钮关闭"曲线"对话框。按 Ctrl+D 快捷键取消选区。

利用"矩形选框工具"制作选区

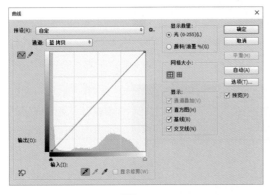

在"曲线"对话框中单击 ✏️ 按钮

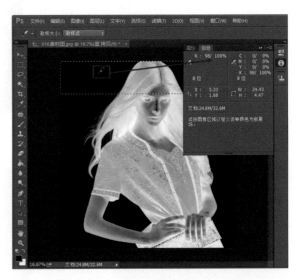

在选区的背景上单击

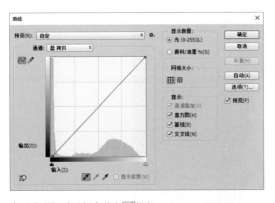

在"曲线"对话框中单击 ✏️ 按钮

接着，将画面中的主体调整为纯白色，再次选择菜单栏中的"图像－调整－曲线"选项，打开"曲线"对话框，单击"在图像中取样以设置白场"按钮 ✏️。

在画面中最亮的浅色上单击，这样单击处变为纯白色。适当降低中间调，降低中间调的目的是使轮廓边不被调得太白，以免产生锯齿。

继续在较亮的浅色上单击，这样反复操作数次。操作过程中，要注意查看主体的边缘是否变得太白。然后适当降低中间调，单击"确定"按钮关闭"曲线"对话框。

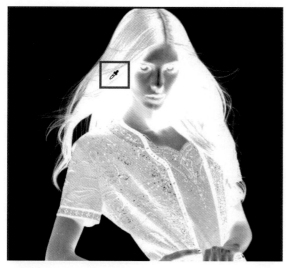

在画面中最亮的浅色上单击

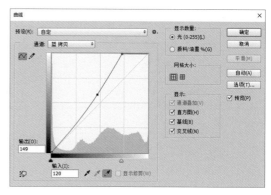

单击处变为纯白色

放大图像观察，发丝边缘要保持半透明状态。如果边缘区域调整得过白，就会出现锯齿。在通道控制中，最难掌握的就是对于灰度的控制，而不是黑白的控制。

接下来继续让主体不白的区域变白。选择"多边形套索工具"，大致选中人物头发区域的内轮廓，用右键单击选区，在弹出的快捷菜单中选择"填充"选项，弹出"填充"对话框后在"内容"选项组的"使用"下拉列表中选择"白色"选项，在"混合"选项组的"模式"下拉列表中选择"正常"选项，然后单击"确定"按钮。这样选区内就被填充上纯白色了，按 Ctrl+D 快捷键取消选区。

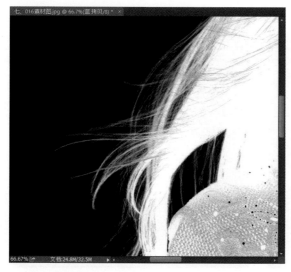

查看发丝边缘

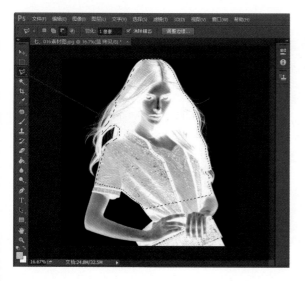

在"填充"对话框中设置

利用"多边形套索工具"选中头发的内轮廓

小提示

人物的头发已经抠好了，但人物的身体区域还没有做好，这里需要单独控制身体区域，即一个图层抠取头发，另一个图层抠取身体，这样才能将人物抠好。

选区内填充上纯白色

单击"通道"面板下方的"将通道作为选区载入"按钮，载入制作好的选区。

单击"将通道作为选区载入"按钮

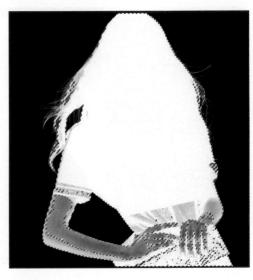

载入选区

选中"RGB"通道，返回"图层"面板。选择菜单栏中的"编辑－拷贝"选项，然后选择菜单栏中的"编辑－粘贴"选项，就得到了一个背景完全透明的画面，为"图层1"。单击"背景"图层前面的"指示图层可见性"按钮，将该图层隐藏为不可见，可以看到人物的头发已经被完美地抠取出来，但是身体还没有做到位。

隐藏"背景"图层

查看抠取效果

选中"背景"图层，单击"背景"图层前面的"指示图层可见性"按钮，将该图层显示出来。

选择"钢笔工具"，对人物身体区域制作精确的路径，按 Ctrl+Enter 快捷键将路径转化为选区。"钢笔工具"的使用方法在前面已经介绍过，不会使用的读者可以返回前面再次学习。

显示"背景"图层

使用"钢笔工具"在身体区域制作路径

将路径转化为选区

选择菜单栏中的"编辑－拷贝"选项，然后选择菜单栏中的"编辑－粘贴"选项，即可得到背景透明的人物身体画面，为"图层 2"。隐藏"背景"图层，这时可以看到工作区中照片的状态，人物头发部分与身体的绝大部分已经被抠取出来了。

生成新图层"图层 2"

隐藏"背景"图层

查看抠取的效果

选中"图层2"，
对于人物手臂与身体
之间的区域，可以使
用"快速选择工具"
将其快速制作为选区。

选中"图层2"　　　　　使用"快速选择工具"制作选区

用右键单击选区，在弹出的快捷菜单中选择
"羽化选区"选项，打开"羽化选区"对话框，设
置"羽化半径"为"1像素"，单击"确定"按钮。
按键盘上的Delete键将选区的内容清除。按
Ctrl+D快捷键取消选区。通过两次抠图，即可将
人物抠取出来。

设置羽化半径　　　　　将人物抠取出来的效果

按住Ctrl键同时选中"图层1"
和"图层2"，单击"图层"面板
右上角的扩展按钮，在打开的扩
展菜单中选择"合并图层"选项，
即可将人物头发与身体两个图层合
并为一个图层。

选择"合并图层"选项　　　　将人物头发与身体合并为一个图层

打开背景照片，使用"移动工具"将背景拖向人物图像，生成"图层 2"，目前背景图像盖住了人物图像。在"图层"面板中，将"图层 2"拖动至"图层 1"的下方。

移动图像并改变图层顺序

背景图像面积过小，因此选择菜单栏中的"编辑 – 自由变换"选项，然后按住 Shift 键向外拉伸对角线的锚点，放大图像。双击画面完成变形操作。

选择"自由变换"选项

放大图像

在"图层"面板中，选中"图层 1"，放大图像观察，人物的边缘区域有白边，而且边缘处的发丝也不是很清晰，这是因为边缘处的半透明度太高了。这时可以复制图层，让两个图层叠加，使发丝更明显。选中"图层 1"，按住鼠标左键拖动该图层至"图层"面板下方的"创建新图层"按钮 上，即可新建"图层 1 拷贝"图层。当然也可以按 Ctrl+J 快捷键直接复制图层。

小提示

此时，使用图层中的去边功能，也可以在一定程度上对白色的边缘进行修复，但这个方法在本例中效果并不好，因此我们使用的是复制图层的方法。

选择"图层1" 　　　新建一个图层

分别隐藏和显示"图层1拷贝"图层对比前后的效果，可以看到复制图层后，发丝边缘变得较为清晰。

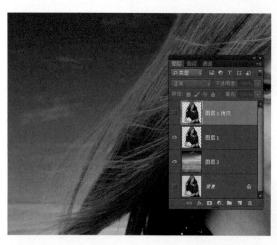

复制图层前的效果

复制图层后的效果

但这也会带来一定的问题，那就是人物边缘区域过于清晰了。选择"橡皮擦工具"，在人物边缘进行涂抹，擦除过于清晰的痕迹。

使用"橡皮擦工具"在人物边缘涂抹

擦除完成后，按住 Ctrl 键同时选中"图层 1"和"图层 1 拷贝"图层，单击"图层"面板右上角的扩展按钮 ，在打开的扩展菜单中选择"合并图层"选项，将两个图层合并为一个图层。

选择"合并图层"选项   将两个图层合并为一个图层

单击"图层"面板选项栏中的"锁定透明像素"按钮 ，然后选择"吸管工具"，吸取人物头发的颜色，这样前景色就被设置为头发的颜色。

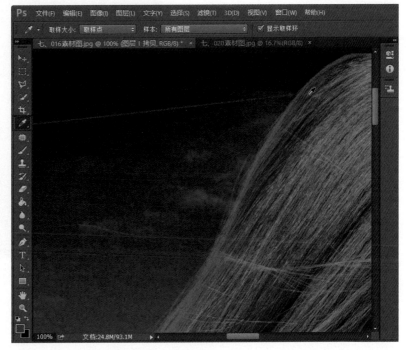

单击"锁定透明像素"按钮   使用"吸管工具"吸取人物头发的颜色

放大图像，选择"画笔工具"，在选项栏中设置"不透明度"为"25%"，在头发边缘有痕迹的轮廓边上进行涂抹，这时人物头发的边缘会覆盖上前景色。由于锁定了透明像素，因此透明的区域是不会被涂抹上颜色的，发丝边缘的区域不是透明的，可以涂抹上颜色，这样就可以增强边缘的颜色，其实这个过程也相当于为边缘去边。这种去边方法属于高级技巧，在抠图的过程中非常实用，但是涂抹时一定要注意，要涂抹边缘零散的、不容易抠取的头发丝区域，尽量不要涂抹到有细节的区域。而且，要随时根据涂抹区域周边的颜色去更改前景色。这就是通道的深入应用以及去边的高级技巧。

使用"画笔工具"涂抹头发边缘　　　　　　　　　　　　　　　处理后的效果

接下再来学习一个高级技巧。放大图
像的时候，可以看到图像的部分边缘抠得
不理想，看起来不是特别真实。对于这种
情况，可利用锁定透明像素的方法将边缘
调好，再一次单击"图层"面板选项栏中
的"锁定透明像素"按钮，关闭锁定透明
像素。选择"历史记录画笔工具"，用该
工具恢复边缘的细节。在选项栏中降低"不
透明度"和"流量"值，在发丝边缘涂抹，
可让处理过程中产生的粗糙边缘还原到初
始状态。

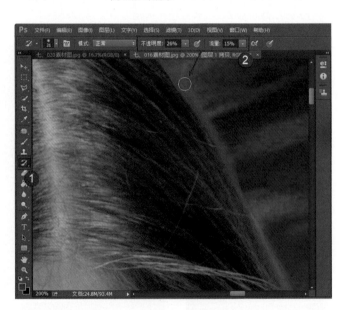

使用"历史记录画笔工具"在发丝边缘涂抹

小提示

为什么在这里能够使用"历史记录画笔工具"进行还原处理呢？因为我们始终是在一个画面中进行处理，使用"历史记录画笔工具"可以将涂抹过的区域还原到初始状态。抠图之后复制选区，然后将背景拖动至抠取的图像上，这样，对于抠取的图像边缘不理想的地方，可以使用"历史记录画笔工具"去还原，对于复杂图形来说，只要细心地还原，就可以获得非常好的边缘效果。

这就是用"历史记录画笔工具"快速还原边缘轮廓的方法，它可使边缘轮廓获得更加完美的效果。此时，如果人物身体部分的轮廓仍然存在一些不自然的情况，可以再次在图层中执行去边命令，让人物身体部分的边缘也变得更加理想。

处理后的效果

室外人像：复杂场景中的人物抠取

室内人像因为背景比较单一，一般是纯色，所以抠图的难度相对低一些。而室外复杂背景下的人像摄影作品，其抠图的难度就要大很多。但是，只要人物与周边环境存在一定的反差，就可以通过对通道的修改，合理、准确地将主体从背景中抠取出来。

打开照片

切换到"通道"面板，查看"红""绿""蓝"三个通道中，哪个通道的对比度最大。可以看到，"红"通道中，人物的头发更亮，与背景区别更大。

查看"红"通道　　　　　　查看"绿"通道　　　　　　查看"蓝"通道

选中"红"通道，按住鼠标左键拖动该通道至"通道"面板下方的"创建新通道"按钮 🔲 上，即可新建一个"红 拷贝"通道。

拖动通道至"创建新通道"按　　新建一个通道
钮上

由于人物头发的轮廓本身就是白色的，因此这里不需要反相。选择菜单栏中的"图像 - 调整 - 曲线"选项，打开"曲线"对话框。

单击"在图像中取样以设置黑场"按钮 🖋，在头发边缘最黑的背景区域上单击，先将最黑的区域变为纯黑色，然后再根据具体情况进行操作。单击后，最深的区域变为纯黑色，但只有这一块小小的区域变为纯黑色。

单击 🖋 按钮后在头发边缘最黑的背景区域上单击

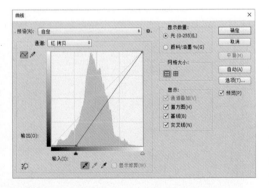

"曲线"自动将单击处变为纯黑色

这时，单击第二黑的区域，让这块区域也变为纯黑色。为了避免调整面积过大，可以适当损失一点点边缘细节。单击"确定"按钮关闭"曲线"对话框。

单击第二黑的区域

让单击处变为纯黑色

　　选择"加深工具"，在选项栏中设置"范围"为"阴影"，在头发周边进行涂抹，加深这部分区域。这张照片调整起来相对比较困难，制作选区会比较烦琐，由于要调整的面积不大，可以不制作选区，直接使用"加深工具"来调整，会比制作选区更加快捷。

使用"加深工具"在头发周边涂抹

将头发周边变为纯黑色

　　涂抹后，人物头部的轮廓边缘已经做出来了。选择"多边形套索工具"，将人物头部制作为选区，然后用右键单击选区，在弹出的快捷菜单中单击"选择反向"选项，反向选择选区。

使用"加深工具"在头发周边涂抹

将头发周边变为纯黑色

这个步骤中，只需要保留人物头部，将头部以外的区域填充上黑色。用鼠标右键单击选区，在弹出的快捷菜单中选择"填充"选项，弹出"填充"对话框后在"内容"选项组的"使用"下拉列表中选择"黑色"选项，在"混合"选项组的"模式"下拉列表中选择"正常"选项，单击"确定"按钮。这样选区内就被填充上纯黑色了。

选择"填充"选项

填充纯黑色

按Ctrl+D快捷键取消选区。选择菜单栏中的"图像－调整－曲线"选项，打开"曲线"对话框，提升高光，单击"确定"按钮。

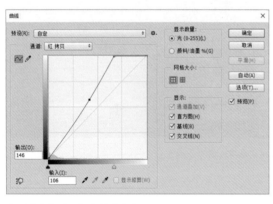

在"曲线"对话框中提升高光

提升高光的效果

单击"通道"面板下方的"将通道作为选区载入"按钮，载入制作好的选区。选中"RGB"通道，返回"图层"面板。

单击"将通道作为选区载入"
按钮

选中"RGB"通道

返回"图层"面板

选择菜单栏中的"编辑－拷贝"选项，然后选择菜单栏中的"编辑－粘贴"选项，得到一个背景完全透明的画面，作为"图层1"。当然，也可以按键盘上的Ctrl+J快捷键完成该操作。

单击"背景"图层前面的"指示图层可见性"按钮 ，将该图层隐藏为不可见，这时人物的头发外轮廓已经完美地抠取出来了，但是其他区域还没有做到位。

隐藏"背景"图层

查看抠取的头发外轮廓

选中"背景"图层

使用"快速选择工具"为人物大致做一个选区

选中"背景"图层，单击"背景"图层前面的"指示图层可见性"按钮，将该图层显示出来。选择"快速选择工具"，为人物大致做一个选区，注意选区不要包含头发的外轮廓。

选择"羽化"选项

小提示

如果选区包含了头部的一些外轮廓，可以选择"套索工具"，从选区中减去外轮廓的发丝部位。

设置"羽化半径"

用鼠标右键单击选区，在弹出的快捷菜单中选择"羽化"选项，弹出"羽化选区"对话框后设置"羽化半径"为"1像素"，单击"确定"按钮。

选择菜单栏中的"编辑－拷贝"选项，然后选择菜单栏中的"编辑－粘贴"选项，将刚才制作的选区抠取出来，生成"图层2"。也可以使用Ctrl+J快捷键进行操作。

选择"拷贝"选项

选择"粘贴"选项

生成新图层"图层2"

打开背景照片，使用"移动工具"将背景拖向人物图像，生成"图层3"，目前背景图像盖住了人物图像。在"图层"面板中，将"图层3"拖动至"图层2"的下方，人物就会合成到背景中。

将背景图像拖向人物图像

改变图层顺序

放大图像观察，可以看到人物头发的外轮廓比较粗糙，有些区域还是透明的。怎样让头发的外轮廓与其他区域衔接好呢？返回"图层2"，选择"历史记录画笔工具"，在选项栏中设置较大的"不透明度"和较高的"流量"，然后在头发的外轮廓上涂抹，使其还原到初始状态。

返回"图层2"

使用"历史记录画笔工具"在头发的外轮廓上涂抹

对于边缘处零散的头发，可以降低"流量"为"13%"并进行涂抹，使其与背景慢慢融合在一起。

对于脸部融合不理想的部分，需要设定硬画笔进行还原。如果画笔过软，边缘羽化太重，会让面部外侧也产生还原，效果不够理想。另外，在左侧的头发边缘部分要注意随时切换画笔的硬度，因为发丝部位还是有羽化的，需要比较软的画笔，在低透明度和流量下进行涂抹。

降低透明度涂抹边缘零散的头发

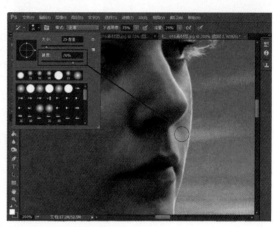
调整画笔硬度涂抹脸部

如果感觉发丝部位有些偏暗，轮廓不够清晰，可以对发丝图层（即"图层1"）进行复制。选中"图层1"，按住鼠标左键拖动该图层至"图层"面板下方的"创建新图层"按钮 上，即可新建"图层1拷贝"图层。当然也可以按 Ctrl+J 快捷键来执行该操作。

选中"图层1"

新建一个新图层

复制图层后，发丝边缘变得清晰一些了。如果觉得过于清晰，可以在"图层"面板中降低"图层1拷贝"图层的"不透明度"至"64%"。如果某些局部还是太清晰，可以选中"图层1拷贝"图层，选择"橡皮擦工具"，在某些局部头发过多的区域涂抹。

这就是人物的精细抠图方法。虽然背景不是纯色的，但是通过控制通道和修复边缘，仍可使人物完美地从背景中脱离出来。

降低图层的"不透明度"后使用"橡皮擦工具"涂抹相应
区域

处理后的效果

婚纱人像：半透明衣物的抠取

接下来要学习的是对一些半透明衣物进行抠图。打开下面这张照片，可以看到婚纱边缘的很多区域是半透明的，对这些区域做抠图与人物发丝部位的抠图不同，它需要更为复杂的操作。

切换到"通道"面板，查看"红""绿""蓝"三个通道中，哪个通道的对比度最大。可以看到，"红"通道中人物与背景反差更大。

打开照片

查看"红"通道

"红"通道人物与背景反差最大

选中"红"通道，按住鼠标左键拖动该通道至"通道"面板下方的"创建新通道"
按钮 上，即可新建"红 拷贝"通道。

这个案例中，人物是白色的，在建立选区时能够保留下来，因此在调整"曲线"之前不需要进行反向处理。选择菜单栏中的"图像－调整－曲线"选项，打开"曲线"对话框。单击"在图像中取样以设置黑场"按钮，在画面背景中单击颜色第二深的区域，可以看到背景基本变黑。

拖动通道至"创建新通道"按钮

新建一个通道

使用按钮单击背景中颜色第二深的区域

背景基本变黑

单击"在图像中取样以设置白场"按钮，在画面中颜色第二浅的区域上单击。然后单击"确定"按钮关闭"曲线"对话框。

使用按钮单击背景中颜色第二浅的区域

人物基本变白

选择"加深工具"，在背景中没有变为纯黑色的区域涂抹，使其变为纯黑色，对于半透明的婚纱边缘，也使用"加深工具"加深，否则会损失过多的纹理。调整后，人物的轮廓基本制作完成。

使用"加深工具"涂抹背景中没有变为纯黑色的区域

单击"通道"面板下方的"将通道作为选区载入"按钮，载入制作好的选区。选中"RGB"通道，返回"图层"面板。

单击"将通道作为选区载入"
按钮

选中"RGB"通道

返回"图层"面板

选择菜单栏中的"编辑－拷贝"选项，然后选择菜单栏中的"编辑－粘贴"选项，得到一个背景完全透明的画面，为"图层1"。单击"背景"图层前面的"指示图层可见性"按钮，将该图层隐藏为不可见，这时人物的外轮廓已经被完美地抠取出，但是其他区域还没有做到位。

隐藏"背景"图层

人物的外轮廓抠取出来了

选中"背景"图层，单击"背景"图层前面的"指示图层可见性"按钮，将该图层显示出来。选择"快速选择工具"，快速地为人物的内轮廓制作一个大致的选区。由于不能过多地选到外轮廓，因此要结合使用"多边形套索工具"，从选区中去除外轮廓。选择"多边形套索工具"后，在选项栏中单击"从选区减去"按钮 █，然后去除外轮廓。

通常情况下，选区制作完成后，要对选区进行羽化。因为本例中我们在建立选区之前已经设定了羽化，所以这里就没有必要再进行羽化。

使用"快速选择工具"为人物的内轮廓制作选区

使用"多边形套索工具"去除外轮廓

选择菜单栏中的"编辑－拷贝"选项，然后选择菜单栏中的"编辑－粘贴"选项，将刚才制作的选区抠取出来，生成"图层2"。

抠取选区后生成"图层2"

打开背景照片，使用"移动工具"将背景拖向人物图像，生成"图层3"，目前背景图像盖住了人物图像。所以接下来在"图层"面板中，将"图层3"拖动至"图层2"的下方。

移动背景至人像图像

改变图层顺序

　　背景图像面积过小，因此选择菜单栏中的"编辑 – 自由变换"选项，然后按住 Shift 键向外拉伸对角线的锚点，放大图像。双击画面完成变形操作。

　　接下来修改人物婚纱的边缘。选中"图层 2"，选择"历史记录画笔工具"，在选项栏中降低"不透明度"至"45％"，"流量"为"80％"，使边缘慢慢融合，做到不留痕迹。

放大背景图像

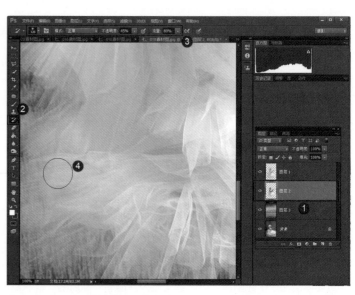

使用"历史记录画笔工具"涂抹婚纱边缘

　　可以看到，照片的背景太小了，画面显得过于拥挤，此时可以扩大画布。选择"裁剪工具"，选择"1∶1（方形）"的裁剪比例，向画布之外进行拖动，可以看到裁剪区域以外的像素也呈现出来了。将构图裁剪为正方形后，双击裁剪区域，完成裁剪。

利用"裁剪工具"扩大画布

扩大画布的效果

放大图像

变形后的效果

返回"图层3"，使用"移动工具"移动素材的位置，还可以选择菜单栏中的"编辑-自由变换"选项，然后按住 Shift 键向外拉伸对角线的锚点，继续放大图像。最后双击画面完成变形操作。

按住 Ctrl 键同时选中"图层1"和"图层2"，单击"图层"面板右上角的扩展按钮▤，在打开的扩展菜单中选择"合并图层"选项，即可将人物外轮廓与身体两个图层合并为一个图层。

选择"合并图层"选项

将两个图层合并为一个图层

单击"图层"面板下方的"添加图层蒙版"按钮 ，为该图层添加一个图层蒙版。选择"画笔工具"，在选项栏中设置"不透明度"为"47%"，在人物婚纱的下部进行涂抹，营造人物坐在草地上的感觉。

单击"添加图层蒙版"
按钮

使用"画笔工具"涂抹婚纱的下部

下面为人物制作投影。在"图层"面板中，按住 Ctrl 键的同时单击"图层 1"前面的图层缩览图，载入人物选区。

按住 Ctrl 键的同时单击
图层缩览图

载入人物选区

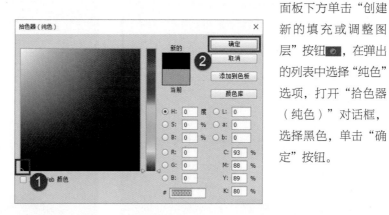

然后在"图层"面板下方单击"创建新的填充或调整图层"按钮，在弹出的列表中选择"纯色"选项，打开"拾色器（纯色）"对话框，选择黑色，单击"确定"按钮。

选择"纯色"选项　　　　　　　　在"拾色器（纯色）"对话框中选择黑色

　　这样就创建了一个纯色的"颜色填充1"调整图层，将该图层拖动至"图层1"的下方。

改变图层顺序　　　　　　　　查看创建的纯色层效果

　　选择菜单栏中的"编辑－自由变换"选项，对该纯色图层进行翻转、变换操作，模拟人物的影子，注意要根据光线的方向进行调整。调整完成后，双击画面完成变形操作。

对纯色图层进行变形操作

变形后的效果

在"图层"面板中降低该图层的"不透明度"至"54%"，然后在"设置图层的混合模式"下拉列表中选择"正片叠底"模式，使影子与草地完全融合在一起。

降低图层的"不透明度"并设置　　影子与草地融合在一起
图层的混合模式

最后虚化影子，双击"颜色填充1"图层中的蒙版，打开"蒙版"工具，适当提高"羽化"值，使影子变得柔和。

增强"羽化"值

照片中远处的影子比较浓，近处的影子比较淡，因此要为影子做渐变处理。在蒙版选中的状态下，选择"渐变工具"，设置前景色为黑色，选择"前景色到透明渐变"并使用"径向渐变"，降低"不透明度"至"50%"，在影子上做渐变拉伸，使其呈现出浓淡变化的效果。

使用"渐变工具"对影子进行渐变调整

渐变后的效果

小提示

人物的手部边缘比较粗糙，这是快速建立选区的时候操作不够细致导致的。在正式的照片后期处理当中，要认真仔细地将这些细节处理好。当然，现在我们依然可以对这部分进行处理。单击选中人物图层的缩览图，然后用"套索工具""魔棒工具"等选出漏掉的蓝色部分，然后按 Delete 键删除就可以了。

下面开始介绍 Photoshop 最精华的部分——选择。我们说 Photoshop 是一门选择的艺术，因为只有精确地做出选择，才能有合理的调整。任何一张照片都需要突出主体，强调兴趣中心，将某些局部的影调调整到合理的状态，就需要精确地选择。

一张照片要调整到位，就必须要找到照片的问题所在，然后快速、精确地选择要调整的部位或区域，再进行色调和影调的修饰。只有这样才能让照片焕发出与众不同的魅力。

11
色彩范围抠图

11.1　利用色彩范围抠图控制影调

水上家园：提亮特选区域的暗部展现细节

　　在下面的案例中，我们将介绍利用颜色范围来精确选择特定区域的方法，借此快速选中我们想要的区域，并进行一些特定的调整。首先打开下面这张照片。

打开照片

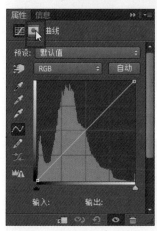

单击"蒙版"按钮

打开"蒙版"工具

　　如果要将画面的暗部适当提亮，可以创建"曲线"调整图层，在打开的面板中单击蒙版按钮，打开"蒙版"工具。

　　单击"颜色范围"按钮，弹出"色彩范围"对话框后在"选择"下拉列表中选择"阴影"选项，这意味着选中了画面的深色区域。在对话框下方的图像预览区中可以看到，白色代表选中的区域，黑色代表没有选中的区域，灰色代表选中了半透明状态。

　　在实际操作中，我们可以通过控制"颜色容差"，来决定选择多少暗部。容差代表选择面积的多少，这里将"颜色容差"设置为"8%"。"范围"代表暗部调整面积的大小，"范围"越大，选择的面积越宽；"范围"越小，选择的面积越窄。这里将"范围"设置为"21"。我们往往需要结合"颜色容差"和"范围"来做合适的调整，调整过程中要时时查看图像预览图，确保白色是要选择的区域。例如这张照片，我们要选中水面上的房子和小船，设置完成后，单击"确定"按钮。

打开"色彩范围"对话框　　　　　　在"色彩范围"对话框中设置

这时在"图层"面板中观察"曲线1"图层中的蒙版，蒙版中的白色区域就是刚才通过"颜色范围"选取的区域，这样就选中了画面中需要调整的暗部。在"属性"面板中单击"曲线"按钮，或者是在"面板"图层中双击"曲线1"图层前面的缩览图，可切换回到"曲线"工具，进行提亮。

双击"曲线1"图层缩览图　　　　　用"曲线"提亮

"颜色范围"的选取带有羽化功能，其选择区域相对来说也比较细致，能够深入到像素当中，把雷同的、临近的深色或浅色区域一并选中。因此即使不进行羽化，调整的区域也不会带有很明显的边界痕迹。从此时的效果图可以看到，暗部变亮，并且暗部与周边部分的过渡还是比较自然的。

利用"颜色范围"调整后的效果

要获得更加柔和的边界，可以再次双击"曲线1"图层中的蒙版，切换回蒙版调整界面，增加"羽化"值。调整过程中应时时注意边界问题，确保不留下白色的轮廓边，这里设置较小的"羽化"值。利用"颜色范围"的选取，我们快速调整了这张照片的暗部。

双击"曲线 1"图层缩览图　　　　　　增加"羽化"值

小提示

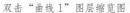

为了避免调整部分与周边未调整部分的边界出现白边，过渡不自然，可以使用较大的蒙版羽化或是较小的蒙版羽化。设定较大的蒙版羽化值，边界过渡会很自然，但调整效果会变弱；设定较小的蒙版羽化值，不会过多削弱调整效果。

　　针对暗部的调整，除了"阴影 / 高光"命令，还可以使用"颜色范围"进行调整，用"颜色范围"快速选中暗部，是一种常用的手法。

处理后的效果

异域风情：修饰调整区域与周边的自然过渡

　　打开下面这张照片。在这张照片中，我们将对背光人物的面部及背光的水面阴影进行提亮，从而确保作品的暗部细节清晰呈现，然后针对提亮暗部时产生的边缘失真问题进行调整。

打开照片

　　要调亮水面上的船只和人物，首先要创建"曲线"调整图层，在"属性"面板中单击"蒙版"按钮，打开"蒙版"工具，单击"颜色范围"按钮，弹出"色彩范围"对话框后在"选择"下拉列表中选择"阴影"选项，调整"范围"为"31"，调整"颜色容差"为"24％"，设置完成后单击"确定"按钮。

320

小提示

　"范围"设置不宜过大，否则会连背景一起选中。

单击"蒙版"按钮

单击"颜色范围"按钮

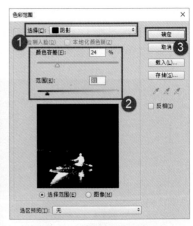

在"色彩范围"对话框中设置

　　双击"曲线 1"图层前面的缩览图，打开"曲线"工具进行提亮。这时暗部与周围区域的过渡有些不自然。

用"曲线"提亮

为了消除边界产生的过渡不自然现象，可以在"属性"面板中单击"蒙版"按钮，打开"蒙版"工具，增加"羽化"值至"6.0 像素"。

增加"羽化"值　　　　　羽化后的效果

对于某些不想修改的区域，如船只在水面上的投影，可以选中"曲线 1"图层中的蒙版，使用"画笔工具"，设置前景色为黑色，在选项栏中设置"不透明度"和"流量"都为"100%"，然后在船只的阴影部位进行涂抹，将其亮度还原。有时我们需要配合使用蒙版，再用"画笔工具"对某些不想修改的区域进行覆盖。

本例中，将小船右侧的倒影及前方的阴影擦拭出来，可以让主体人物和船只有更丰富的影调层次，画面的视觉效果更理想。

使用"画笔工具"涂抹
不想修改的区域

女孩肖像：选取高光区域并降低亮度

下面介绍选取高光部并进行调整的方法。

由于拍摄环境、光照效果以及景物反射率的影响，有时画面中的陪体亮度过高，导致主体不是很突出，那就需要进行必要的影调控制。

进行局部影调控制时，如果明确了要控制某个局部的影调，就可以用"颜色范围"精确选取这个区域。选择区域时，应按暗部、中间调以及高光进行划分。

打开下面这张照片，可以看到画面中柱子的亮度过高，它影响了人物脸部的亮度，此时可以用"颜色范围"来选取这根柱子，然后通过"曲线"降低它的亮度，使人物更加突出。

打开照片

首先创建"曲线"调整图层，双击"曲线1"图层中的蒙版，打开"蒙版"工具，单击"颜色范围"按钮，弹出"色彩范围"对话框后在"选择"下拉列表中选择"高光"选项，设置"范围"为"189"，在缩览图中观察，确保只选中柱子和墙壁等比较亮的区域，然后调整"颜色容差"为"26%"。调整过程中应合理控制"范围"与"颜色容差"，确保画面中不想选的区域在缩览图中是黑色的。调整完成后单击"确定"按钮。

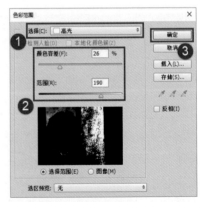

在"色彩范围"对话框中设置

小提示

这个"范围"可以根据直方图来理解，设置为"255"时选中了画面中全白的区域，设置为"0"时选中了画面中全黑的区域，也就是说，从最黑到最白全都可以被选中。

双击"曲线1"图层前面的缩览图，打开"曲线"工具，降低亮度，此时柱子和墙壁变暗了，但人物不受影响。

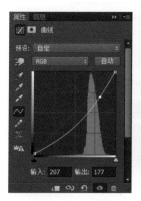

降低亮度　　　　　　　查看效果

柱子高光的部分被调暗了，但有些不够自然。此时可双击"曲线1"图层中的蒙版，打开"蒙版"工具，增加"羽化"值至"41.8像素"，使周边过渡自然。

增加"羽化"值　　　　　羽化后的效果

雪山旗云：调整局部的色彩及影调层次

打开右面这张照片，可以看到旗云的色彩有些单调，我们要选择这片旗云，对其色调进行一些调整，增强这部分的表现力。

打开照片

创建"曲线"调整图层，双击"曲线 1"图层中的蒙版，打开"蒙版"工具，单击"颜色范围"按钮，弹出"色彩范围"对话框后在"选择"下拉列表中选择"高光"选项，设置"范围"为"86"，设置"颜色容差"为"16%"，然后单击"确定"按钮。

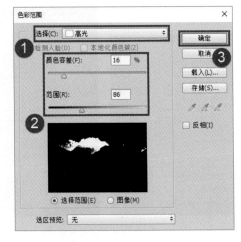

双击"曲线 1"图层前面的缩览图，打开"曲线"工具，降低亮度。当然，还可以修改云彩的色调。选择"蓝"通道，降低高光，为云增加黄色。选择"红"通道，增加红色。选择"绿"通道，减少绿色。这样即可将金色的云彩打造出来。

在"色彩范围"对话框中设置

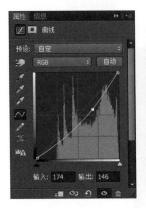

在"RGB"通道中设置

在"蓝"通道中设置

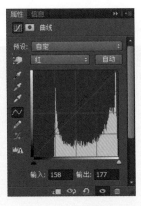

在"红"通道中设置

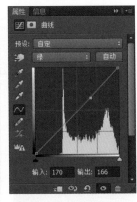

在"绿"通道中设置

如果边缘有痕迹，可以双击"曲线 1"图层中的蒙版，打开"蒙版"工具，增加"羽化"值至"6.6 像素"。

增加"羽化"值

羽化后的效果

如果觉得有不自然的区域，可以选中"曲线 1"图层中的蒙版，使用"画笔工具"，设置前景色为黑色，在边界处慢慢涂抹，使其与周边自然融合与过渡。对于"颜色范围"的选取，一定要活学活用，很多照片都有可能用上这个局部调整工具。

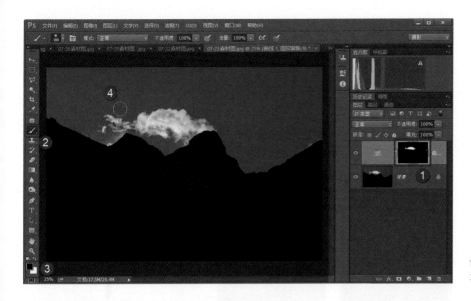

使用"画笔工具"涂抹
不自然的区域

最终，照片调整前后的效果如下图所示。

调整前的效果

调整后的效果

起飞：给死白的天空渲染不同的色调

打开右面这张照片。天空因
为曝光过度，变得死白一片，我
们要为天空替换一个颜色。

打开照片

首先创建"曲线"调整图层，双击"曲线1"图层中的蒙版，打开"蒙版"工具，单击"颜色范围"按钮，弹出"色彩范围"对话框后在"选择"下拉列表中选择"高光"选项，设置"范围"为"242"，设置"颜色容差"为"17%"，这样即可快速选中图像的高光区域，然后单击"确定"按钮。

双击图层蒙版

单击"颜色范围"按钮

在"色彩范围"对话框中设置

双击"曲线1"图层前面的缩览图，打开"曲线"工具，降低高光。只有将纯白区域的背景亮度降下来，才有可能在后面为这个背景覆盖上颜色。

接着调整色调，将天空调整为蓝色或青色。选择"红"通道，降低高光。选择"蓝"通道，增强蓝色。

降低高光

降低高光的效果

调整色调

调整色调的效果

双击"曲线1"图层中的蒙版，打开"蒙版"工具，增加"羽化"值至"3.0像素"。这样，照片基本处理完毕，我们为背景覆上了颜色，使之不再是死白一片。

处理后的效果

神仙湾：对作品进行局部渲染

接下来学习一个综合性的案例。打开下面这张照片，照片中暗部比较黑，高光部比较亮，我们可以通过分别选取来实现多个局部的调整，让照片变得更加漂亮。

具体操作时，可以利用"颜色范围"来分别选取要调整的区域，最后进行色彩的渲染。

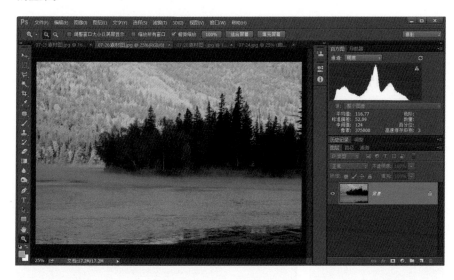

打开照片

创建"曲线"调整图层，双击"曲线1"图层中的蒙版，打开"蒙版"工具，单击"颜色范围"按钮，弹出"色彩范围"对话框，首先选择画面的阴影部，在"选择"下拉列表中选择"阴影"选项，设置"范围"为"17"，设置"颜色容差"为"6%"，单击"确定"按钮。

双击"曲线1"图层前面的缩览图，打开"曲线"工具，提升暗部亮度。双击"曲线1"图层中的蒙版，打开"蒙版"工具，增加"羽化"值至"37.9像素"。这样画面中的暗部就被提亮了。

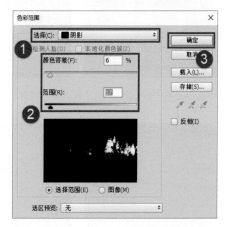

在"色彩范围"对话框中设置

提亮暗部

增加"羽化"值

暗部被提亮

继续创建"曲线"调整图层，双击"曲线2"图层中的蒙版，打开"蒙版"工具，单击"颜色范围"按钮，弹出"色彩范围"对话框后在"选择"下拉列表中选择"高光"选项，设置"范围"为"174"，设置"颜色容差"为"19%"，单击"确定"按钮。

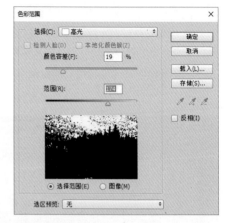

在"色彩范围"对话框中设置

双击"曲线2"图层前面的缩览图，打开"曲线"工具，调整亮度和对比度。选择"红"通道，增加红色。选择"绿"通道，减少绿色。选择"蓝"通道，减少蓝色。

调整亮度和对比度

调整后的效果

此时背景有些不够自然，这是因为没有通过羽化让边缘过渡平滑。双击"曲线2"图层中的蒙版，打开"蒙版"工具，增加"羽化"值。这样，较亮的远景部分就变得自然多了。

增加"羽化"值

羽化后的效果

通过这两个步骤，画面暗部和高光部的层次分别加强。这就是用"颜色范围"调整高光部和暗部的方法和注意事项。处理后的软件界面及效果如图所示。

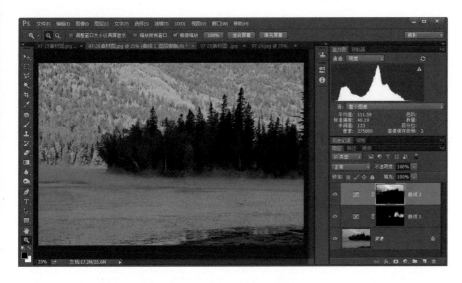

处理后的效果

牧民生活：高难度的中间调选择和修饰

　　接下来学习中间调的选择。一张照片除了有高光部和暗部，还有很重要的中间调区域，下面介绍如何快速选择中间调。为什么要选择中间调呢？一是为了调整中间调的明暗、色彩，二是通过选取中间调去除远景的灰雾以及提升人物的肤色亮度、减弱阴影。中间调的选取在 Photoshop 使用中是很容易被忽略的，但它又是十分重要的。

　　打开下面这张照片。

打开照片

　　创建"曲线"调整图层，双击"曲线 1"图层中的蒙版，打开"蒙版"工具，单击"颜色范围"按钮，弹出"色彩范围"对话框后在"选择"下拉列表中选择"中间调"选项，可以看到"中间调"的"范围"与"阴影"和"高光"的"范围"是不同的，它由两个滑块来控制，一个滑块控制暗部，另一个滑块控制高光部，这样我们可以合理地选中照片的中间调。这里设置"范围"为"101~210"，设置"颜色容差"为"63%"，然后单击"确定"按钮。

　　在"色彩范围"对话框底部的预览图中可以看到，背景中的中间调以及右侧的中间调都呈现白色，当然升起的烟雾部分也是如此。这说明大部分的中间调区域都被选中了。

双击"曲线1"
图层前面的缩览图，
打开"曲线"工具，
修改亮度和对比度。
由于背景过蓝，因此
选择"蓝"通道，降
低蓝色比例。

在"色彩范围"对话框中设置

修改亮度和对比度

　　双击"曲线1"图层中的蒙版，打开"蒙版"工具，增加"羽化"值，使边界过
渡柔和自然，远景的灰雾也被快速去除了。拍摄风光远景的时候，如果远景灰雾很大，
就可以采取这种手法调整，这是一个非常实用的技巧。

增加"羽化"值

处理后的效果

少女肖像：控制中间调为美女打造细腻肤色

　　风光题材的照片中，通过选择和调整中间调，可以让灰雾较大的区域变得清晰
好看。而对于人像题材，通过修整中间调，可以让人物的肤色变得更加自然。

　　下面这张照片，想要使人物脸部的中间调、阴影和高光部过渡平滑，使皮肤看
起来更加油润，使反差更加细腻，可以用选取中间调的方法进行调整，这对于生活照、
肖像等题材来说是十分便捷的。

　　在调整之前，首先要明确中间调在画面的哪些区域。创建"曲线"调整图层，
选择"抓手（目标调整）工具"，在画面中想要调整的区域（找到画面中中间调的
大致位置）上单击打点，可以看到，在"曲线"上该点对应的亮度值为111。

打开照片

利用"抓手工具"单击要调整的区域

在该点的周边移动鼠标，查看临近的亮度值。从较暗的区域到较亮的区域，其亮度值的范围为70~140。

查看较暗区域的亮度值

查看较亮区域的亮度值

70~140亮度范围内的像素，在直方图中也对应着中间亮度区域。该区域往左是暗部，右侧明显极速升起的部分是亮部。也就是说70~140这个区域是主要的中间调区域。

当然，70~140只是这张照片的中间调。其他照片的中间调就不一定是这个范围了。具体情况还是要具体分析。

双击"曲线1"图层中的蒙版，打开"蒙版"工具，单击"颜色范围"按钮，弹出"色彩范围"对话框后在"选择"下拉列表中选择"中间调"选项，设置"范围"为"70~140"，设置"颜色容差"为"32%"，最后单击"确定"按钮。

确定中间调

双击"曲线1"图层前面的缩览图，打开"曲线"工具，提亮画面中间调。提亮中间调之后可以看到被提亮的部分与周边过渡极不自然。

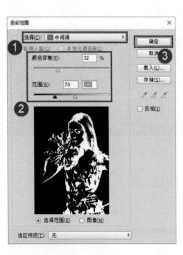

在"色彩范围"对话框中设置　　　　　提亮画面中间调

小提示

这个技巧对于调整人物肤色来说十分有用，当然，它的应用领域还可以更广，我们只是通过这个案例来介绍中间调的选取。实际上，这个技巧可以用于人文、纪实、风光等各种照片的调整。只要想调整画面的中间调区域，就可以通过这个手法来实现。

双击"曲线1"图层中的蒙版，打开"蒙版"工具，提高"羽化"值，使边界过渡柔和自然。人物脸部的暗部被提亮，反差看上去更自然，中间调与高光部和暗部的过渡更加细腻。

接着调整人物的肤色。双击"曲线1"图层前面的缩览图，打开"曲线"工具。选择"红"通道，略微增加红色。选择"蓝"通道，略微增加蓝色，即减少黄色，使中间调的肤色更加红润。

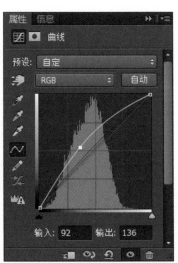

增加"羽化"值　　　　　　　　　　　　　　　　　　调整肤色

然后对比调整前后的照片效果。这种中间调的调整，在人像写真的后期处理中是非常好用的。许多人拍摄的照片明暗反差过高，后期调整时很难改善中间调，所以照片看起来不够润，影调不够漂亮，而本案例就教你学会完美地去解决这类问题。

调整前的效果

调整后的效果

　　这节通过多个案例介绍了中间调、阴影和高光部选取的重要性，当某一张照片的暗部亮度和色彩达不到要求时，可以用"颜色范围"选择"阴影"来进行调整；当中间调达不到要求时，可以用"颜色范围"选择"中间调"来进行调整；当高光部达不到要求时，可以用"颜色范围"选择"高光"来进行调整。当然，这些选择和调整都建立在用户对照片影调的理解的基础上，如果不会判断，不理解影调的分布，不知道哪些区域应该调整和强化，即便学会"颜色范围"调整工具，也不会给影像调整带来帮助。因此，制作任何一张照片，对图像的理解、对影调的理解才是最重要的。只有理解了原理和影调的结构，才能通过合理的选择做出正确的调整。

日照神山：只对云层和其他高光区域进行色彩渲染

　　打开右面这张照片。日照神山是每个摄影者都希望拍摄到的光照效果，但很多时候，由于拍摄时间、天气不够理想，照片达不到我们想要的光影和色调效果，这时可以用曲线蒙版中的"颜色范围"来快速、精确地选择云层等部位，进行色彩的渲染和美化。

打开照片

首先将照片中的雪山和白云调整为金色。创建"曲线"调整图层，双击"曲线1"图层中的蒙版，打开"蒙版"工具，单击"颜色范围"按钮，弹出"色彩范围"对话框后在"选择"下拉列表中选择"取样颜色"选项，然后将鼠标放置在画面中要调整的雪山区域上单击，即可选中与单击处亮度相近的区域。

单击要调整的雪山区域

即使觉得范围选取得不够大也不能一味地扩大"颜色容差"，因为这会把水面和天空包括进来，而无法准确选取需要调整的云层和雪山区域。单击"色彩范围"对话框右侧的"添加到取样"按钮（带加号的吸管），然后在画面中没有选中的区域上单击，就可以扩大整体的选择面积，并避开某些不想选择的区域。如果添加的区域过大，那也没关系，只要再选用"从取样中减去"（带减号的吸管）在不想要的区域单击，即可去掉这些区域。"颜色容差"与选区的添加和减去以及容差设定紧密配合，才能更加合理地选取。设置"颜色容差"为"128"，单击"确定"按钮。

设置"颜色容差"

双击"曲线1"图层前面的缩览图，打开"曲线"工具。选择"蓝"通道，降低蓝色的高光，为画面增加黄色。选择"红"通道，增强红色。选择"绿"通道，适当减少绿色，即增加品红色。可以看到，日照金山的效果被打造出来了。

设置"曲线"

调整"曲线"后的效果

要让云层部分获得更加柔和、自然的边界效果，可以羽化蒙版。双击"曲线1"图层中的蒙版，打开"蒙版"工具，增加"羽化"值至"4.8像素"，使周边过渡更加平滑、自然。这样，这张照片就调整完了，可以在历史记录中单击原始照片和处理后的照片进行对比。

通过这个案例可以看到局部选择的重要性。

增加"羽化"值

处理后的效果

赶海：冷暖对比色调的渲染

对于一般的照片来说，选择局部区域之后，往往只进行某种单一色调的渲染，如暖色调或是冷色调。接下来的这个案例，是对照片不同的区域进行选择，分别渲染冷暖色调，最终营造一种冷暖对比的效果。

打开下面这张照片，如果要将这张照片做出冷暖对比效果，首先要分析画面的色调构成。高光部本身就具有暖色调，因此后期处理时只要强化这部分暖色调，再选择并修饰冷色调区域即可。

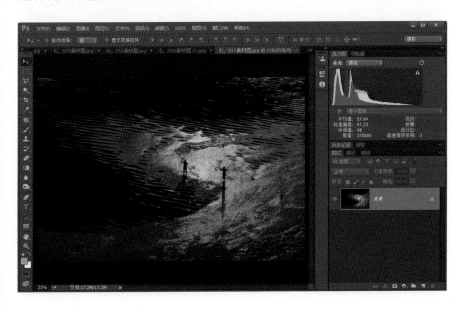

打开照片

创建"曲线"调整图层,双击"曲线1"图层中的蒙版,打开"蒙版"工具,单击"颜色范围"按钮,弹出"色彩范围"对话框后在"选择"下拉列表中选择"取样颜色"选项,然后将鼠标放置在画面中要调整的水面区域上单击,可初步确定要调整的范围。从对话框底部的预览图中可以看到。

单击要调整的水面区域

如果觉得选取的范围不够,可以单击"色彩范围"对话框右侧的"添加到取样"吸管,然后在画面中没有被选中的水面区域上单击,添加选区。如果选区过大,可以使用"从取样中减去"吸管单击不想要的区域进行消除。设置"颜色容差"为"54",确定目标调整区域,确定之后,单击"确定"按钮。

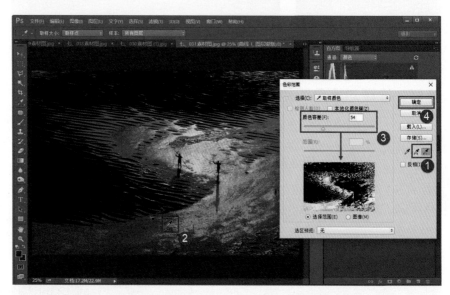

添加或减去选区

双击"曲线1"图层前面的缩览图,打开"曲线"工具。选择"蓝"通道,增加蓝色。选择"红"通道,减少红色。这样即可制作出冷色调。

设置"曲线"

调整"曲线"后的效果

最后，羽化蒙版，双击"曲线 1"图层中的蒙版，打开"蒙版"工具，增加"羽化"值至"25.1 像素"。可以看到照片的最终效果十分漂亮。

增加"羽化"值　　　　　　处理后的效果

色彩调整的基础知识在本书前面的章节中已经进行了详细讲解，因此在这些案例中不会做具体的强调。如果色彩渲染掌握不好，可以查看本书的相关章节进行学习。

杏花沟：对照片进行分区控制

接下来看一个综合案例。打开下面这张照片，虽然照片的直方图没有太大问题，但远景有一些灰雾，杏花的颜色也不够鲜艳，其调整目标就是去掉远景的灰雾，适当增强画面中杏花的色彩表现力。

打开照片查看直方图

创建"曲线"调整图层，加强画面整体的对比。

设置"曲线"　　　　　　　　调整"曲线"后的效果

继续创建"曲线"调整图层，双击"曲线2"图层中的蒙版，打开"蒙版"工具，单击"颜色范围"按钮，弹出"色彩范围"对话框。

  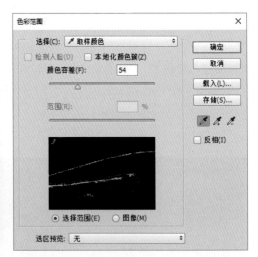

双击图层蒙版　　　　单击"颜色范围"按钮　　　"色彩范围"对话框

在"选择"下拉列表中选择"中间调"选项，目的是选中画面远景中的花以及草地，设置"范围"为"42~72"，设置"颜色容差"为"36%"，从底部的预览图可以看到，远景的花、中景的草地、近景的花大部分都处于白色状态，即在目标调整区域内。最后单击"确定"按钮。

双击"曲线2"图层前面的缩览图，打开"曲线"工具，加强选中区域的对比度，这是加强远景通透度的一个技法，通过对中间调的合理选择来进行操作。

调整完成后，双击"曲线2"图层中的蒙版，打开"蒙版"工具，增加"羽化"值，这时照片的中间调区域显得更加漂亮。

在"色彩范围"对话框中设置

338

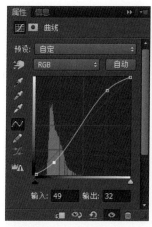

设置"曲线"

增加"羽化"值

羽化后的效果

使用"色彩范围"进行的选择是针对整个画面的,这就会有我们不想调整的区域被选中。这时可以通过修改蒙版来擦除这些区域。例如,我们不想增强本例照片中前景桃花区域的反差,但由于"颜色范围"的选择是全面的,所以这部分也被调整了。此时可以单击选中"曲线2"图层中的蒙版,选择"画笔工具",设置前景色为黑色,在选项栏中设置"不透明度"为"75%",然后在画面中不想调整的前景区域进行涂抹,将亮度还原。

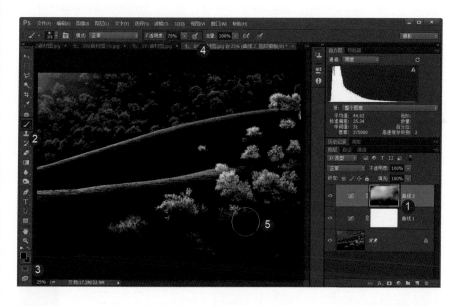

使用"画笔工具"涂抹不想调整的区域

秋柿子:复杂背景的选择与调色

打开以下这张照片,将这张照片制作出冷暖色对比效果。分析照片可以知道,柿子本身是暖色调的,所以只要选择冷色调区域调整即可。最好的办法是将背景选择出来,渲染为冷色调。

如果采用传统的方法,就要在照片中制作出非常精确的选区,才能给背景做出冷色调,但在这张照片中用"钢笔工具""套索工具"或通道制作选区几乎是不可能的,这种情况下可以用"颜色范围"功能栏来进行选择,选中画面的背景进行色调的渲染。

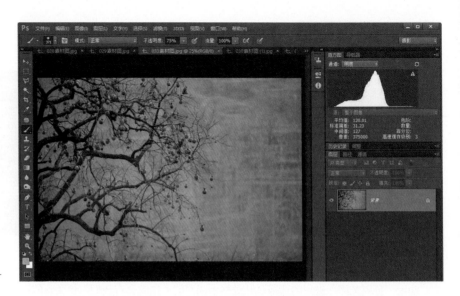

打开照片

　　创建"曲线"调整图层，双击"曲线1"图层中的蒙版，打开"蒙版"工具，单击"颜色范围"按钮，弹出"色彩范围"对话框后在"选择"下拉列表中选择"取样颜色"选项，然后可将鼠标放置在画面中要调整的区域上单击。但是画面背景的颜色过多，有深色、浅色等各种颜色，使用鼠标选取背景中所有的颜色是不太容易实现的。这时可以选中画面中的柿子，因为柿子的颜色是单一的，其他区域都没有橙色出现。单击柿子，选中柿子的颜色，调整"颜色容差"后，如果觉得选择的面积不够或过多，可以单击"添加到取样"或"从取样中减去"吸管，在柿子不同的面上单击，更准确地选择柿子的高光区域、中间调区域和暗部区域。

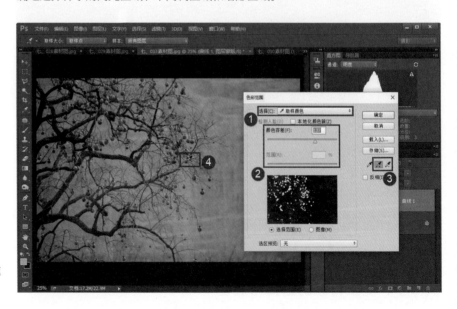

在"色彩范围"对话框中设置

　　此时从对话框底部的预览图可以看到，背景也被选中了，但这是我们现在不想选择的。这时可以缩小容差，去掉背景。

　　选中柿子的颜色后，由于需要调整的是背景的颜色，所以在"色彩范围"对话框的右侧勾选"反相"按钮，将画面反选，继续缩小容差，让背景部分变为全白，现在背景的颜色和亮度被完全选中了。

减少"颜色容差"　　　　　　　　　　　将画面反选后继续设置

　　双击"曲线 1"图层前面的缩览图,打开"曲线"工具,选择"蓝"通道,加强蓝色。选择"红"通道,减少红色。选择"绿"通道,适当增加绿色来降低品红的比例,这样可快速制作出冷色调的背景。

设置"曲线"　　　　　　处理后的效果

　　尽管画面很复杂,但是通过合理选择,很快就能完成画面色彩渲染。这一切是基于我们理解了"颜色范围"的选取功能,并配合"颜色容差"快速完成选取,这就是"颜色范围"的强大之处。使用"颜色范围"可以制作非常复杂的选区,很多时候还能用它替代通道来进行更为快速、合理的选择,因此一定要学会"颜色范围"的高级和快速选取操作。在后面的章节,有更加高级的"颜色范围"的选取方法,融会贯通之后才能实现想要的各种效果。

11.2　焦点区域与综合抠图技巧

　　本节介绍Photoshop CC 版本新增的功能——"焦点区域"功能。在 Photoshop 菜单栏的"选择"菜单下,可以看到"焦点区域"选项。该功能像"色彩范围"一样,可用于快速制作选区,如果配合"色彩范围"中的"蒙版边缘"功能,可以制作更加完美、更加精确的选区。

少年肖像：利用焦点区域功能进行选择的技术要点

对一些人像题材的照片进行背景渲染，从本质上说也是一种抠图，难度在于人物发丝部位的选择。下面我们来看具体的案例。

打开照片

在菜单栏中选择"选择-焦点区域"选项，弹出"焦点区域"对话框后Photoshop会进行自动判断，将背景快速做成一个选区。

选择"焦点区域"选项

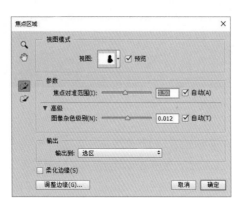

弹出"焦点区域"对话框

Photoshop自动将背景制作为选区

"焦点区域"是一种能识别边缘的快速选取方法，它会自动识别轮廓边。在"焦点区域"对话框中，"焦点对准范围"默认自动设置，如果将"焦点对准范围"设置为"0"，那么画面就是全白，代表整个画面被全部选中。默认情况下，一般首先勾选"自动"复选框，然后稍微进行调整，扩大或缩小范围，这里将"焦点对准范围"设置为"5.75"，将人物的轮廓相对准确地全部选中。

设置"焦点对准范围" 　　　　　　　　　　　　　将人物的轮廓全部选中

　　在"焦点区域"对话框左侧有两个按钮，分别为"添加到选区"和"从选区减去"，利用这两个按钮可以添加或减去要调整或不想调整的区域，在 Photoshop 的状态栏中，还可以控制画笔的大小。选择"图像杂色级别"选项可根据容差、环境色的多与少适当修边。

　　杂色的识别在轮廓提取方面是要配合"焦点对准范围"一起使用的。该功能在实际抠图中并没有什么实际的效果，因此，一般勾选该选项后面的"自动"复选框即可。

　　调整完参数后，画面中可以得到一个轮廓，接下来要配合"调整边缘"进行更加细致的选取。"颜色范围"中也有"调整边缘"功能，该功能延续到了"焦点区域"中。下面修改人物的头发边缘，使头发丝都能被精确选取。单击"调整边缘"按钮，弹出"调整边缘"对话框。在该对话框中进行调整之前，先确保选中"调整边缘"对话框左上方的"边缘检测"按钮。然后在 Photoshop 主界面左上方的选项栏中设置"大小"为"60"，获得更加合理的"画笔"大小，然后在画面中头发的边缘处涂抹。涂抹完成后，软件自动识别，会将头发边缘的零碎像素都擦除。

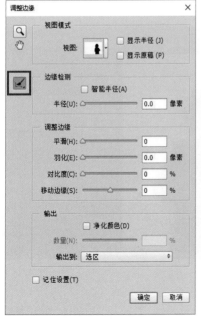

单击"调整边缘"按钮 　　　　　　　　　　设置合适的"画笔"大小后涂抹头发边缘

使用该功能可以轻松识别头发丝，从而精准地进行抠取。在身体的外轮廓边缘，也可以利用"画笔"进行涂抹，因为小女孩穿的毛衣上有一些绒毛，涂抹后可以将绒毛也保留下来。可以看到，通过使用"焦点区域"和"调整边缘"功能，我们将人物完美地抠选了出来。

涂抹身体的外轮廓边缘　　　　　　　涂抹后的效果

接下来，在"调整边缘"对话框中的"输出"选项组中勾选"净化颜色"复选框，使边缘更加平滑，然后设置"数量"为"63%"。在"调整边缘"选项组中设置"移动边缘"为"+10%"，以扩大边界，实现边界的轻微调整。设置"羽化"为"0.7像素"，使边界相对柔和，一般来说，该选项设置最好不要超过1像素。设置"对比度"为"5%"，加大边界的清晰范围，有效地减少边界的零碎像素。设置完成后，单击"确定"按钮，选区就制作完成了。返回"图层"面板，人物已经被抠取出来，可以看到该功能是自带蒙版的。

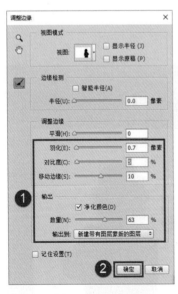

在"调整边缘"对话框中设置　　　　人物被抠取出来了

在"背景 拷贝"图层的蒙版上单击鼠标右键，弹出快捷菜单后选择"添加蒙版到选区"选项，即可载入蒙版选区。

选择"添加蒙版到选区"选项

载入蒙版选区

创建"曲线"调整图层，双击"曲线 1"图层中的蒙版，打开"蒙版"工具，由于要调整背景的颜色，单击"反相"按钮。然后回到图层蒙版，让背景图层处于显示状态。双击"曲线 1"图层前面的缩览图，打开"曲线"工具，提亮背景。选择"蓝"通道，增强蓝色。选择"红"通道，降低红色比例。

单击"反相"按钮

双击图层缩览图

设置"曲线"

这样即可将背景制作成冷色调，且人物的边界没有任何痕迹。这就是用"焦点区域"配合"蒙版边缘"进行快速选取的方法。

处理后的效果

老人肖像：选择主体之外的背景进行色彩渲染

下面看看这种方法针对其他类型的照片是否有效。打开下面这张照片，将这张照片中的人物从背景中抠离出来。

打开照片

在菜单栏中选择"选择－焦点区域"选项，弹出"焦点区域"对话框后Photoshop会进行自动识别，将背景快速做成一个选区。但是自动识别的选择面太大，这时调整"焦点对准范围"为"5.60"，这样老人的整体轮廓就出来了，如果选区基本差不多，就不需要调整其他参数了。

调整"焦点对准范围"

老人的整体轮廓抠取出来了

直接单击"调整边缘"按钮，弹出"调整边缘"对话框后在"视图模式"选项组中勾选"显示半径"复选框，然后在"边缘检测"选项组中勾选"智能半径"复选框，设置"半径"为"78.0像素"。此时可以在照片中看到查找出的边缘像素。

"智能半径"工具可以自动检测边缘，显示出人物的边缘轮廓。开启该功能能直接查找到图像的边界，从而将边界中的零碎像素或抠图没有抠干净的区域自动识别和去除。

在"调整边缘"对话框中设置　查找出边缘像素部分

自动识别边缘区域后，关闭"显示半径"复选框，查看人物周边是否有痕迹或不理想的区域，然后进行手动修饰。

关闭"显示半径"复选框　查看人物周边是否有痕迹

在"调整边缘"对话框中单击"调整半径工具"，在选项栏中设置"大小"为"122"，然后在画面中人物的边缘进行涂抹，将毛发和衣服边缘细小的像素提出来，可得到非常细致的轮廓边。

单击"调整半径工具"

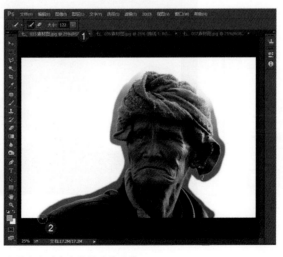

设置大小后在人物的边缘涂抹

选择"橡皮擦工具"擦拭涂抹过度的区域

对人物边缘进行调整之后，如果感觉还是有问题，可以设定不同的"画笔"大小，在这些部位进行涂抹。如果涂抹过度，将很多边缘部分也处理掉了，可以选择"橡皮擦工具"，在这些位置进行擦拭，将边缘部分重新找回。

小提示

在"调整边缘"对话框中，可以选择不同的视图模式。例如抠取出人物并对人物边缘进行修饰时，设定为透明背景的视图更有利于观察处理效果。

这种方法特别适合抠取人物头发、动物的皮毛等。在"调整边缘"选项组中设置"移动边缘"为"+1％"，来修改边界。增加"羽化"至"0.5 像素"，增强"对比度"至"3％"。在"输出"选项组中勾选"净化颜色"复选框，适当修复边缘的背景色，然后设置"数量"为"70％"。设置完成后，单击"确定"按钮，人物就从背景中脱离出来了。这种方法对于复杂图形的抠取十分有用。

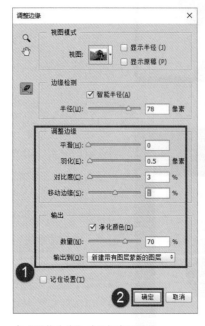

在"调整边缘"对话框中设置

处理后的效果

348

11.3 选择技巧应用综合案例

本节介绍选区的综合应用，通过选区进行完美的抠图，然后与其他图像进行天衣无缝的合成。

美女写真：室外人像的抠图与背景置换

打开下面这张照片，这张照片在抠图的过程中有两个难点，分别为人物的头发丝和身体的轮廓。

如果要将这张照片的天空背景换掉，就需要精细抠图。若采取传统的方法，可以先抠取人物的身体，用通道抠取人物的头发。还有一种方法，是用"焦点区域"配合"蒙版边缘"来对人物的轮廓及头发丝进行抠取。

打开照片

下面介绍用"焦点区域"功能进行抠图的方法。在菜单栏中选择"选择–焦点区域"选项，弹出"焦点区域"对话框后 Photoshop 会进行自动识别，但是选区面积不够。这时手动调整"焦点对准范围"为"2.45"，背景的天空被抠除了。

调整"焦点对准范围"

天空背景被抠除

但是人物的身体也被抠除了，此时单击"添加到选区"按钮，在人物的身体区域涂抹，将身体区域添加回来。

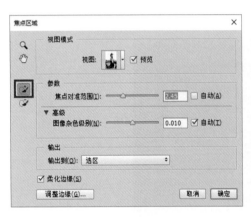

单击"添加到选区"按钮

添加人物身体区域

接着修复海天相交的区域。如果利用添加的方法无法做出想要的效果，则可以单击"从选区减去"按钮，在选项栏中减小"画笔"的大小，然后在天空区域涂抹，将天空抠除。

单击"从选区减去"按钮将天空抠除

对于交界处的某些没有抠除的小面积区域，可以滚动鼠标滚轮放大图像进行涂抹。接着单击"添加到选区"按钮，将头发和手臂被抠除的区域添加回来。单击"从选区减去"按钮，放大图像，将头发缝里的区域抠除。

单击"添加到选区"按钮添加选区

单击"从选区减去"按钮减去选区

　　将轮廓边大致抠出来以后，在"焦点区域"对话框中单击"调整边缘"按钮，弹出"调整边缘"对话框后单击左侧的"调整半径工具"按钮，在选项栏中设置合适的大小，在人物头发的周边进行涂抹，画笔的直径尽量小一些，这样得到的轮廓更加细腻，头发丝会被抠取得更加完美。

单击"调整半径工具"按钮　　　　　　　　设置合适的大小后涂抹头发周边

　　涂抹完成后，在"输出"选项组中勾选"净化颜色"复选框，把头发周边的杂色去除，然后设置"数量"为"60%"。在"调整边缘"选项组中设置"移动边缘"为"-12%"，消除周边的零碎像素，增强"对比度"至"7%"，使蒙版的周边轮廓对比度更大，轮廓更加清晰。增加"羽化"至"0.3像素"。设置完成后，单击"确定"按钮，生成一个自带蒙版的图层。

在"调整边缘"对话框中设置

生成一个自带蒙版的图层

放大图像可以看到，人物的手臂被抠掉了。单击选中蒙版图标，选择"画笔工具"，设置前景色为白色，在选项栏中设置较高的"不透明度"，然后在画面中被抠掉的手臂上涂抹，将其还原。

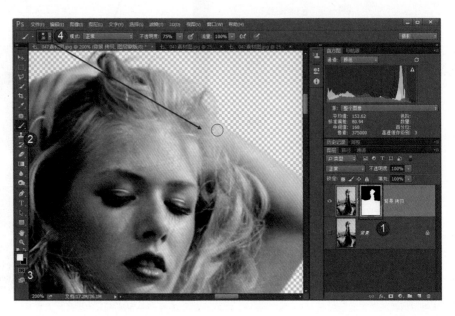

使用"画笔工具"涂抹被抠掉的手臂

对于某些没有被抠除的区域，可以使用"画笔工具"，设置前景色为黑色，在没有被抠除的区域涂抹，将其覆盖。

使用"画笔工具"涂抹没有抠除的区域

接着，打开要替换的天空照片，使用"移动工具"将其拖动至人像中，生成"图层1"，目前天空图像盖住了人像图像。在"图层"面板中，将"图层1"拖动至"背景 拷贝"图层的下方。使用"移动工具"将天空图像移动到合适的位置。

将天空图像拖动至人像照片中并改变图层顺序

放大图像，检查图像的边界，如果有痕迹，可以用蒙版进行修补，如果没有痕迹，就可以完成图像的合成。为了使人像中的远山与天空更自然地融合在一起，可以单击"背景 拷贝"图层的蒙版，选择"渐变工具"，设置前景色为白色，选择"前景色到透明渐变"并使用"线性渐变"，设置"不透明度"为"100%"，从下向上做渐变拉伸，使远山与天空更完美地融合在一起。

使用"渐变工具"对画
面进行渐变调整

此时，可以在"历
史记录"面板中分别
单击渐变之前和之后
的步骤，查看照片效
果。

小提示

在蒙版中进行渐变操
作，在合成天空的时
候可以实现良好的过
渡效果，这是一个常
用的技法。

渐变前的效果

渐变后的效果

放大图像查看，可以看到合成的边缘还是不错的，但图像整体还有一些问题，问题在于这张人像照片拍摄时使用的是较大的光圈，画面中的石头和远山有一些模糊，而我们合成的天空清晰度太高，这导致主体、环境与背景三者的景深不一致，这是合成图像的过程中经常被忽略的一个问题。

这时在"图层"面板中选中天空所在的"图层1"，进行适当的模糊处理。在菜单栏中选择"滤镜－模糊－高斯模糊"选项，弹出"高斯模糊"对话框后设置"半径"为"3.9像素"，使天空看上去不是很清晰，调整后的景深要和人像照片中远景的景深差不多，所以先观察远景有多模糊，再将天空处理得比远景更模糊一点，才能够使景深协调。最后，单击"确定"按钮。

在"高斯模糊"对话框中设置　　　　使用"高斯模糊"后的效果

　　这样照片的景深就一致了，但这又会带来一个问题，即模糊处理后的天空变得非常柔和，不带一点颗粒，照片中原本的颗粒也被滤镜模糊掉了，因此要给模糊的天空添加杂色，使颗粒统一。在菜单栏中选择"滤镜－杂色－添加杂色"选项，弹出"添加杂色"对话框后勾选"单色"复选框，比较主体人物与天空背景的颗粒度，使二者基本相似，设置"数量"为"1.5%"，然后单击"确定"按钮。

在"高斯模糊"对话框中设置　　　　使用"高斯模糊"后的效果

　　最后，用鼠标右键单击某个图层，在弹出的菜单中选择"拼合图层"，将图层合并之后再保存即可。

从这个案例可以看出，合成的过程中一定要注意光线、比例、透视、角度、颗粒、环境色以及反差、对比等协调问题，因为合成素材与主体可能会不一致。在挑选素材的时候，一定要精心挑选，注意要点，这样才能合成出相对真实的创意作品。

处理后的效果

老人与马：多种选区功能的综合应用

下面这张照片中，要将人物和马匹从背景中剥离出来，难度是非常大的。但只要技术运用合理，这也不是不能完成的任务。下面将使用"焦点区域""套索工具"等功能，对重点对象进行选取。

打开照片

在菜单栏中选择"选择－焦点区域"选项，弹出"焦点区域"对话框后Photoshop会进行自动识别，将背景快速做成一个选区。

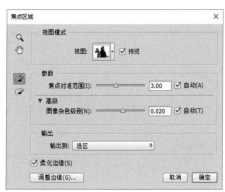

弹出"焦点区域"对话框　　　　　　　　Photoshop 自动将背景制作为选区

从自动识别的效果来看，某些区域没有被正确识别，比如马匹脖子下面也被识别到"焦点区域"，这是不正确的，要去掉。这时单击"焦点区域"对话框左侧的"从选区减去"图标。根据要涂抹区域的面积，在选项栏中设置合适的大小，然后在画面中没有识别到的区域进行涂抹，将这些区域减去。对于人物帽子边缘丢失的像素，可以单击"添加到选区"图标，在帽子边缘进行涂抹，将这块区域找回来。

在进行边缘调整时，要随时注意切换"画笔"大小，对不同区域进行调整。

小提示

在操作过程中，如果涂抹有误，可以按键盘上的 Ctrl+Z 快捷键返回上一步操作。

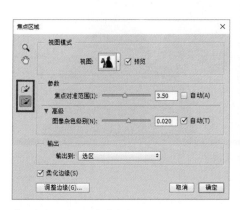

使用相应工具添加或减去选区　　　　　对边缘进行调整

单击"调整边缘"按钮，弹出"调整蒙版"对话框，在"视图模式"选项组中勾选"显示半径"复选框，然后在"边缘检测"选项组中勾选"智能半径"复选框，并设置"半径"为"13.0 像素"。这时人物的边缘部分被查找了出来，并进行了初步调整。

小提示

一般情况下，"半径"不宜设置得过大，如果设置得过大，照片边缘会被抠除，只要轮廓边包到主体的边缘即可。

在"调整边缘"对话框中设置　　　　查找出边缘像素部分

此时，关闭"显示半径"复选框，可以看到人物轮廓还是不错的，但还有一些瑕疵。

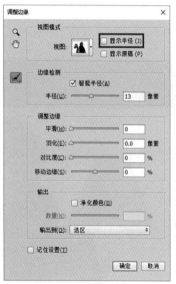

小提示

如果某些区域实在处理不好，可以使用"多边形套索工具"，结合"从选区减去"等，将其从选区中减去。通过多个工具的配合，可以将照片做得尽可能完美。

关闭"显示半径"复选框　　　　查看人物周边是否有痕迹

此时要确保选中了"调整半径工具"，并在选项栏中设置合适的大小，手动涂抹图像边缘。涂抹完成后，单击"确定"按钮。

需要注意的是，在进行边缘的精细调整时，需要不断借助"调整半径工具"和"橡皮擦工具"进行涂抹。调整不同的区域时，读者需要根据各区域边缘的大小来切换不同的"画笔"大小。这样才能尽可能精确地将人物抠取出来。

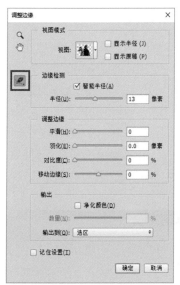

使用相应工具进行调整

使用不同大小的"画笔"涂抹画面

选取完毕后，单击"确定"按钮返回。发现有问题的位置后，可以使用"多边形套索工具"，勾选出多余的区域从选区减去，让选区精确起来。

这就是用"焦点区域"配合"蒙版边缘"进行精确地快速选取的案例，我们应融会贯通，将这些工具应用到更多的选区制作案例中去。

使用"多边形套索工具"减去选区

处理后的效果

接下来就可以进行影调调整、调色、抠图等操作。具体操作非常简单，只要创建调整图层就可以了。

漂浮的少女：半透明衣物的抠取与创意合成

打开下面两张照片，我们要把第一张照片中的人物抠出来合成到第二张照片中。

首先观察一下这两张照片能不能合成到一块。两张照片的透视角度差不多，都是俯拍的。两张照片的光比相差也不大，第一张照片虽然是影棚里拍摄的，但使用的光线相对比较柔和，因此反差不是很大；第二张照片是阴天拍摄的，反差也不是很大。因此，这两张照片是能够合成到一起的，但是难度很大，因为人物的裙子下摆是半透明的，这会带有偏绿色的背景，抠出人物之后，裙摆部分的色彩会不够纯净。

下面来看具体的抠图、修饰及合成操作技巧。

打开照片 1

打开照片 2

首先，将第一张照片中的人物从背景中抠离出来。由于人物轮廓很清晰，因此使用"快速选择工具"选中人物，头发区域只需要选中大致的轮廓。

使用"套索工具"，单击选项栏中的"添加到选区"按钮，将没有选中的头发添加进来。对于多选的区域，可单击选项栏中的"从选区减去"按钮，将相应区域从选区中减去。最终整理出一个相对完整的选区。

使用"快速选择工具"选中人物

制作出完整的人物选区

360

将选区制作完成后，在"图层"面板中选中"背景"图层，按住鼠标左键拖动该图层至"图层"面板下方的"创建新图层"按钮■上，即可新建"背景 拷贝"图层。在"图层"面板下方单击"添加图层蒙版"按钮■，为该图层添加一个图层蒙版。

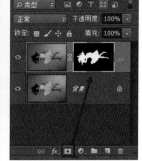

新建一个图层　　　　　　添加图层蒙版

双击蒙版图标，打开"蒙版"工具，单击"蒙版边缘"按钮，弹出"调整蒙版"对话框。单击"调整蒙版"对话框左侧的"调整半径工具"，在选项栏中设置适当的大小，然后在人物头发边缘进行涂抹。涂抹后头发边缘留下了一些绿色的背景，这是由于原照片中背景是绿色的。接着，在人物其他区域的轮廓边进行涂抹。

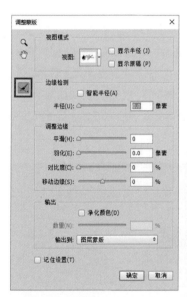

单击"调整半径工具"　　　设置大小后在人物头发边缘涂抹

涂抹完成后，在"调整蒙版"对话框中的"输出"选项组中勾选"净化颜色"复选框，设置"数量"为"80%"，将人物边缘的绿色去除。在"调整边缘"选项组中设置"移动边缘"为"-8%"，缩小边缘的杂色范围，适当增加"对比度"至"6%"，增加"羽化"至"1.0 像素"，设置完成后单击"确定"按钮，这时人物就被抠取出来了。隐藏"背景"和"背景 拷贝"图层，可以看到照片的抠图效果。

在"调整蒙版"对话框中设置　　　　　　　抠取的人物图像

使用"移动工具"将人物图像移动到背景照片中，因人物照片所占比例太大，在菜单栏中选择"编辑－变换－缩放"选项，按住 Shift 键拖动人物图像右下角的锚点对其进行缩小操作，使其符合需求，然后使用"移动工具"将其移动到合适的位置。

如果要旋转人物，那么可以用鼠标右键单击人物图像，在弹出的快捷菜单中选择"旋转"选项，然后拖动右上角的锚点进行旋转操作。操作完成后，双击画面完成变形操作。

将人物图像移动到背景照片中进行缩放　　　　　　　对人物进行旋转操作

放大照片，查看人物图像的轮廓边，可以看到头发和皮肤上仍残留了一些绿色，这时在"图层"面板中双击"背景 拷贝 2"图层中的蒙版，打开"蒙版"工具，单击"蒙版边缘"按钮，弹出"调整蒙版"对话框，继续对相应区域进行修改。选择"调整半径工具"，在选项栏中设置适当的大小，然后在人物头发上泛绿色的区域进行涂抹，涂抹完成后，单击"确定"按钮。

使用"调整半径工具"涂抹头发边缘

人物身体上的绿色在边缘轮廓之内，无法使用"调整半径工具"进行调整。此时可以使用"色相/饱和度"命令进行调整。创建"色相/饱和度"调整图层，如果只针对抠取的人物图层进行调整，那么需要在"色相/饱和度"工具中单击面板下方的"剪切蒙版"按钮![剪切蒙版]，选择"绿色"通道，降低"饱和度"至"-71"，提高"明度"至"+90"。

创建"色相/饱和度"剪　设置参数　　　　　调整后的效果
切图层

如果还是不能消除绿色，单击"吸管工具"中的"添加到取样"按钮![添加到取样]，然后在裙子上的绿色区域单击，将绿色全部选中。当然，也可以手动扩大颜色范围，接着调整"饱和度"为"-51"，这样，人物身上的绿色就去除了。

继续设置绿色　　　调整后的效果

接着，为人物制作投影。在"图层"面板中用鼠标右键单击"背景 拷贝 2"图层中的蒙版，弹出快捷菜单后选择"添加蒙版到选区"选项，即可重新载入人物选区。

载入人物选区

由于投影在人物图层下方，因此返回"背景"图层，创建"纯色"调整图层，弹出"拾色器（纯色）"对话框，选择一种黑色，单击"确定"按钮，就创建了一个纯色的"颜色填充 1"调整图层。

单击选中这个"颜色填充 1"纯色图层，使用"移动工具"，将纯色图层向下移动到合适的位置。需要注意的是，移动位置时应根据光源的方向进行移动，这张背景照片的光源在左上角，因此，人物的影子应该在人物的右下方。目前，投影的浓度太重，而且边缘轮廓太清晰，应在"图层"面板中降低该图层的"不透明度"至"65%"，降低投影的浓度。

创建纯黑色调整图层　　降低图层的"不透明度"

调整后的效果

小提示

投影的浓度是根据什么来确定呢？一般来说，应根据两个因素来决定：第一，主体本身的投影浓度，具体到这张照片可以根据人物脖子下面的投影浓度来确定影子的浓度。第二，要看背景环境的反差，权衡人物本身的投影与环境的反差，取一个折中值。

364

投影制作完成后，要对其进行柔化处理，双击"图层"面板中"颜色填充 1"图层中的蒙版，打开"蒙版"工具，增加"羽化"值至"27.7 像素"。

增强"羽化"值　　羽化后的效果

投影有重有轻，靠近主体边缘的区域投影会更重一些，远离主体的投影会轻一些。一般来说，做两个图层的投影才会显得真实一些。在"图层"面板中选中"颜色填充 1"图层，按住鼠标左键拖动该图层至"图层"面板下方的"创建新图层"按钮 ⬛ 上，即可新建"颜色填充 1 拷贝"图层。

双击"颜色填充 1 拷贝"图层中的蒙版，调整"羽化"值为"14.9 像素"，使上面投影的边缘更清晰一点。然后在"图层"面板中继续降低"不透明度"至"29%"。经过这样的调整，上面的阴影清晰，下面的羽化值较高，阴影就会从中心向外侧比较自然地过渡。降低"不透明度"可以让阴影的中间部分不会过黑。

双击图层蒙版　　　　　　增强"羽化"值　　　　降低图层的"不透明度"　　设置后的效果

现在看，投影的边缘部分还是有些重。因此单击选中"颜色填充 1 拷贝"图层中的蒙版，选择"画笔工具"，设置前景色为黑色，将远离主体的投影擦除一些，让其变淡一点，这样形成浓淡搭配。通过两个图层来制作投影，看上去更加真实。

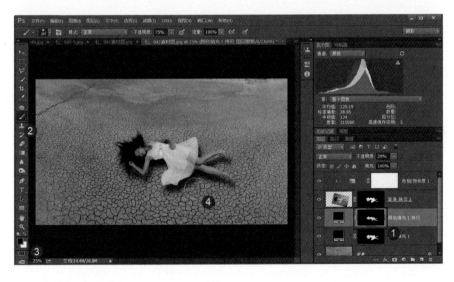

使用"画笔工具"涂抹过重的影子

观察整个画面，发现人物在画面中的比例还是过大，此时需要缩小人物。缩小人物时，需要将其投影一起缩小，因此，按住 Ctrl 键的同时选中"背景 拷贝 2"、"颜色填充 1 拷贝"和"颜色填充 1"3 个图层，然后在菜单栏中选择"编辑 - 自由变换"选项，按住 Shift 键拖动对角线的锚点对其进行缩小操作。如果要旋转素材，可以用鼠标右键单击人物，在弹出的快捷菜单中选择"旋转"选项，然后拖动右上角的锚点进行旋转操作，并配合"移动工具"将其移动到合适的位置。操作完成后，双击画面完成变形操作。

对人物进行变形操作

接下来控制照片整体的影调和色调。目前，主体虽然已经合成到背景中，但却不是特别突出，画面也没有光影效果，这时可以为画面制作暗角，为画面做一束光线，来强化整个画面的光效。选中"背景"图层，使用"多边形套索工具"，在画面中制作一个由窄变宽的选区，模拟光线效果。

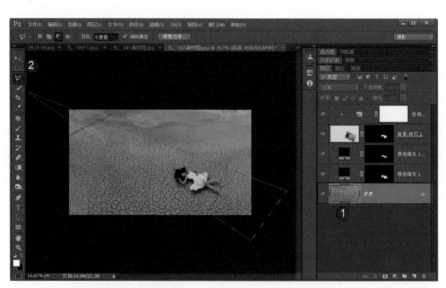

使用"多边形套索工具"
制作选区

选区制作完成后，创建"曲线"调整图层，将选区内的部分调暗。目的是让背景变黑，而人物有光照效果。双击"曲线1"图层中的蒙版，打开"蒙版"工具，单击"反相"按钮。

单击"反相"按钮　　　使光照作用于人物

双击"曲线1"图层前面的缩览图，打开"曲线"工具，降低高光，然后降低中间调，调整环境的亮度和对比度。由于边缘太清晰，因此双击"曲线1"图层中的蒙版，打开"蒙版"工具，提高"羽化"值，光效就制作出来了。

调整"曲线"　　　　　增强"羽化"值　　　　　羽化后的效果

继续创建"曲线"调整图层，将画面整体的明暗影调调整一下。然后再双击"曲线1"图层的蒙版，再次提高"羽化"值。

调整"曲线"　　　　　增强"羽化"值　　　　　羽化后的效果

光效制作完成后，修改画面色调。选中"曲线1"图层，创建"色相/饱和度"调整图层，降低"饱和度"。

降低"饱和度"　　　　　降低"饱和度"的效果

最后，返回最上方的图层，对画面整体的色调进行渲染。创建"色相/饱和度"调整图层，调整"色相"为"+9"，降低"饱和度"至"−20"。

返回最上方的图层

调整"色相/饱和度"

再次创建"曲线"调整图层，控制画面反差和影调。现在的问题是人物周边的亮部太窄了，并且光影效果过于规律。因此接下来要将人物周边的亮部区域扩展。

设置"曲线"

调整"曲线"后的效果

选择"渐变工具"，设置前景色为黑色，选择"前景色到透明渐变"并使用"径向渐变"，降低"不透明度"至"42%"，将某些需要强调的区域再一次提炼出来。这样来看，人物周边的光影就不再显得呆板了。

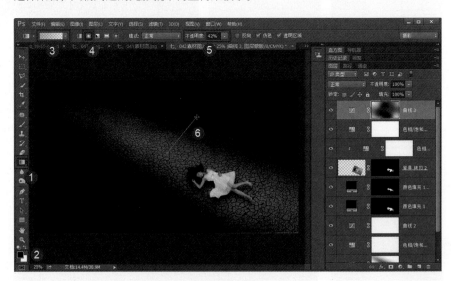

使用"渐变工具"对画面进行渐变调整

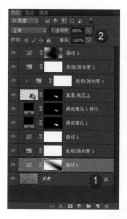

降低图层的"不透明度"　调整后的效果

查看整体效果，修改照片整体的气氛。"曲线1"中的蒙版起到了主要的遮挡作用，让画面的影调变得很暗。可以适当降低"不透明度"，让画面稍微亮一些。选中"曲线1"图层，降低该图层的"不透明度"至"85%"，使背景地面的纹理多呈现一些。

我们要的是人物悬浮效果，如果将投影拉远一点，人物的悬浮会显得高一些。按住Ctrl键同时选中"颜色填充1"和"颜色填充1拷贝"图层，使用"移动工具"将投影向外移动一点，使投影距离人物稍微远一点，这样人物看起来好像悬浮在空中。

当然，也可以对影子进行变形操作，选择菜单栏中的"编辑 – 自由变换"选项，对影子进行变形操作，操作完成后，双击画面完成变形操作。

小提示

如果感觉人物面部偏暗，可以选中最上方的图层，然后选择"套索工具"在人物面部及胳膊部位进行勾选。接下来，提高这些部分的亮度，最后将这个选区羽化就可以了。整个过程比较简单，在此就再过多叙述了。

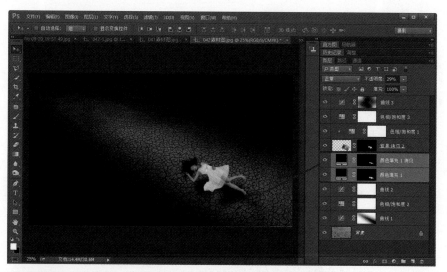

移动投影位置

最后，拼合图像并保存，这张作品就制作完成了。

处理后的效果

要想合成出相对真实的创意摄影作品，就必须了解在合成过程中可能造成失败的因素。下面看一些合成失败的案例，通过这些案例来分析合成时应注意的事项。

Ps

12

照片合成技巧

12.1 分析错误的合成案例

"案例分析 1"：这张照片给人的第一视觉感受还不错，画面影调和气氛都不错，但仔细观察可以发现，画面中存在两大败笔。这是一张合成的照片，主体人物的光线是侧光照射，而背景天空是逆光照射，二者光线照射角度不一致，这是第一大问题。第二大问题是主体人物很清晰，背景同样也很清晰，导致画面的景深不合理。人物脸部很清晰，但是头发后面的区域已经渐渐模糊，这是由于拍摄时使用了大光圈，而背景的清晰度很高，二者景深不统一。这是这张照片的两大问题。

"案例分析 2"：这张照片存在的问题就更多了。第一，光线照射角度和方向不一致。第二，环境色不协调，天空偏暖色调，而地面是正常色调。第三，图像边缘痕迹很明显。第四，合成的时候将天空中的云彩也合成进来了。第五，整张照片的饱和度太高，颜色过于鲜艳。

案例分析 1

案例分析 2

"案例分析 3"：这张照片同样存在多个问题。第一，画面的透视不合理，前景中的人物是平视角度拍的，而背景是仰视的角度拍摄的。第二，有一部分玉米是从其他照片中抠出来合成到画面中的，角度、透视都不合理，给人一种变形感。第三，人物仿佛是飘在空中的，这是因为人物的影子没做好，脚跟处应做得更黑一点。第四，能见度不匹配，背景中的雾气可能是用"画笔"加强了，人物在这么浓的雾气中不可能有这么好的能见度。第五，背景中的人物比例不对，应再缩小一点。

通过这几个案例，我们可以感受到照片合成需要注意很多方面，如透视、比例、投影合理、角度统一、光线统一、环境色统一等。

"案例分析 4"：这张照片的色温很漂亮，但是仔细观察，仍会发现有一些问题。第一，比例不协调，画面中的水面、前景的树和远山是用广角镜头拍摄的，而天空部分是用长焦镜头拍摄的，太阳比例过大，显然两张照片的比例不对。广角镜头拍摄的画面，就应该合成广角镜头拍摄的天空，这样透视比例才会协调。第二，环境色没有渲染好，天空和水面都比较红，而远山却比较白。实际上在调整的时候，只要在远山区域做一个选区，然后将其调红、调黄一点，色温就协调了。

案例分析 3

案例分析 4

小提示

我们在摄影创作的过程中，除了拍好主体之外，还要尽可能多拍摄一些素材，例如乌云、蓝天、朝霞、彩霞、闪电、星空、月亮等，以及各种纹理、水面、波纹、水花、雨水等，然后将其归类整理好，以后需要制作创意合成照片时，可信手拈来。没有足够的素材是很难做出完美的创意作品的，即"巧妇难为无米之炊"，因此只有拥有足够多的素材，才能够在合成图像时做合理的取舍。

　　"案例分析5"：这张照片的问题也是比例不协调，作者费尽心思将蜻蜓抠出来合成到荷花上，但是蜻蜓的比例太小，显然失真了。

案例分析 5

　　"案例分析6"：这张照片同样也存在比例失调、透视不对的问题。第一，画面底部的帆船应该是在塔的前面，帆船太小，显然比例不协调。第二，照片的透视有问题，背景显然是高机位拍摄的，而前景的帆船是平视角度拍摄的，透视角度不对。

　　"案例分析7"：这张照片同样也存在比例问题。背景中的羊群太大了，甚至超过了近处的羊，比例严重失调。

案例分析6　　　　　　　　　　　　　　　　案例分析7

　　"案例分析8"：这张照片中的景深不统一。前景的人物是清晰的，背景是模糊的，远景的天空又是清晰的，这是任何一款镜头都不可能拍摄出来的。实际操作过程中，可以使用滤镜对天空进行"高斯模糊"处理，让天空变模糊，然后添加一点杂色，画面就协调了。

　　"案例分析9"：这张照片同样也是比例失调，画面中的月亮太大，应将月亮缩小，使比例协调。

案例分析8　　　　　　　　　　　　　　　　案例分析9

"案例分析10"：第一，这张照片乍一看画面效果不错，色温、对比很漂亮，光影也不错，但仔细观察画面可以发现水面非常平滑，没有颗粒，但天空充满了大量的杂色与噪点。如果换一个天空背景，或对天空进行模糊处理，就不会出现这种不协调的问题了。第二，画面中人物的比例过小。第三，时间不吻合，画面中光轨的形成显然是竹排在移动的过程中使用B门进行长时间曝光形成的光的轨迹，而画面中的人物和竹排太清晰，即两个素材的曝光时间不吻合。在制作过程中应将人物和竹排处理得模糊一点，整个画面就协调了。

案例分析 10

"案例分析11"：这张照片有两个主要问题，第一，光效不对，最远处的两个蒙古包是侧光拍摄的，较远处的两个蒙古包是顶光拍摄的，而近处的蒙古包是侧光拍摄的，造成较远处的蒙古包反差很柔和，最远处和近处的蒙古包反差很大，显然这些蒙古包不是同一时间拍摄的，这造成了光比、色温、光照方向不协调。第二，画面中有两匹马完全一样，有重复。这匹黑马后面有投影，而前腿处没有投影。显然是拍摄时没有注意到这些细节，从而留下了诸多败笔。

案例分析 11

"案例分析12"：这张照片中的环境色不协调，拍摄时应该是使用了渐变红色滤镜，天空变红了而地面不红。实际上在数码创作的过程中，有色渐变镜几乎是用不上的，因为在后期制作过程中调整颜色十分简单。

案例分析 12

"案例分析 13"：这张照片中的月亮是合成进去的，但是月亮没有一点纹理，就是一个白点，这显然是不合理的。

"案例分析 14"：这张照片画面中各部分的曝光时间不吻合，拍摄星空一般需要曝光 20～30 秒的时间，而下方看戏的人物很清晰，二者的曝光时间不吻合。这属于不符合自然规律的创意合成，是经不起推敲的。

案例分析 13　　　　　　　　　　　　　　　　案例分析 14

"案例分析 15"：这张照片属于典型的画蛇添足的作品。背景中的大雁是添加进来的，大雁在这种环境下这么规则、清晰地呈现，显然太假。

案例分析 15

"案例分析 16"：这张照片是一张雪景合成照片，地面上虽然有雪，但雪花太清晰，雪花的斑点太清楚，与背景的反差不一致。背景的反差很柔和，因为是阴天拍摄的，而雪花的反差很强烈，合成在一起画面显得很假。

案例分析 16

"案例分析 17"：
这张照片是一张倒影合成画面，水面没有波纹比例严重失调，人物好像在一个很梦幻的环境中工作，与主题极不吻合。在做合成处理的时候一定要注意想要表现的主题，不要盲目地去做特效。如果将一个小孩在一个枕头上睡觉的图像合成到水面上，并制作倒影，使之好像在梦境中一样，那么这样的创意就可以接受。而"案例分析18"这张照片，主题与创意完全不吻合，不可取。

案例分析 17

"案例分析 18"：这张照片作者为了增强动感，在后期制作的时候采取了"动感模糊"处理，但做得过于粗糙，一看就是滤镜做出来的，极不真实，是合成中的败笔。

案例分析 18

当然，在合成过程中还会出现很多其他的问题，这里只能列举部分案例。通过这些案例，我们应学会观察，学会给图片找错，找到照片中的一些不足之处以及合成中的败笔，清醒地认识到哪些是不合理的，这样以后自己合成的时候才能够注意到这些细节。

12.2 合成的常识

在合成的过程中，有一些问题需要注意，包括：光源的方向要一致，色温要一致，透视要一致，大小比例要一致，颗粒要一致，景深要一致，曝光时间要一致，拍摄的季节要一致，反差要一致，环境色要一致。只有注意到这些细节，才能合成出相对真实的摄影作品。

合成是有一定难度的，在抠图的过程中要注意边缘痕迹的问题，边缘羽化的大小需要掌握好。

最后，还要积累足够的素材，例如可以拍摄各种形态的云彩、水面的倒影和波纹、墙壁的纹理、树叶和树干、山峦和云雾、飞行的鸟、水中的鱼等。拍摄这些素材后，制成自己的素材库，并将其归类整理，以后合成的时候，就可以快速找到想要的素材，这样才能创作出更多、更好的摄影作品。

这就是合成过程中需要注意的一些细节，大家要多多尝试影像合成，在这个过程中不断遇到问题，解决问题，积累大量的经验，从而进一步提高自己合成影像的水平。

RAW 格式在英文中的全称是 RAW Image Format，在编程中称为原始，也就是"未经加工"的意思，在数码摄影领域，其代表原始图像数据存储格式。

RAW 格式文件记录了数码相机传感器的原始信息，同时记录了相机拍摄产生的一些元数据，也就是说，RAW 格式文件是 CMOS 或者 CCD 图像感应器将捕捉到的光源信号转化为数字信号的原始数据，包括 ISO 感光度、快门速度、光圈值、白平衡等。现在，我们更多地把它称作"原始图像编码数据"或"数字底片"。

13

RAW 的概念及基础知识

13.1　为什么使用 RAW 格式

当下，越来越多的摄影者选择拍摄 RAW 格式的照片，因为 RAW 格式能够保存更多的照片信息，对于摄影者而言，它是一个非常有价值的工具。但是我们也要清楚地认识到，RAW 格式不是万能的，原始图像中的一些问题用它不能全部解决。

现在有一部分摄影者习惯使用 JPEG 格式存储照片，对于要获得高品质图像的摄影者而言，这是绝不可取的，虽然后期可以用 Adobe Camera Raw 处理 JPEG 格式文件，但 RAW 格式可为摄影者提供更多照片色彩空间和细节以及宽容度。RAW 格式文件是 16 位文件，而 JPEG 格式只有 8 位，所以 RAW 格式比 JPEG 格式保存了更多的数据信息，RAW 格式拥有较高的位深度，这对摄影者来说有极大的帮助。

RAW 格式的优点有以下几个方面：

1）摄影者可以更加严谨地处理图像文件。

2）摄影者可以通过 RAW 格式了解更多的照片信息。

3）RAW 格式能为摄影者提供更好的灵活性。

4）RAW 格式没有 JPEG 格式的局限性。

5）可以用 Camera Raw 软件对 RAW 格式文件进行精细的调节，例如修复细节、移除噪点、调节色温和色差、强化色彩、锐化、修正曝光、解决偏色、去雾与雾化、快速批处理等。

13.2　RAW 格式的属性及性能

很多人将 RAW 格式视为神话，觉得它可以用于处理照片上出现的任何问题，其实，照片的部分光线和曝光问题用 RAW 格式拍摄也无法完美修复。有人认为无须注意曝光和颜色，只要拍摄时调成 RAW 格式，上述问题都可以通过后期制作去解决，这是个非常危险的想法，现在就让我们先了解一下 RAW 格式的属性。

摄影者拍摄后得到的数据并不是未被压缩的，因为传感器创建的模拟信息必须转换为数字数据，模拟信息通过 A/D（analog/digital）转换器转换为图像数据。由于曝光量的增加或者减少，以及对传感器的限制，A/D 转换器很容易产生问题。

相比 8 位的 JPEG 格式而言，16 位的 RAW 格式能够保存更多的色调和颜色信息，使用 RAW 格式，能够从高光区域和阴影区域中轻松提取出色调和细节，如果用 JPEG 格式，这样的细节就无法取出。另外，使用 RAW 格式的时候，摄影者可以在保证图像质量的情况下对色调细节进行最大限度地调整，而且这种格式还允许摄影者对数码照片放大差值，在保证较高质量的前提下，让摄影者能够得到一个更大尺寸的照片，因为 RAW 格式文件包含了足够的信息和足够的调整空间。

13.3　如何正确对待 RAW 格式

　　RAW 格式文件来自传感器，它表现黑色及白色的范围是有限的，如果曝光超出了传感器可传送的范围，就没有什么补救措施了，使用 RAW 格式也无能为力。当然，如果来自传感器的信息非常出色，那么 RAW 格式会将它的能力发挥到最佳。然而，对于不同的传感器而言，完美色调和它对应的曝光值是不同的，如果忽略了 RAW 格式的这一性质，那就永远无法将 RAW 格式的优势发挥到极致。全画幅的单反相机显然好于非全画幅的单反相机；CCD 或 CMOS 传感器面积大的好过面积小的。即便使用最高级的数码相机，前期以正确的方式拍摄出照片仍然是最重要的。

　　在前期拍摄时，千万不要造成曝光不足（特别是使用高 ISO 感光度拍摄时），RAW 格式照片曝光不足意味着色调信息处于黑暗区域，色调或者色彩信息都不是最佳状态。当用 Photoshop 提亮某区域的亮度时，就会发现非常多难以修复的噪点，即使用十分昂贵的高配置的数码相机，也很难解决这个问题。

　　在前期拍摄时，过度曝光也会导致色调和色彩出现问题，虽然不会像曝光不足一样出现令人烦恼的噪点，但依旧会造成高光细节丢失，用 RAW 格式拍摄也无法修复。

13.4　使用 RAW 格式的常见问题

　　在处理 RAW 格式照片时经常会遇到一些问题，下面列举一些常见的问题以供参考。

不同的摄影器材中 RAW 格式是否有区别

　　不同的器材厂商生产出来的数码相机有很大的区别，在 RAW 格式的表现上就有区别，现在列举些不同品牌及厂商的相机 RAW 格式的差异。常见的佳能相机 RAW 格式后缀为 CRW 和 CR2，尼康相机的 RAW 格式后缀为 NEF，索尼相机的 RAW 格式后缀为 SRF。不同的相机厂商出品的相机 RAW 格式不尽相同，但大多数流行厂商生产的相机 RAW 格式都非常出色，图像品质不会有太大的区别，只是不同的 RAW 格式文件需要使用特定的软件才能打开和使用，这在操作流程上增加了一些工作量。使用 Photoshop 中的 Camera Raw 软件可方便地对 RAW 文件进行编辑，最大限度地控制图像，与其纠结于不同厂商的相机 RAW 格式不同，不如把关注的重点放在镜头质量、光线、传感器、转换器和作品构图上。

RAW 格式与其他常用图像格式有何区别？

　　RAW 格式文件是直接从高端数码相机中的 CCD 或 CMOS 感光元件取得的原始资料，属于尚未经过任何处理（如曝光补偿、对比调整、色彩平衡）的非破坏和非压缩文件，在后期制作时可提供很大的制作空间。

　　TIFF 格式属于非破坏性的文件格式，一般图像制作软件和排版软件都支持这种格式，它非常适用于印刷输出，这个格式支持 RGB 全彩，所以如果想要输出照片，可将图像文件保存成 TIFF 格式。因为 TIFF 格式属于不压缩的照片格式，照片保存后文件会比 GIF 和 JPEG 格式文件大很多，不适合上传网络。

JPEG 格式支持全彩图像和高效率的压缩，这种压缩会对原图进行改变，属于破坏性的压缩，但如果想将作品或者照片等上传到网络，这种格式是个很好的选择。比起 GIF 格式，JPEG 格式文件的色彩更加丰富，特别是色彩的连续性，比 GIF 的表现好很多。JPEG 属于破坏性的压缩格式，反复编辑一张照片时，应尽量存成非破坏性的压缩格式，因为破坏性压缩后不能恢复，所以建议另存后下次再使用，不要在原图上反复存储。

GIF 格式是网络上普及率最高的图像格式，网页上大多数背景、卡通、按钮和动画等都是采用 GIF 格式制作的，GIF 格式文件是连续性的，最多仅能保存 256 色，所以不适合颜色丰富的图像。它支持透明背景，可以很顺利地与网页的背景结合。这个格式支持动画制作，简单来说，将多张 GIF 照片组合在一起能形成网络上看到的动画，因为动画的本质就是将多张照片连续播放。

PNG 格式是近几年才流行起来的网络图像格式，只有 IE4 和 Netscape4 以后的浏览器才能读取，它也是由 GIF 开发团队针对 GIF 格式的缺点进行改革后出现的，与 GIF 相比，它不支持动画功能，但它与 JPEG 一样支持全彩图像，支持 256 种层次的透明度。PNG 格式可以携带 Alpha 通道，可以设置从透明到不透明共 256 种层次的透明度，比起 GIF 格式只能设置一种颜色的透明要先进很多，像一般柔边的半透明效果只有 PNG 格式才能做到。另外，PNG 格式使用非破坏性的压缩技术，压缩效率也很不错，文件会比 JPEG 格式文件大一些。

PSD 是 Photoshop 中运用普遍的格式，它可以保留通道、图层、混合模式等完整的图像结构信息，如果一张作品在制作过程中未完成，可以先保存为 PSD 格式，方便日后继续修改操作，文件的大小取决于里面包含的信息量，也就是说处理的图层越多、步骤越多，用于储存的空间就越大。

BMP 是微软公司为 Windows 系统开发的一种图像格式，它的运用很广泛，所有 Windows 环境中的图片，包括 Windows 环境下运行的图形图像软件都支持这种图像格式，不过此格式虽然支持 RGB 全彩，却无法压缩 RGB 全彩图像，所以需要占用较大的保存空间。

RAW 格式适合什么时候使用？

对于一些要求严格的摄影爱好者或者专业摄影师来说，应尽量使用 RAW 格式来获取最完整的照片信息，这能给照片的后期制作提供大量的调整空间。如果摄影者对作品要求不高，也不希望将来对自己的作品进行更精细的调整，那么可以选择用 JPEG 的格式进行拍摄。

JPEG 格式文件是否可以转换成 RAW 格式？

答案是不可以，因为 JPEG 属于破坏性压缩的图片格式，摄影者必须将相机设置为 RAW 格式（或者 RAW+JPEG 格式）进行拍摄，才能获得 RAW 格式照片，一旦照片记录下来，是不能将一个 JPEG 格式的文件转换为 RAW 格式文件的。但是，可以在 Camera Raw 中将一个 JPEG 格式的文件转换为 DNG 格式的文件，该过程不会影响照片的质量，同时会得到一个 16 位的文件，记录的信息和原始的 8 位文件记录的信息相同（JPEG 格式文件就是 8 位文件）。这种存档格式方便在未来对作品进行重复编辑。

在 Camera Raw 中存储文件时，单击界面左下角的"存储图像"按钮，可弹出"存储选项"对话框。在"格式"下拉列表中可以选择要存储的图像格式。

单击"存储图像"按钮

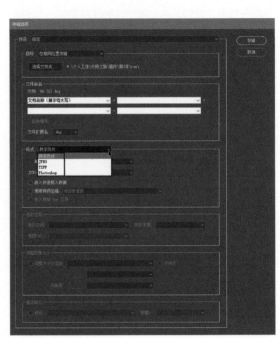

选择要存储的图像格式

DNG 格式和 RAW 格式有什么关联？

DNG 是 Adobe 创建的格式，厂商和相机不同，RAW 格式也就不相同，为了方便摄影者随时编辑，Adobe 承诺将永远支持 DNG 格式，所以如果将不同相机的 RAW 格式都转换成 DNG 格式，那么摄影者可以在任何时间编辑使用这个 DNG 格式文件。由于 Adobe 公司不生产相机，所以 DNG 格式很可能流行相当长的时间，建议利用 Adobe 提供的免费软件，或者在 Adobe Camera Raw 中将 RAW 格式文件转换为 DNG 格式后储存，这样方便未来进行编辑。如今，许多图像处理软件都能处理 RAW 格式的照片，但是笔者认为 Photoshop 自带的 Adobe Camera Raw 插件是最强大且最实用的，因为该插件能与 Photoshop 组合运用，特别是能用图层智能对象来制作高难度的作品。所以，本书只介绍用 Adobe Camera Raw 插件处理 RAW 格式文件，学好这款插件就足以控制高品质的 RAW 格式文件了。在本书中，我们将 Adobe Camera Raw 统一简称为 ACR。

13.5 色彩空间与色彩深度的重要性

在学习 RAW 格式文件的调整之前，先来理解色彩模式与色彩深度的重要性。不同的色彩模式会对照片输出的色彩产生重大影响，而色彩深度决定着后期处理时照片的调整程度。

打开 Bridge 软件，在 Bridge 中双击一张 RAW 格式照片，即可在 Photoshop 的 Camera Raw（简称 ACR）插件中打开这张照片。

在 Bridge 中双击 RAW 格式照片

笔者的 Camera Raw 版本为 9.7，该版本的软件可以打开目前市面上在售的所有相机拍摄的 RAW 格式文件。如果新买了一台相机，Photoshop 打不开这台相机拍摄的 RAW 格式文件，就用 Bridge 软件帮助菜单中的"更新"去升级 ACR 插件。

在 Camera Raw 中打开照片

下面介绍一下色彩深度与色彩模式的设置。在 ACR 窗口的最下方，显示了照片的属性。单击该属性，弹出"工作流程选项"对话框，在"色彩空间"选项组中，可以看到"色彩空间"和"色彩深度"选项，单击"色彩空间"右侧的下三角按钮，可以在其展开的下拉列表中看到很多色彩模式。其中最常用的有两种，分别为 sRGB 模式和 Adobe RGB 模式。那么相机应设置为哪种色彩模式呢？显然，Adobe RGB 模式的颜色比 sRGB 模式的颜色丰富。如果以 RAW 格式拍摄，那么设置成 sRGB 模式或 Adobe RGB 模式都可以，因为 RAW 格式的色彩空间是靠软件来指定的，与相机无关，相机记录的是最原始的数据，RAW 格式文件只是一个图像的数据包，记录了最原始的各项信息。

单击"照片属性"

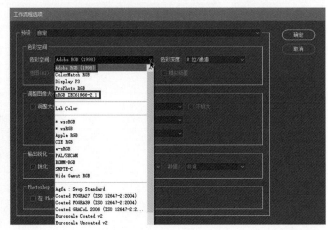

照片的"色彩空间"

下面回顾一下色彩空间的概念。sRGB 模式是最通用的一种色彩空间，电子显示设备以 sRGB 模式为主，包括网页浏览器。网页浏览器不支持 Adobe RGB 模式，如果 Adobe RGB 模式的照片传到网络上，可能会出现饱和度偏低的现象，因为色彩空间不匹配。因此，Adobe RGB 模式的照片在上传网络之前，应先转换为 sRGB 模式，这样才能将照片的颜色还原。

"色彩空间"下拉列表上方的 5 种色彩空间中，sRGB 模式的容量是最小的，它包含的颜色细节是最少的。Adobe RGB 模式是最常用的一种色彩空间，它包含了比 sRGB 模式更多的色彩细节，因此首选 Adobe RGB 模式。比 Adobe RGB 模式更大的色彩空间是 ProPhoto RGB 模式，但这种模式并不通用，用这种模式存储的照片无法被普通的看图软件正确还原，只能在 Photoshop 和一些专业的图形制作软件中才能正确地显示颜色，但这种模式确实比 Adobe RGB 模式的色彩空间大很多。

下面通过一个案例来比较一下 sRGB 模式、Adobe RGB 模式和 ProPhoto RGB 模式这 3 种色彩空间的差别。首先在"工作流程选项"对话框中设置"色彩空间"为 sRGB 模式，单击"确定"按钮。

常用的"色彩空间"

选择"sRGB 模式"色彩空间

　　然后查看 Camera Raw 窗口右上角的直方图，单击左上角的"阴影修剪警告"
按钮▨，再单击右上角的"高光修剪警告"按钮▉，可以看到照片中高光部和暗部
丢失了细节，需要调整阴影和高光部的相关选项进行修复，但是无论怎样修复，都
很难将天空的细节修复到位。

细节丢失严重

　　单击 Camera Raw 窗口最下方的照片相关属性，重新弹出"工作流程选项"
对话框后设置"色彩空间"为"Adobe RGB"模式，单击"确定"按钮。这时在
Camera Raw 窗口中可以看到，修剪的范围明显缩小了，这意味着 Adobe RGB 模
式的色彩空间能容纳更多的色彩信息。

选择"Adobe RGB"模式色彩空间

Adobe RGB 模式色彩空间能容纳更多的色彩信息

　　利用同样的方法设置"色彩空间"为"ProPhoto RGB"模式，可以看到，这
种模式的色彩空间比 Adobe RGB 模式的色彩空间又大很多。因此，ProPhoto RGB
模式在 RGB 模式色彩空间中是最大的。

选择"ProPhoto RGB"模式色彩空间　　　　ProPhoto RGB 模式色彩空间容量最大

那么在实际操作过程中，应选择哪种色彩空间来做图呢？理论上应选择 ProPhoto RGB 模式，因为它拥有更大的空间，但是这种色彩空间的照片色彩在普通的看图软件中不能被正确显示，做完之后必须要转换格式，比较麻烦。

下面介绍一下色彩深度。在"工作流程选项"对话框的"色彩空间"选项组中，单击"色彩深度"右侧的下三角按钮，可以在其展开的下拉列表中看到色彩深度有"8 位 / 通道"和"16 位 / 通道"两种模式。

照片的"色彩深度"

"16 位 / 通道"显然比"8 位 / 通道"能容纳更多的细节以及更深的色彩深度，如果计算机硬盘有足够的空间，可以选择"16 位 / 通道"，但实际上用肉眼很难分辨"8 位 / 通道"和"16 位 / 通道"。如果对图像质量要求不是特别高，建议选择"8 位 / 通道"；如果对图像质量要求特别高，应该选择"16 位 / 通道"。"8 位 / 通道"和"16 位 / 通道"的区别具体在哪里呢？通俗来讲，16 位通道比 8 位通道颜色数量要多，不过很多颜色肉眼是区别不出来的。人眼能分辨的色彩、亮度差异有限，同样，显示器能再现的色彩、亮度差异也有限，一般人感觉 8 位通道和 16 位通道没有什么差别，实际情况是 16 位通道比 8 位通道的图像能表现更细腻的色彩和更多明暗层次，如果将照片放大到一定比例，或者经更精密的仪器监测或设备输出，8 位和 16 位之间的差异就能体现出来了。

对于 8 位通道模式下的 Photoshop 文件，所有命令都可以正常使用。在 16 位通道、32 位通道下，有些命令将不可用。比如"滤镜"下的部分命令就无法正常使用。因为大多数"滤镜"是基于 8 位图像来运算的。

所谓的"位"就是位深度。位即位深，亦称作"位分辨率"，代表图像中包含的二进制位的数量。这些位表示能够显示或打印的黑、白、灰度以及色彩。

1位深只能显示两种颜色，即纯黑和纯白。

8位深（2的8次方）意味着有256种灰度或彩色组合。

16位深（2的16次方）能表现65536种可能的颜色组合。

8位转16位不会损失信息，16位转8位，细节部分会损失。如果对照片要求不是很高，或者照片本来质量不高，这些损失可以忽略。如果一个8位图像有10MB大小，那么它变成16位时，大小要翻一番，变成20MB。16位图像相比8位图像有更好的色彩过渡，更加细腻，携带的色彩信息更加丰富。这是因为16位图像可表现的颜色数目大大多于8位图像。

8位的黑白图像可以生成一张包含256个灰度信息的全影调照片。如果将8位黑白照片在Photoshop里做一些常规调整，会出现影调范围部分损失，造成色调分离，而16位图像的调整基本会被掩盖。如果RAW格式文件同时转成8位和16位两张照片，那么前者经过色阶调整后在直方图里显现的断层现象会比较严重。因为8位图像在调整后损失了一部分信息，灰阶被打断了，所以两级灰阶之间产生了断层。这是一个很常见的问题，因此在Photoshop兼容的情况下应尽量使用16位模式。使用16位模式将使文件大小增加一倍，但是图像质量有明显的提高，特别是使用"色阶"和"曲线"时。

在ACR"工作流程选项"对话框中设置完"色彩空间"和"色彩深度"后，如果以后不更改，Photoshop就会默认这种设定。

工欲善其事必先利其器，进行 RAW 格式文件的深度处理之前，必须掌握 Photoshop 中 ACR 的使用技巧。本章将介绍 ACR 工具栏中的各种工具及各个控制面板的使用方法。

Ps

14

RAW 的概念及基础知识

14.1 认识 ACR 的工具栏

打开 ACR 界面，标题栏下方即为工具栏，下面介绍工具栏中各种工具的具体使用方法。

1. 缩放工具：可以缩放图像预览大小，查看图像整体或局部。

2. 抓手工具：在图像放大后，可以使用抓手工具移动图像，查看图像的某个局部。

3. 白平衡工具：当图像需要校准偏色时，图像中有真正的灰色存在（RGB 数值相等的灰色）时，可使用白平衡工具选择该灰色，则软件会立即校准图像的色彩。

打开一张带有标准色卡的照片，画面受灯光的影响，色彩偏黄。在工具栏中选择"白平衡工具"，然后在画面中色卡的中性灰色块上单击。

这时画面色彩立刻得到还原，对比前面偏色照片的色温，色温与色调都有较大改变。自然界很少有真实的灰色（RGB 数值相等的灰调）存在，因此要获得准确的色彩还原，必须借助灰卡或者色卡。

使用"白平衡工具"单击中性灰色块

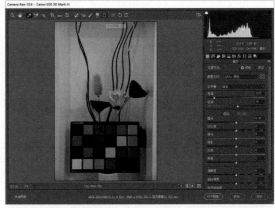

画面色彩得到还原

4. 颜色取样器工具：使用颜色取样器工具在画面中的某个区域单击，会采集到该区域的 RGB 颜色亮度信息。该工具在商业摄影精准校准色彩与调色时使用较多，对于摄影艺术创作来说，该工具极少用到。

5. 目标调整工具：该工具用于快速准确选中画面中的局部色彩与亮度，从而进行色彩与亮度以及黑白的转换等调整。选择"目标调整工具"后，在画面中的某个颜色上单击鼠标右键，即可在弹出的快捷菜单中选择多种调整选项。选择要调整的相应选项，然后单击要调整的区域并向左（向上）或向右（向下）拖动鼠标左键，则在右侧的窗口中能够看见调整参数的变化，还可随时手动修改各项参数。"目标调整工具"是一个非常实用的色彩选择与调整工具，在本书后面的案例中有详解。

打开要调整的照片，若要调整画面中黄色区域的饱和度，可以在工具栏中选择"目

标调整工具"，然后在画面中的黄色区域上单击鼠标右键，弹出快捷菜单后选择"饱
和度"选项，则右侧自动切换到"HSL/灰度"面板中的"饱和度"选项卡下。

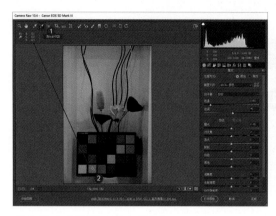

利用"颜色采样器"采集色彩信息

选择"饱和度"选项

在该区域上单击并按住鼠标左键向右拖动，即可增强该区域的颜色饱和度，可
以看到，右侧"饱和度"选项卡下相应颜色的参数随之改变。

6. 裁剪工具：用于重新构图。选择裁剪工具，在画面上根据构图需要拉出裁剪框，
双击即可完成裁剪。单击鼠标右键，可在弹出的快捷菜单中选择不同的比例裁剪画面。
如果是组照，最好选择一致的比例进行裁剪。如果裁剪有误，可以通过右键快捷菜
单中的"清除裁剪"来复位。

打开要裁剪的照片，在工具栏中选择"裁剪工具"，然后在画面中单击鼠标右键，
在弹出的快捷菜单中选择"正常"选项。

利用"目标调整工具"调整画面的颜色饱和度

选择"正常"选项

在画面中拉出裁剪框，双击画面完
成裁剪。

在画面中拉出裁剪框

裁剪后的效果

7. 拉直工具：主要用于校准倾斜的构图。选择"拉直工具"，沿着倾斜的地平线或水平线绘制一条平行线，就可自动校正倾斜的构图。

打开一张地平线倾斜的照片，在工具栏中选择"拉直工具"，然后按住鼠标左键沿着画面中的水平线绘制一条直线。

使用"拉直工具"绘制直线

松开鼠标后，画面自动旋转，并自动裁剪。双击画面，即可完成倾斜照片的校正。

画面自动裁剪

画面校正后的效果

8. 变换工具：用于校准透视变形或者线条倾斜的画面。选择"变换工具"，然后沿着画面中倾斜的线条绘制横竖各两条平行线，就可快速校正倾斜与透视变形的图像。

9. 污点去除：用于画面污点或多余物体的清除。对于相机感光元件上的灰尘带来的污点，可以打开多张照片，然后全选照片，批量清除污点。相机感光元件上的灰尘带来的污点在画面中的位置是固定的，因此可以使用该工具进行批量清除。

10. 红眼去除：可以去除闪光灯正面拍摄人像造成的红眼现象。

11. 调整画笔：该工具是 ACR 中五星级的工具，功能十分强大，主要用于图像局部的修改。在本书后面的案例中有详细讲解。

12. 渐变滤镜：该工具是 ACR 中五星级的工具，功能十分强大，主要用于天空与地面等局部的修改。在本书后面的案例中有详细讲解。

13. 径向滤镜：该工具是 ACR 中五星级的工具，功能十分强大，主要用于图像局部的修改。在本书后面的案例中有详细讲解。

14. 打开首选项对话框：设置 ACR 中各首选项的值，避免每次处理图像时进行重复的选项设置，可提高工作效率。

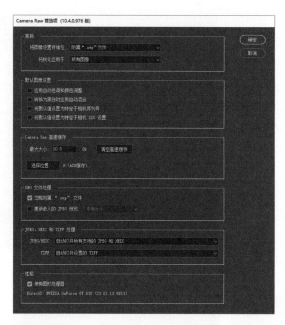

首选项设置

15. 逆时针（向左）旋转图像：可以向左 90 度旋转画面。

16. 顺时针（向右）旋转图像：可以向右 90 度旋转画面。

一键去雾

本节介绍 Photoshop 的一键去雾功能。

"去除薄雾"已经从原来的"效果"面板移动到了当前的"基本"面板，这个改进十分方便用户操作。"去除薄雾"可以给照片增强通透度。

前面的章节介绍了为图像去雾可能要通过多个步骤实现。对于画面能见度太差的照片，可能经过很多个步骤的操作，也难以达到我们想要的效果。随着 Photoshop 版本的提升，去雾功能变得更加强大，对灰雾度很大以及能见度很差的照片使用一键去雾，可在短时间内让照片的对比度和饱和度快速提升。接下来学习如何使用一键去雾功能。

打开下面这张照片。这是摄影爱好者经常遇到的一种拍摄状态，碰到阴雨天或者雨后初晴，地面水汽很多，阳光的照射下水汽蒸发，形成雾气，使远景灰蒙蒙的。对于这种情况，可以利用一键去雾功能去除雾气。

在 ACR 中打开照片

切换到"效果"面板，在"去除薄雾"选项组中，增加"数量"至"+100"，可以看到，画面马上变通透。

调整"去除薄雾"选项中的数值

切换到"基本"面板，根据需要调整画面的色彩及整体的细节。

在"基本"面板中设置各项参数

可以看到，画面中的蓝色过于浓郁，切换到"HSL调整"面板，修改相应颜色的色相、饱和度和明亮度，使蓝色不要过于艳丽。

调整"色相"

调整"饱和度"

调整"明亮度"

这样，这张照片就处理完成了。使用去除薄雾功能，极大地提高了我们的工作效率以及图像的品质，使很多灰雾度极大的作品有了更好的处理方案。

处理完成的效果

ICC 配置文件

接下来介绍从 ACR 10.3 开始的一个大的改进，即配置文件的改进。在"处理方式"当中有两种选项，一个是彩色，另一个是黑白。这种改进可以方便我们快速地对照片的影调及颜色进行修改。

配置文件的下拉列表中有多个选项，分别为"Adobe 颜色""Adobe 标准""Adobe 风景""Adobe 人像""Adobe 鲜艳"和"Adobe 单色"，这些配置文件是 Adobe 公司根据常规的拍摄题材来设定的。这 6 个不同的相机配置文件也就是相机的 ICC 配置文件，简称色彩管理文件。配置文件是针对相机亮度和色彩修改的色彩管理文件，在 Photoshop 中，该文件又称为 BCP 文件，可以修改相机的颜色属性。

直接用 ACR 中的配置文件对色彩属性进行配置，可以提高后期制作效率，对照片色彩没有准确判断的用户借此会得到一个更加合理的照片处理方案。

配置文件的新功能

配置文件类型

在配置文件菜单中选择"浏览"，或者是单击配置文件文本框右侧的浏览配置文件的图标按钮，打开配置文件列表，可以看到刚才默认的六个配置文件出现在列表当中，此外还提供了多种不同的颜色处理方案，这些均为相机的配置文件。

我们首先来看一下配置文件列表中不同选项的架构。Adobe Raw、Camera Matching 和旧版这三个选项没有太多意义，一般很少使用。

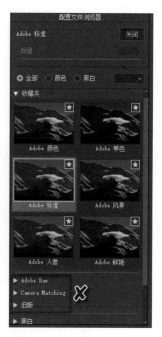

首先来看一下"黑白"，打开折叠菜单，可以看到"黑白"的配置文件提供了 10 多款不同的黑白效果，可以快速单击预览，使用相机配置文件直接带来的色彩效果和亮度效果。

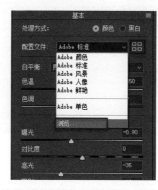

进入更多配置文件界面

配置文件浏览器

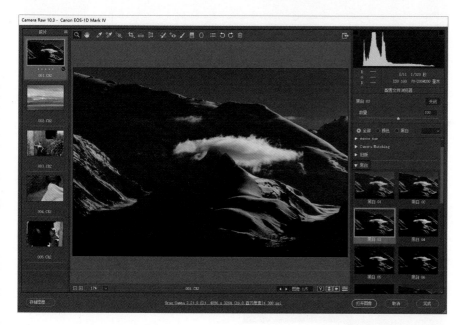

快速浏览不同配置文件
带来的照片变化

若认为某个黑白效果配置文件能够满足自己的需要，或者经常会用到它，可以单击五角星，将其添加到"收藏夹"，下一次想要快速找到这个配置文件时，可以在"收藏夹"当中找到这个黑白滤镜。

如果觉得某个效果不好，在"收藏夹"中再次单击配置文件右上方的三角标记，可以将其从"收藏夹"中移走。"收藏夹"是可以自定义的。

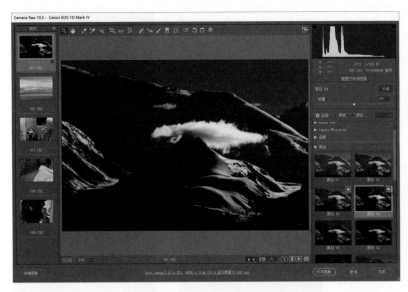

将某种配置文件添加到"收藏夹" 　　"收藏夹"中新加的配置文件

　　对照片使用某个配置文件后，单击"关闭"按钮，就会回到"基本"面板，可进行进一步的修改和处理。

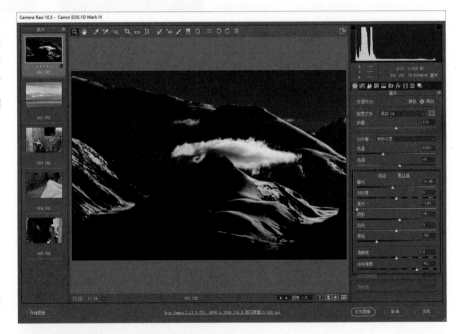

设定配置文件后再对照片进行基本的调整

　　现在恢复默认值。

让参数归零

直接浏览配置文件，单击收藏的某个配置文件，或者是在选项当中找一个合适的配置文件，选中这个配置文件之后调整它的"数量"（即该配置文件的强度），来改变照片的效果。

对配置文件的效果进行强化处理

配置文件是Adobe公司做好的效果，可以在它的基础上修改，当效果不够理想时，可以单击上方的"关闭"按钮关闭它，回到"基本"面板继续进行修改。

对配置文件效果进行参数的调整

　　配置文件给照片带来的损失是非常小的，可以忽略不计，因此可以较多地使用配置文件来修改照片。选择任意一个配置文件，都是直接修改了相机的ICC，不是调整了照片。

　　下面再次操作一次，帮助大家加深理解。

　　复位所有参数，在黑白效果中选择"黑白06"这个配置文件，并且提高"数量"值，强化效果，然后关闭看一下参数面板。参数没有变动，曲线也没有变动，其他面板当中的参数也没有变动，也就是说我们使用了这个配置文件，但并没有调整这张照片，而是直接修改了相机的ICC文件。

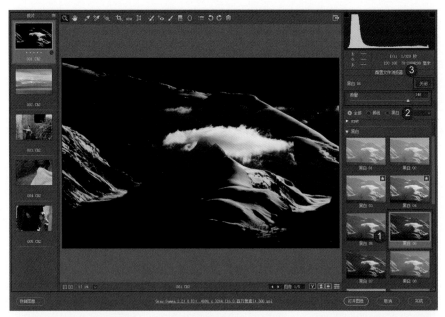

设定新的配置文件及效
果强度

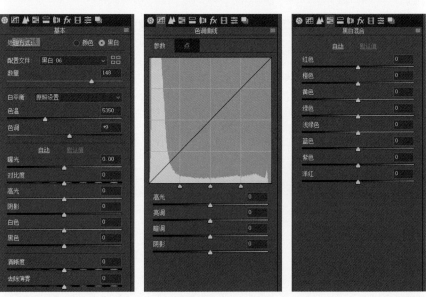

"基本"面板未变　　　　　　　"色调曲线"面板未变　　　　　　　"黑白混合"面板未变

　　我们可以这样理解，这就好比用相机直接拍出了目前的这种效果，照片的层次
和细节是原始数据。

　　任意选择一个配置文件，调整"数量"强化效果，可以认为是调整了相机，而
不是调整了照片。当参数不能满足需求的时候，我们再来控制照片的亮度和细节。
明白这个原理之后，就可以大胆地应用配置文件来提高照片的艺术感染力。但是要
把握一个原则，第一步先调照片的亮度层次，再选择一个适合这张照片风格的配置
文件，比如在本例中选择"鲜艳"这种风格。此处还可以选择其他效果，具体要看
哪种效果比较符合需求。

如果觉得某个效果比较理想，可以把这个效果作为模板，借助该模板对大量照片进行批处理。

至于批处理的操作方法，本书中已有详细介绍，这里就不再赘述。

对照片使用配置文件，并在"基本"面板内借助影调参数、色彩参数等对照片进行优化，最终能带来比较理想的效果。我们可以为配置文件及照片处理过程建立预设，后续同类照片可以直接调用预设来处理。关于预设的使用方法，本书中已有详细介绍，这里就不再介绍了。

14.2　"色调曲线"面板

"色调曲线"主要是曲线的调整，其中包括亮度与 RGB 三通道的修改。通过修改"曲线"，不仅可以调整照片的亮度、对比度，还可大幅度修改照片色调。"色调曲线"面板中包含了两个选项卡，分别为"参数"和"点"。

"参数"选项卡

"点"选项卡

在"参数"选项卡下，有"高光""亮调""暗调"和"阴影"4 个区域，拖动相应区域的滑块，即可对这个区域进行调整。例如，对于下面这张照片，设置"高光"为"+1"、"亮调"为"+11"、"暗调"为"−11""阴影"为"+26"。

在"参数"选项卡下调整

小提示

什么时候需要在"点"选项卡下进行曲线操作呢？在"基本"面板中，有很多的调整参数，为什么还要用到"曲线"呢？很多情况下，一张照片经过"基本"面板中各参数的调整，即便调整到最大限度，也不能完全调好图像的细节，即"基本"面板不能满足需求。这时可以进入"色调曲线"面板中的"点"选项卡，用"曲线"进行更加细微的调整。

如果想要对"色调曲线"进行更精确地控制，就切换到"点"选项卡下。这里的曲线操作和 Photoshop 中的"曲线"工具是一样的，都是通过在"曲线"上添加锚点来控制画面的明暗对比度。当然，通过选择"曲线"中的"通道"，还可以制作各种特殊的色调效果。

在"点"选项卡下调整

通过上述两个选项卡的调整，这张照片就处理完成了。如果觉得满意，可以单击 ACR 界面左下角的"存储图像"按钮，弹出"存储选项"对话框后在其中设置存储位置，为文件命名。可以选择文件的格式，这里设置为 TIFF 格式；"元数据"选择"全部"；"压缩"选择"LZW"，如果选择"无"，那么文件的尺寸会太大，"LZW"是无损压缩，照片不损失细节，且会得到相对比较小的文件。"色彩空间"和"色彩深度"保持默认选项即可。最后，单击"存储"按钮，保存照片。

单击"存储图像"按钮

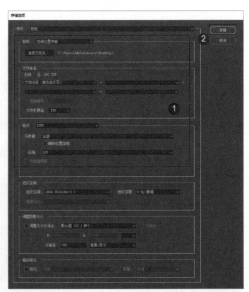

在"存储选项"对话框中设置

小提示

在"格式"下拉列表中，可以选择文件的格式。其中，JPEG 格式是一种压缩格式，一般不选择这种格式；TIFF 格式最为通用，任何一种操作平台都可以识别，不需要特殊的软件就能打开；"数字负片"是 DNG 格式，它可以将 RAW 格式和 JPEG 格式嵌入 DNG 格式中，并将原始的 RAW 格式也一同包含在里面，即一次可以存三张照片，一张是调整后的，一张是 DNG 格式的，一张是 RAW 格式的照片。通常情况下，选择"格式"为"TIFF"。

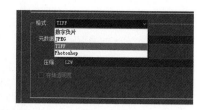

可选择的文件格式

401

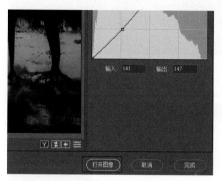

单击"打开图像"按钮

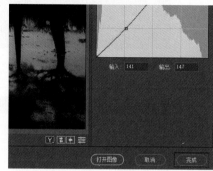

单击"完成"按钮

如果还是觉得不满意，想要在 Photoshop 中进行更加精细的调整，可以在 ACR 界面中单击"打开图像"按钮，即可在 Photoshop 中打开照片，然后进行处理。如果单击"完成"按钮，那么 ACR 插件会给照片增加一个"xmp 文件"，自动保存在照片的原始文件夹中，这个文件记录了所有的调整结果，它是记录调整参数的数据文件。另外会产生一个很小的文件，这个文件一般不需要删除。

图像在 ACR 中调整后会自动保存 .xmp 记录文件，因此在 Bridge 中查看 RAW 格式原始图像时，看到的是修改后的预览效果，而不是原始图像的亮度与色彩。如需查看原始状态，可以在原始文件夹中删除 .xmp 文件，或者在 ACR 中单击面板标题栏右侧的扩展按钮，打开扩展菜单，然后选择"Camera Raw 默认值"选项，即可将各选项还原到初始的状态。另外，在 Bridge 中用鼠标右键单击照片，然后在弹出的快捷菜单中选择"开发设置 –Camera Raw 默认值"选项或"清除设置"选项，也可使照片复位到初始状态。

选择"Camera Raw 默认值"选项使照片复位到初始状态

下面学习用"色调曲线"制作黄色调照片。在 ACR 中打开照片，该照片为逆光拍摄，画面光比太大，地面偏暗，天空过于苍白，色调也较为普通。

之前已经学习过 Photo-shop 中"曲线"调色的功能，ACR 中的"色调曲线"调整与 Photoshop 中是完全一样的，所以要制作其他色调，可以根据之前介绍的知识点进行调整。

在 ACR 中打开照片

在"基本"面板中单击"自动"选项，可见照片亮度与对比度得到恢复，但是直方图暗部缺少像素，表明照片暗部缺少层次。

单击"自动"选项后亮度与对比度得到改善

再次微调各种影调参数，保证直方图暗部"撞墙不起墙"。

调整画面暗部

402

切换到"色调曲线"面板,该面板中包含了两个选项卡,分别为"参数"和"点"。切换到"点"选项卡,选择"蓝色"通道,降低该通道的高光,并适当拉升中间调,使照片高光部附上淡雅的黄色调,为画面死白的天空增加一些色彩,同时也为画面增加了一些浪漫、温馨的感觉。这样照片就调整完成了。

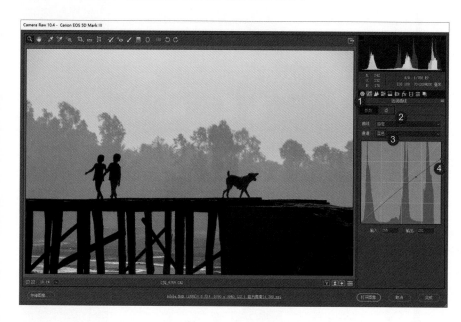

在"色调曲线"面板中
调整"蓝色"通道

14.3 "细节"面板

"细节"面板主要用于控制图像的锐化与噪点,是大部分图像处理都会应用的一个面板。下面介绍"细节"面板中各个选项的功能。在 ACR 中打开下面这张照片。

在 ACR 中打开照片

在"基本"面板中，首先单击"自动"选项，软件会自动设置参数进行调整。

此时发现自动调整的效果不理想，需要手动修改参数。目前，画面整体的曝光不错，因此暂时不调整"曝光"参数。如果觉得没有问题，可以不必进入"色调曲线"面板进行调整。

404

进入"细节"面板，这个面板主要用于图像的锐化和减少噪点。一般来说，照片都要经过锐化，在 ACR 中，这种锐化称为输入锐化。大部分的锐化都应该在 ACR 中做好，然后再到 Photoshop 中完成更加精细的锐化。在 ACR 中进行锐化应该遵循什么原则呢？首先，在图像预览窗口的左下角选择视图比例为"100%"，这样才能看到最为真实的锐化效果。

进入"细节"面板并将照片视图比例调整为"100%"

锐化图像时，一般只锐化图像边缘或主要区域的层次，而不做全局锐化。全局锐化会带来什么结果呢？例如这张照片，要使照片更加清晰，只需要让主体变清晰即可，即让树叶、树干、地面区域变清晰，而不应将天空区域锐化，因为锐化必然带来噪点，平滑的天空不需要锐化，只锐化画面中的线条即可。

在 ACR 中如何锐化线条呢？在"细节"面板中可以看到，"蒙版"参数此时为"0"，即蒙版全开。

单击"蒙版"滑块并按住鼠标左键不放，同时按住键盘上的 Alt 键，可以在图像预览区中看到蒙版的状态，此时蒙版全白，代表全部应用了锐化效果。

"蒙版"参数默认为"0"

单击"蒙版"滑块并按住 Alt 键查看蒙版状态

我们并不想进行全局锐化，而只想锐化树叶的线条，那么该如何操作呢？按住键盘上的 Alt 键并拖动"蒙版"滑块，可以看到，蒙版中出现了黑白画面，白色的区域是锐化的区域，黑色是没有被锐化的区域，灰色是锐化了一半的区域。

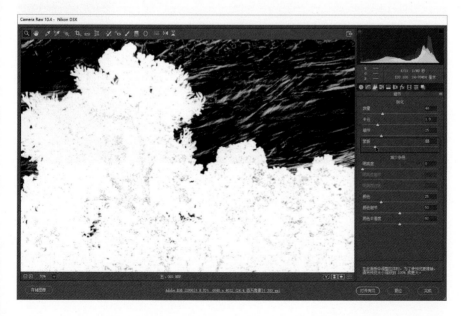

按住 Alt 键并拖动"蒙版"滑块查看蒙版的变化

如果只想锐化树叶，那么可以加大蒙版，将"蒙版"设置为"68"。

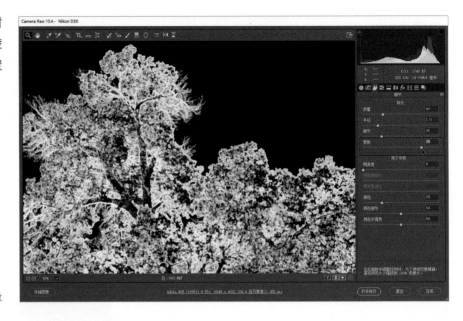

设置"蒙版"参数

　　按住键盘上的 Alt 键同时拖动"数量"、"半径"和"细节"滑块，可以看到锐化的边缘。"数量"是指锐化的多少，一般来说，"数量"不应设置得过大，最好控制在50以内，这里设置为"41"。"半径"代表每个像素锐化多少，例如以1个像素为单位进行锐化，去锐化每一个像素，这里设置为"1.2"。"细节"是加强锐化间的对比度，这里设置为"28"。

设置其他参数

　　通常情况下，可以将"数量""半径"和"细节"这3个参数设置在基本处于同一条垂直线上。"蒙版"参数可以根据需要进行调整，这种锐化只是一种粗糙的边缘锐化，如果要进行更加精细的锐化，还应进入 Photoshop 操作。

　　"减少杂色"主要用于减少高感光度造成的暗部噪点和颜色。"颜色"用于控制彩色噪点，如果噪点大，就开大"颜色"的降噪数量，这里设置为"50"。"颜色细节"用来保护降噪之后颜色部分的纹理，因为降噪就是模糊图像，把噪点模糊掉，使之与周边的颜色融合在一起，这让照片看上去不是很清晰。而"颜色细节"是用来弥补柔化的区域的，当降噪数量开得很大的时候，"颜色细节"应开得更大，这里设置为"65"。"颜色平滑度"是指被降噪的颜色与周边颜色的过渡是否自然，一般也应适当开大，这里设置为"62"。这几个参数都是针对彩色噪点进行调整的。

减少杂色

　　"明亮度"是针对明度噪点进行调整的，数码相机拍照时除了产生彩色噪点，还会产生明度噪点，如果明度噪点多的话，应调整"明亮度"参数。一般来说，感光度在400以内的照片，都不需要调整"明亮度"，因为"明亮度"调整后，照片锐度会下降，这里保持默认的"0"即可。

14.4 "HSL 调整"面板

"HSL 调整"面板中的选项卡

　　"HSL/灰度"面板中有三个选项卡，分别为"色相""饱和度"和"明亮度"，对应色彩的三要素，是非常重要的色彩控制选项，也是获得高品质黑白影像的绝佳工具。

　　如果要修改照片中的某一个颜色，可以用"饱和度"和"明亮度"选项卡进行设置。首先切换到"饱和度"选项卡。如何快速判断要修改的颜色是什么颜色呢？可以单击 ACR 界面上方工具栏中的"目标调整工具"按钮，然后在画面中需要修改的区域单击。比如单击天空区域，然后按住鼠标左键左右或上下拖动，调整单击区域的颜色饱和度，向右或向上拖动鼠标，则"浅绿色"和"蓝色"分别有不同程度的增加，说明这个区域既有蓝色，也有浅绿色，最终将"浅绿色"调整为"+5"，将"蓝色"调整为"+49"。

调整天空的"饱和度"

前面介绍过，要修改一个颜色时，不仅要修改"饱和度"，还要修改"色相"。切换到"色相"选项卡，让刚才调整的天空区域的蓝色更蓝一点，而不是偏青色。单击刚才的天空区域，按住鼠标左键向右或向上拖动，增加蓝色，调整到合适的颜色后松开鼠标，这时"蓝色"被调整为"+8"，同时"浅绿色"被调整为"+1"。

调整天空的"色相"

如果觉得颜色的亮度太高，就切换到"明亮度"选项卡，单击要调整的区域，按住鼠标左键向左或向下拖动，使浅蓝色变为深蓝色，调整到合适的亮度后松开鼠标，这时"蓝色"被调整为"−15"，同时"浅绿色"被调整为"−1"。

调整天空的"明亮度"

　　同样，如果要将树叶的亮度提高，就在"明亮度"选项卡下单击树叶区域，按住鼠标左键向右或向上拖动，调整到合适的亮度后松开鼠标，这时"橙色"被调整为"+9"，"黄色"被调整为"+5"。

调整树叶的"明亮度"

　　如果要改变树叶的颜色，切换到"色相"选项卡下，单击树叶区域，按住鼠标左键向左或向下拖动，调整到合适的颜色后松开鼠标，这时"橙色"被调整为"-10"，同时"黄色"被调整为"-5"。

　　对于色彩三要素的调整，是在 ACR 中调整好，还是在 Photoshop 中调整好呢？显然，在 ACR 中调整更好，因为在 ACR 中调整的是 RAW 格式文件，是对原始数据进行调整，可以获得更好的细节、层次和色彩。因此，调整照片时，应以 RAW 格式为主，在 ACR 中先将颜色、亮度、对比度、细节等调整到位，其余无法做到的再进入 Photoshop 中进行进一步精细调整。

调整树叶的"色相"

14.5 "分离色调"面板

　　"分离色调"面板主要用于照片暗部与高光部的色调分离，比较适合逆光、侧逆光、剪影等大光比照片的高光部与暗部色调渲染，特别适合制作冷暖色调对比效果。

　　在 ACR 中打开下面这张照片，对这张照片进行"分离色调"调整。

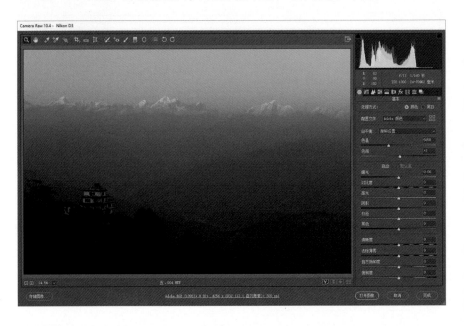

在 ACR 中打开照片

　　首先切换到"基本"面板下，单击"自动"选项，让系统自动判断照片亮度、对比度是否合适，如果效果好就在这个基础上进行修改；如果效果不好，可以单击"默认值"选项还原到初始状态。

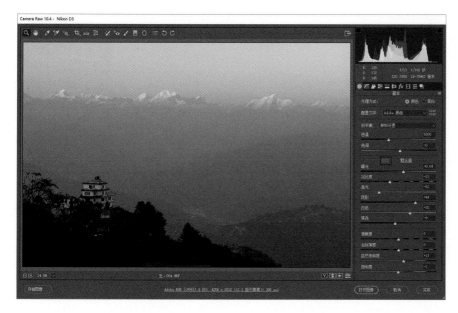

单击"自动"选项查看
照片效果

　　这张照片的自动调整效果不好，还是需要手动调整各项参数。首先调整"曝光"，提高画面整体的亮度，使直方图"撞墙不起墙"，这里调整为"+0.70"。然后恢复暗部的细节，使暗部层次多一些，这里设置"阴影"为"+79"。接下来降低"高光"，使雪山的层次更丰富，这里设置为"-97"。接着加强"对比度"至"+67"，一般来说，加强对比度之后，直方图也会改变，因此要时时查看直方图的变化，如果发现暗部溢出，就提亮"黑色"至"+18"，如果高光部溢出，就降低"高光"至"-100"，然后再次调整"对比度"为"+77"。接着加强"自然饱和度"至"+33"，加强"饱和度"至"+10"，根据需要增强或减弱"清晰度"，这里增强"清晰度"至"+24"。最后，调整"色温"为"5550"。

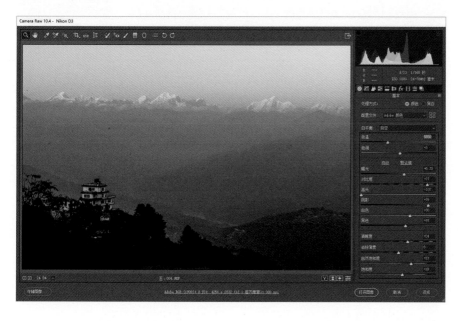

在"基本"面板中调整
各项参数

　　切换到"色调曲线"面板，在"点"选项卡下稍微调整一下曲线。

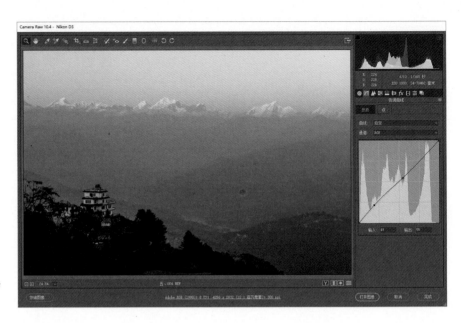

在"色调曲线"面板中
调整曲线

切换到"细节"面板，设置"蒙版"为"59"，然后设置"数量"为"39"，"半径"为"1.1"，"细节"为"28"。由于暗部比较多，因此降噪应开大一些，将"颜色"设置为"50"，"颜色细节"设置为"60"。如果有很多白色的噪点，可以开启"明亮度"进行降噪，这里设置为5。

在"细节"面板中调整
锐化和减少杂色

切换到"HSL调整"面板，在"饱和度"选项卡下，单击工具栏中的"目标调整工具"按钮，然后在画面中的雪山处单击，按住鼠标左键向右或向上拖动，增强这部分区域的饱和度，这里将"红色"调整为"+3"，同时"橙色"调整为"+24"。

412

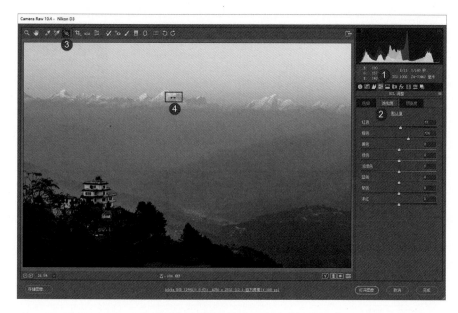

在"HSL调整"面板中
调整雪山的饱和度

　　在"色相"选项卡下单击雪山区域，按住鼠标左键向左或向下拖动，调整到合适的颜色后松开鼠标，这时"橙色"被调整为"-6"，红色为"-3"。

在"HSL调整"面板中
调整雪山的"色相"

　　利用这种方法只能对色彩进行小范围的修改，如果需要对颜色进行大范围的调整，可以进入"分离色调"面板。

　　"分离色调"面板主要用于制作大反差的照片，例如日出、日落或剪影的照片，通过分离色调，制作暖色调、冷色调或冷暖结合的色调。现在我们通过该面板制作冷暖色调对比效果。

　　首先，将高光部做成暖色，在"高光"选项组中设置"色相"为"33"，在调整的过程中先增加"饱和度"，如设置为"75"，然后继续调整"色相"至"30"，待颜色基本确定后，再降低"饱和度"至"38"，这样就为高光部做上了暖色调。

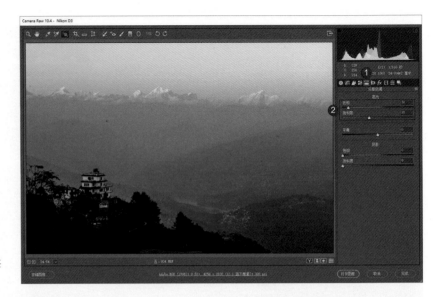

在"分离色调"面板中调整
高光部

接下来为暗部制作冷
色调，在"阴影"选项组
中设置"色相"为"225"，
增强"饱和度"至"71"，
然后轻微修改"色相"至
"219"，降低"饱和度"
至"60"。

414

在"分离色调"面板中调整
阴影

用"平衡"选项可
以快速平衡高光部和暗
部的色调，这里设置为
"+13"。这样，这张照
片就处理完成了，保存
照片即可。

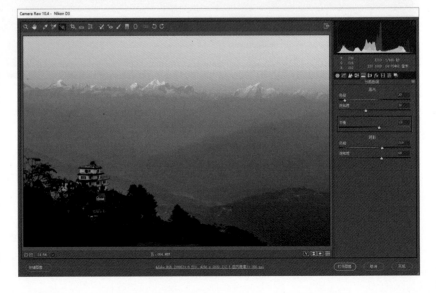

在"分离色调"面板中调整
平衡

14.6 "镜头校正"面板

"镜头校正"面板主要用于对镜头进行变形校正，以及对画面进行色差（紫边）修复、镜头暗角修复，或者校准变形画面等。

在 ACR 中打开下面这张照片，对这张照片进行调整。

在 ACR 中打开照片

首先在"基本"面板下单击"自动"选项，然后调整"阴影"为"+73"，调整"对比度"为"+33"，调整"高光"为"-52"。

在"基本"面板中调整各项参数

放大照片，可以看到窗户周边出现了紫边和绿边，这是因为周边的明暗反差过大，在风光摄影中这种现象比较常见，如树叶的边缘等。

画面中出现了紫边现象

要消除这种紫边现象，需先切换到"镜头校正"面板。在这个面板中，用户除了可以消除紫边现象，还可以校正镜头的变形。在"配置文件"选项卡下，勾选"启用镜头配置文件校正"复选框，则软件会自动识别拍摄机型、镜头等，然后自动进行镜头的变形校准。

勾选"启用镜头配置文件校正"复选框后软件自动进行变形校准

如果校准程度不够，还可以进行手动调整。在"校正量"选项组中，调整"扭曲度"为"108"。用这个方法除了可以校准镜头变形，还可以修复暗角。使用大光圈或超广角镜头拍摄照片很容易产生暗角，用这款工具可以快速修复暗角，当然也可以为画面制作暗角。这里设置"晕影"为"114"。

手动校准

放大照片，勾选"删除色差"复选框，可以看到画面中的绿边基本消失了，而紫边相对比较严重，没能完全消除，这时可以通过手动调整来消除。

未勾选"删除色差"复选框时
有紫边和绿边

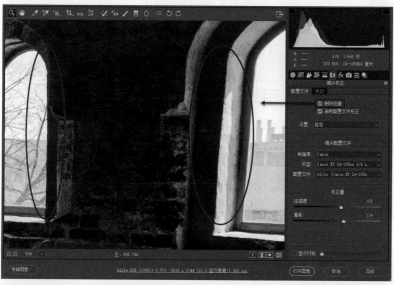

勾选"删除色差"复选框后绿
边消失

切换到"手动"选项卡，
在"去边"选项组中，将"紫
色色相"设置为"27/70"，
然后设置"紫色数量"为
"6"；将"绿色色相"设
置为"36/60"，然后设置"绿
色数量"为"4"。需要注
意的是，消除紫边和绿边的
过程中，数量不应设置得过
大，以紫边和绿边现象消失
为准，否则会带来新的色差。

手动去边

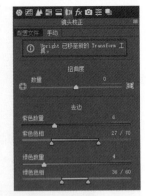

提示 Upright 移至新的 Transform 工具

单击窗口上方工具栏中的"变换工具"按钮，可打开"变换"面板。

打开"变换"面板

单击"自动：应用平衡透视校正"按钮，可以进行自动校准。它可以校正透视、变形。

单击"自动"按钮进行自动校准

单击"水平：仅应用水平校正"按钮🔲，可以只进行水平校准。

单击"水平"按钮进行水平校准

单击"纵向：应用水平和纵向透视校正"按钮🔲，可以只进行垂直校准。

单击"纵向"按钮进行垂直校准

单击"完全：应用水平、横向和纵向透视校正"按钮🔲，可以进行水平、横向和纵向各方面的校准。

单击"完全"按钮进行各方面的校准

这几个选项是自动选项，如果对处理效果不满意，可以单击"关闭：禁用Upright"按钮◎，然后手动进行调整，这里设置"垂直"为"+9""水平"为"-11"。

单击"关闭"按钮后手动进行
调整

返回"镜头校正"面板，在"手动"选项卡的"晕影"选项组中，通过设置"数量"参数增强或减弱暗角，这里设置为"+2"。还可以用"中点"参数控制暗角从哪里开始，这里设置为"51"。

420

在"晕影"选项组中设置

最后，在窗口上方工具栏中单击"裁剪工具"按钮，将画面周围的白边裁剪掉。

裁剪画面

裁剪完成后，双击画面。这样，就完成了这张照片的制作。

处理后的效果

14.7 "效果"面板

"效果"面板主要用来去除灰雾、增加画面朦胧感、制作颗粒和调整暗角。在 ACR 中打开下面这张照片，快速制作暗角与粗颗粒效果。

在 ACR 中打开照片

首先打开"基本"面板。单击"自动"选项，然后调整"对比度"为"+43""高光"为"-99""阴影"为"+74""白色"为"-53""黑色"为"+6""清晰度"为"+27""自然饱和度"为"-3""饱和度"为"-13"。

在"基本"面板中调整
各项参数

将基本参数调好后，切换到"效果"面板制作暗角。在"裁剪后晕影"选项组中调整"数量"为"-49"；"中点"决定了从哪里开始做暗角，这里设置为"0"；"圆度"决定了暗角的形状，这里设置为"+100"；"羽化"用于控制暗角的边缘过渡，这里设置为"100"；"高光"用以保证在制作暗角的区域中很亮的区域不被压暗，这个应根据实际情况设定，如果想做暗角，又不想将周边的高光部做暗，可以开启"高光"进行保护，这里设置为"0"。此时即可为照片制作好暗角。

在"裁剪后晕影"选项
组中设置参数

然后，对照片进行裁剪。单击工具栏中的"裁剪工具"按钮，对画面进行裁剪。裁剪完成后，双击画面即可。

裁剪后的效果

　　由于设置的是"裁剪后晕影"，裁剪后照片的暗角向里收缩，而"镜头校正"面板中的"镜头晕影"就做不出这个效果，我们可以将两个面板中制作暗角的工具配合使用。切换到"镜头校正"面板的"手动"选项卡下，在"镜头晕影"选项组中设置"数量"为"-45"，"中点"为"50"。

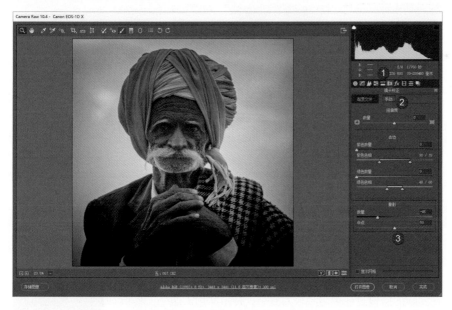

在"镜头校正"面板中设置参数

　　暗角制作完成后，制作粗颗粒。粗颗粒的表现手法在艺术摄影创作过程中是会偶尔用到的，它适合表现粗犷的人及粗糙质感的物体。在"效果"面板中，设置"颗粒"选项组中的"数量"为"98"；"大小"指颗粒的大小，一般来说颗粒不宜太大，"数量"可以多一些，这里设置"大小"为"15"；"粗糙度"是指噪点的随机程度和分布面积，这里设置为"48"。

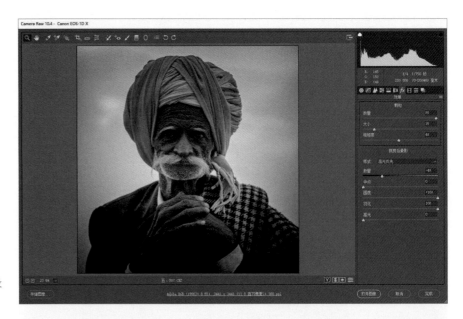

在"颗粒"选项组中设置参数

噪点制作完成后，返回"基本"面板，进行更加精细的影调控制和色彩控制。调整"白色"为"-88"，"自然饱和度"为"-5"，"饱和度"为"-43"，调整"色温"为"5400"，"色调"为"-10"。这样，这张照片就处理完成了。

在"基本"面板中控制影调和色彩

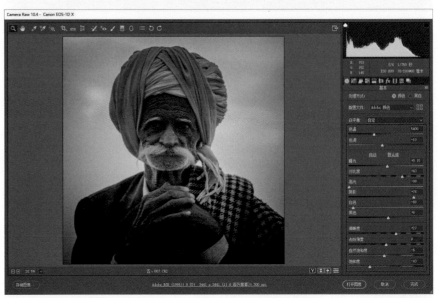

14.8 "校准"面板

"校准"面板还可用于三原色调整与色相偏离控制，在实际的操作过程中用法较为复杂，并不实用。这个工具和 Photoshop 中的"色彩平衡"工具及"色相/饱和度"工具类似，本书对该面板不做详细介绍。

在之前的版本中，"校准"面板主要用于载入自定义的相机 icc 配置文件，从 ACR 10.3 版本开始，配置文件被放到了"基本"面板当中。

"校准"面板

14.9　"预设"面板

与之前的版本不同，新版本的 ACR 中，"预设"面板内增加了许多预设类型。在早期的版本当中，如果自己没有创建预设，那面板就是空的，而从 10.3 版本开始多了许多常规预设，并按类型建立了分类。

进入"预设"面板

软件自带的预设与配置文件的不同在于，用配置文件修改照片是以不改变调整参数为前提的，相当于改变了相机设置；而预设会改变软件的调整参数。若选择一种预设，回到"基本"面板，就可以看到它改变了照片的调整参数，其他面板中也会有相应的改变。修改照片的参数会带来一定的画质损失。

选择一种新的预设

预设的本质是对参数进行改变

预设是通过修改参数来实现的，可以在用预设对参数进行修改的基础上再次修改，得到好的效果后再创建一个更好的预设。比如感觉棕褐色调的预设不错，但不够理想，可以使用该预设后再进行修改，从而得到比较理想的效果。

选择新的预设

对预设效果进行微调

修改之后可以创建一个名为"棕褐色调2"的预设，这个预设在用户预设列表中可以看到。

将微调后的效果设定为用户预设

如果比较喜欢某个预设，或是感觉某个自建预设比较理想，可以将这些预设收藏起来。具体操作是用鼠标右键单击该预设名称，在弹出的菜单中选择"添加到收藏夹"命令，就可以在所有预设的上方看到添加到收藏夹的预设了。

要使用该预设时，可以快速从收藏夹中找到。

将预设添加到收藏夹　　　　　　在收藏夹中可看到添加的预设

可以将不喜欢的预设从收藏夹中删除，单击选中该预设后，选择"从收藏夹中删除"命令就可以了。

如果觉得预设面板变乱了，可以选择"重置最喜欢的预设"进行重置，复位后，收藏夹会被删除掉。

此外还可以重命名预设，但要注意，自定义的预设才能重命名，系统自带的预设是不能重命名的。

对收藏夹内的预设可进行各　　　只有用户预设才可进行重命名
种操作

照片使用不同的预设处理后，可能有多种效果都比较好，如果没法抉择，可以为使用不同预设的照片建立不同的快照，等待下次再来选择。选择好之后回到各参数面板进行调整即可。

要善于在预设的基础上进行调整和修改，修出自己想要的色彩外观和亮度效果，这样才能激发无限创意，提高后期制作效率。

14.10　"快照"面板

在"快照"面板中可以创建多个快照，用于临时保存当前的制作步骤，以便在多个步骤之间进行切换，比较调整的效果，从而选择一个最佳效果。若觉得照片效果还可以，但是又没有把握，可以单击"快照"面板底部的"新建快照"按钮，弹出"新建快照"对话框后设置好"名称"再单击"确定"按钮。

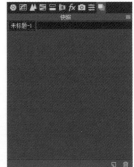

单击"新建快照"按钮　　　设置快照名称　　　　　新建的快照

然后可以继续对照片进行调整，调整过程中还可以按照同样的方法新建更多快照。

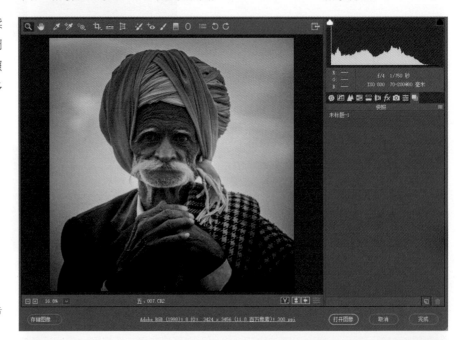

继续调整画面后单击"新建快照"按钮

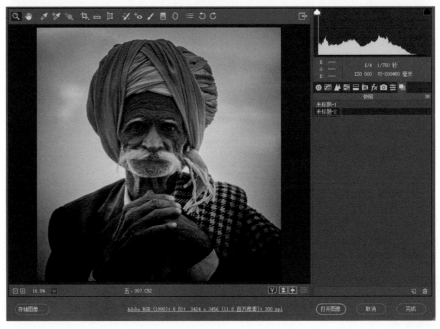

新建的"未标题-2"快照

这样，建立的快照都可以保存在"快照"面板中，单击相应快照，即可显示相应的处理效果，方便查看和对比，从而做出更加合理的选择。

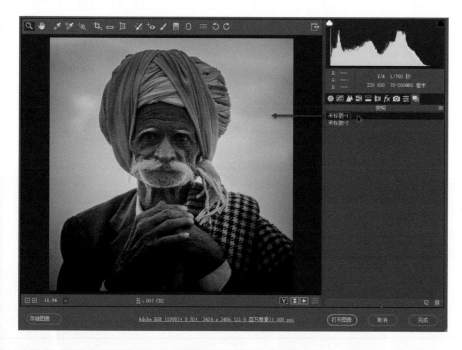

查看之前建立的快照

　　快照是临时保存的，如果不需要了，选中不需要的快照并单击"删除"按钮⬛，即可将其删除。

选择快照后单击"删除"按钮

删除快照

数码相机是科学技术高度发展的产物，但在实际摄影当中它仍显得不够智能，因为它只会忠实地记录现场的光线和色彩，不会自动突出或是弱化某些局域元素。要更好地表现摄影的主题，就需要借助后期工具对照片的局域影调和色彩进行调整。在 ACR 中对 RAW 格式文件进行整体与局部调整，可以获得令人满意的细节与层次表现。

Ps

15

局部影调和色调控制

15.1 ACR 中针对 JPEG 格式照片的设定

有时，摄影者拍摄的照片没有保存成 RAW 格式文件，而在后期处理时又想在 ACR 中调整 JPEG 和 TIFF 格式文件，那就需要对 Photoshop 软件进行提前的设置。

打开 Photoshop，在菜单栏中选择"编辑－首选项－Camera Raw"选项，打开"Camera Raw 首选项"对话框，在"JPEG 和 TIFF 处理"选项组中设置 JPEG 为"自动打开所有受支持的 JPEG"，设置 TIFF 为"自动打开所有受支持的 TIFF"，然后单击"确定"按钮。设置完成后，即可在 ACR 窗口中打开 JPEG 和 TIFF 格式文件。也可在 ACR 界面中的"Camera Raw 首选项"中设置，结果与在 Photoshop 中设置是一样的。

选择"Camera Raw"选项

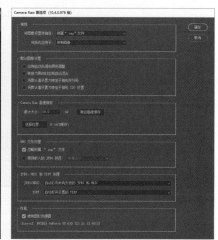

在"JPEG 和 TIFF 处理"选项组中设置

非洲风光：局部亮度和色彩的调整

在风光摄影中，用户经常使用中灰渐变镜去压暗过亮的天空，遇到海平面或者草原上方的天空时，利用中灰渐变镜压暗天空的效果还是不错的，但是地面线远景处如果是起伏的山峦，那么中灰渐变镜就不太好用，容易将山峰也压暗。在后期制作中，使用后期软件的渐变滤镜，可以很轻松地制作出无痕的渐变效果。下面介绍在 ACR 中局部亮度和色彩的调整。

在 ACR 中打开下面这张照片，对这张照片的天空与地面进行局部影调调整。

在 ACR 中打开照片

首先打开"基本"面板，单击"自动"选项，调整这张照片的曝光和细节。调整"曝光"为"−0.20"，此时直方图的暗部"撞墙且起墙"，因此调整"黑色"为"+27"，来获取完美的直方图；然后调整"对比度"为"+68"，"高光"为"−93"，"阴影"为"+84"，"白色"为"−32"。

在"基本"面板中调整各项参数

仔细观察画面，可以看到地平线不水平，这时可以单击工具栏中的"拉直工具"按钮，然后在画面中的地平线上拉出一条直线。

使用"拉直工具"在画面中拉出一条水平线

这样即可对画面进行旋转裁剪，双击画面，裁剪完成。

自动裁剪画面

裁剪后的效果

如果要使天空获得更加丰富的层次，单击工具栏中的"渐变滤镜"按钮■，然后从画面顶端向下拉出渐变滤镜，拖动的距离越长，过渡越自然。

如果想要拉出平行的渐变，可以在拖动鼠标的过程中按住键盘上的 Shift 键。渐变做好后，ACR 窗口右侧出现了"渐变滤镜"面板，在其中可修改相关的参数，这里调整"曝光"为"-0.90"，"对比度"为"0"，"高光"为"-72"，"阴影"为"+30"，"清晰度"为"+12"，"饱和度"为"+16"，"减少杂色"为"+63"、"波纹去除"为"+66"。如果天空有紫边现象，还可以调整"去边"为"+36"。

渐变完成后调整各项参数

这些参数的修改只针对渐变区域，影响也是从上到下慢慢减小。另外，还可以调整渐变滤镜的色温和色调以改变天空的颜色，这里调整"色温"为"-24"，"色调"为"-5"。

调整渐变滤镜的色温和色调

使用渐变命令可以快速模拟渐变滤镜的效果，这比直接使用中灰渐变镜方便得多，在制作风光摄影中大部分的天空效果时非常有用。另外，还可以对天空设置多个渐变，并修改渐变的各项参数，以便更加合理地控制照片的局部亮度。例如，要使画面中的草地更暗一点，可以新建一个渐变，在"渐变滤镜"面板中选中"新建"，从画面底部向上拖动拉出渐变滤镜，然后在"渐变滤镜"面板中重新设置参数，调整"曝光"为"-0.70"，"对比度"为"-44"，"高光"为"+60"，"色温"为"-15"，"色调"为"-26"。

新建一个渐变滤镜并调
整各项参数

如果某些不想调
整的区域受到影响，
例如大象的下半部分
也变暗了，可以在"渐
变滤镜"面板中选中
"画笔"，然后单击
"使用画笔擦除选定
调整"按钮 ，调整
"大小"为"5"，
然后在相应区域进行
涂抹。

使用"画笔"在不想应
用渐变的区域涂抹

这样，照片就处
理完成了，将照片保
存即可。处理后的效
果如图所示。

处理后的效果

434

缅甸日出：控制天空色彩与亮度

　　这张照片摄于缅甸蒲甘的日出时分，由于拍摄时镜头前没有加中灰渐变镜，所以天空上方的亮度过高，现在我们来学习通过后期制作模拟用中灰渐变镜拍摄的效果。

在 ACR 中打开照片

　　首先在"基本"面板中调整影调参数，初步调整后的参数及画面效果如图所示。

调整参数使层次更丰富

　　接下来，切换到"色调曲线"面板中的"点"选项卡下，进入"蓝色"通道，降低"高光"，以增加画面的冷色调。

加强冷色调

进入"红色"通道，调整"高光"，使画面高光部更偏向红色，营造日出时的色调。

加强画面高光部的红色

最后，单击工具栏中的"渐变滤镜"按钮，从画面顶端向下拉出渐变滤镜，在右侧的"渐变滤镜"面板中调整相关的参数，主要是往蓝色方向修改"色温"，使天空更蓝；降低"白色"的参数，令渐变的区域亮度下降。

新建一个渐变滤镜并设置参数

这样，照片就处理完成了，将照片保存即可。

一般高反差风光：画笔工具 + 渐变滤镜的使用技巧

在 ACR 中打开下面这张照片，可见天空过亮，需要对这张照片进行局部影调调整。

在 ACR 中打开照片

首先打开"基本"面板，单击"自动"选项，然后调整"对比度"为"+59"，"高光"为"-77"，"阴影"为"+63"，"黑色"为"-3"，"自然饱和度"为"+26"。

在"基本"面板中设置各项参数

要使天空的层次更加丰富，可以单击工具栏中的"渐变滤镜"按钮，然后从画面顶端向下拉出渐变滤镜，在"渐变滤镜"面板中调整各项参数。

如果制作渐变滤镜时拖动的区域过大，那么远处的山峦区域会受到影响，如果不想使山峦受到影响，就在"渐变滤镜"面板中选中"画笔"，然后单击"使用画笔擦除选定调整"按钮，调整"大小"为"16"，调整"羽化"为"100"，以营造柔和的边界，然后在山峦处拖动涂抹，使过渡自然，注意不要以点的形式涂抹，否则很容易产生边界痕迹。

438

使用"画笔"擦除不想影响到的区域

另外，还可以控制"画笔"的色温和色调，这里调整"色温"为"+52"，"色调"为"+41"。

如果某些区域没有调整好，可以单独进行加强，单击"使用画笔添加到选定调整"按钮，调整"大小"为"12"，减少"流动"至"24"，在画面中的天空区域进行拖动涂抹。

调整"画笔"的色温和色调

对天空区域进行加强

如果想去除使用"画笔工具"制作的效果，单击"清除"按钮即可。

如果想让画面的下半部分区域变为冷色调，可以继续添加渐变滤镜，选中"新建"新建一个渐变滤镜，从画面底部向上拖动拉出渐变滤镜，由于"渐变滤镜"中默认的是上一次调整的参数，因此需要重新设置。调整"色温"为"-24"，"饱和度"为"-40"。

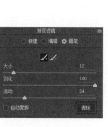

清除画笔效果

再次创建
一个渐变
滤镜并设
置参数

单击"清除全部"按钮
可去除全部渐变滤镜

这就是渐变滤镜的使用方法。在实际的操作过程中，经常会遇到使用渐变滤镜压暗大面积区域的情况。当渐变滤镜的效果不好，想要去除全部渐变滤镜时，单击"渐变滤镜"面板下方的"清除全部"按钮即可。

如果要清除多条渐变滤镜中的一条，可以选中要清除的那条渐变滤镜，然后按键盘上的 Delete 键。

选中要清除的渐变滤镜

按 Delete 键可将其清除

如果觉得渐变滤镜在画面中显示的样式影响了视觉效果，可以取消勾选"叠加"复选框，将其隐藏，这样在画面中就看不到渐变滤镜了，但实际上它还是存在的。

隐藏渐变滤镜

如果觉得某个渐变滤镜的效果不错，想要将其保存下来方便以后在其他照片中使用，可以单击"渐变滤镜"面板中标题栏右侧的扩展按钮，展开下拉菜单，单击"新建局部校正设置"选项，弹出"新建局部校正预设"对话框后设置"名称"为"暖色渐变 1"，然后单击"确定"按钮。可以保存多个渐变滤镜，以供不同的照片使用。

这样，照片就处理完成了，将照片保存即可。处理后的效果如图所示。

单击"新建局部校正设置"选项　　　　　　　　　　　　　　　　　设置"新建局部校正预设"的名称

处理完成后的效果

雨中前行：去除天空中的污点

　　打开下面这张照片。放大照片观察，可见天空有许多污点，这是相机感光原件进了灰尘导致的污点。有这么多污点，相机一定要送到相机专业维修店去清洗感光元件，否则这些污点的处理会占用大量的时间，也影响照片的画质。现在我们来学习如何运用渐变滤镜去除这些讨厌的污点。

在 ACR 中打开照片

放大照片发现天空污点密布

首先切换到"基本"面板中，对照片的亮度与对比度进行调整。

调整画面亮度与对比度

单击工具栏中的"渐变滤镜"按钮■，右侧的"渐变滤镜"面板中的参数并不是目前这张照片需要的参数，因此单击"渐变滤镜"面板右上角的扩展按钮■，在弹出的快捷菜单中选择"重置局部校正设置"选项，即可复位渐变滤镜的所有参数。

选择"重置局部校正设置"选项

重置渐变滤镜参数

接下来降低"清晰度"至"-100"，然后将渐变滤镜从画面顶端往下拉至山峰上端。

接着调整"去除薄雾"至最低数值，以雾化天空，减轻天空污点的痕迹，并继续调整其他参数。

新建一个渐变滤镜

设置渐变滤镜的参数

经过对天空的雾化，天空的颜色发生了改变，接下来在"渐变滤镜"面板下方单击"颜色"色块，弹出"拾色器"对话框，选择一个较为协调的颜色，并为天空覆上。设置完成后，单击"确定"按钮。这种颜色覆盖功能也经常用于对画面进行着色，读者可以举一反三，灵活运用。

为天空覆上蓝色

最后，选择工具栏中的"污点去除"工具 ，在右侧的"污点去除"面板中设置参数，然后对画面中的少量污点进行清除。

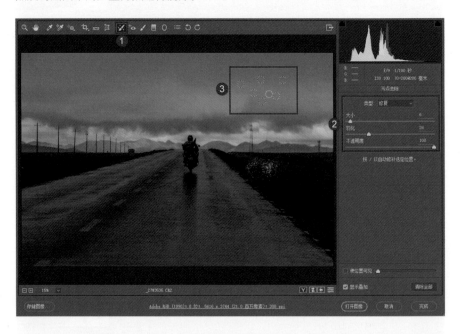

利用"污点去除"工具
去除少量污点

这样，照片就处
理完成了，将照片保
存即可。处理后的效
果如图所示。

处理完成后的效果

金山岭星轨：局部调整工具的使用技巧

在 ACR 中打开下面这张照片，接下来介绍如何使用局部调整工具对这张照片进行渲染。

在 ACR 中打开照片

　　这张照片是夜景的星轨照片，首先打开"基本"面板，单击"自动"选项，可以看到照片提亮了很多，调整"曝光"为"-0.05"。从直方图中可以看到，暗部有一些溢出，加强"黑色"为"+93"，虽然是夜景照片，但如果能保证暗部和高光部都拥有十分清晰的细节就再好不过了。调整"对比度"为"+68"，"高光"为"-74"，"阴影"为"+72"。增强"清晰度"至"+26"，以便增强长城砖的质感和星星的轨迹。适当增加"自然饱和度"至"+15"。

在"基本"面板中设置
各项参数

　　切换到"细节"面板。照片是长时间曝光，因此应减少画面中的杂色，在"减少杂色"选项组中设置"明亮度"为"5"，"颜色"为"33"，然后进行轻微锐化，在"锐化"选项组中设置"数量"为"21"，"蒙版"为"13"。

在"细节"面板中减少
杂色并进行轻微锐化

　　画面有一些暗角，切换到"镜头校正"面板的"配置文件"选项卡下，勾选"启用镜头配置文件校正"复选框，由于是 JPEG 格式文件，原始信息丢失，所以应手动选择镜头配置文件。在"镜头配置文件"选项组中设置"制作商"为"Canon"，可以看到"机型"和"配置文件"自动设置完成，照片的暗角也被修复。

在"镜头校正"面板中
修复暗角

　　接下来利用局部工具来突出长城的亮度。前面学习了使用渐变滤镜对画面进行局部影调控制，渐变滤镜适用于大面积区域的调整，而"画笔工具"则适合做小面积区域的调整。单击工具栏中的"调整画笔"按钮 ，ACR 窗口右侧出现了"调整画笔"面板，设置"大小"为"8"，"羽化"为"100"，"流动"为"74"，然后调整"色温"为"+40"，"色调"为"+28"，"曝光"为"+0.55"，"对比度"为"+6"，"高光"为"−20"，"阴影"为"−37"，"清晰度"为"+30"，"饱和度"为"+13"，"锐化程度"为"+19"，"减少杂色"为"+63"，"波纹去除"为"+66"，"去边"为"+48"。设置完成后，在长城区域进行拖动涂抹，涂抹过程中可以根据要修复区域的大小调整画笔的"大小"，还可以控制画笔的不透明度，即调整"流动"和"浓度"。

使用"调整画笔"工具涂抹长城区域　　　　　　　　　　涂抹后的效果

　　如果调整过程中某些区域不小心调整失误了，那么在"调整画笔"面板中选中"清除"，然后在相应区域涂抹，即可将其恢复。

选中"清除"后在过亮的区域涂抹　　　　　　　　　　　涂抹后的效果

　　"画笔工具"和"渐变工具"一样，可以创建多条，以给不同的区域设置不同的亮度和色调效果。例如要使画面中的草地更绿，那么在"调整画笔"面板中选中"新建"，调整"色温"为"-30"，"色调"为"-45"，在草地区域拖动涂抹。

新建一个"画笔"涂抹草地区域　　　　　　　　　　　　涂抹后的效果

调整后的区域变模糊，是因为"减少杂色"开得过大，此时降低"减少杂色"至"−52"。

降低"减少杂色"参数

如果觉得使用"画笔工具"的效果不太理想，想要将其全部清除，单击"调整画笔"面板下方的"清除全部"按钮■，即可将应用的"画笔工具"全部清除。

"画笔工具"还可以配合"渐变工具"一起使用，例如想要使天空区域变得更暗，可以单击工具栏中的"渐变滤镜"按钮，然后在画面中从上向下拉出渐变滤镜，在"渐变滤镜"面板中降低"曝光"至"−0.65"，调整"色温"为"−18"，"色调"为"+2"。

单击"清除全部"按钮

创建一个渐变滤镜调整天空

这样，照片就处理完成了，将照片保存即可。处理后的效果如图所示。

这就是"渐变工具"与"画笔工具"在风光摄影中的一些应用，可以通过修改各项参数来获得满意的亮度和色调效果，它们更强大的功能是可用于分别控制高光部和暗部，使用起来非常方便。

处理后的效果

纪实人像：改变局部影调

在 ACR 中打开下面这张照片，该照片是由室外向室内拍摄，室内门口的环境亮度更高，影响了主体，因此必须通过影调控制，压暗画面四周亮度来突出主体人物。接下来介绍另外一款局部调整工具——径向滤镜。

在 ACR 中打开照片

径向滤镜与渐变滤镜的效果相同，但是渐变滤镜是线性渐变，而径向滤镜是径向的渐变。例如，这张照片的环境亮度过高，为了突出主体，可以给画面制作一个大暗角。单击工具栏中的"径向滤镜"按钮 O ，在画面中拉出一个圆，调整圆的位置使其位于主体人物身上，让主体更加突出，此时 ACR 窗口右侧出现了"径向滤镜"面板。

创建一个径向滤镜

降低"曝光"至
"−2.15"，如果不希望
让暗部变得太黑，而只
想让亮部变黑，应提升
"阴影"至"+70"，
降低"高光"至"−60"，
调整"对比度"为"−22"，
"饱和度"为"−13"。
如果只想调整亮度，那
么其他参数全部都应复
位为"0"。

设置径向滤镜的参数

如果想要获得平滑
的过渡，可以按住圆的
锚点向外拖动，拉大圆
的直径。这就是径向滤
镜在实际操作中的具体
应用。

扩大径向滤镜的范围

观察画面，发现人物脸部和手部的亮度不一致，手部由于渐变的影响也变暗了。如果要使手部的亮度和脸部的亮度保持一致，那么在"径向滤镜"面板中选中"画笔"，然后单击"使用画笔擦除选定调整"按钮✎，调整"大小"为"3"，在手部进行拖动涂抹，将手部的亮度恢复。

使用"画笔"擦除手部区域

擦除后的效果

使用"画笔"擦除手部区域

在"径向滤镜"面板下方的"效果"选项中，默认调整的是"外部"，即针对圆的外部区域进行调整，如果选中"内部"按钮，那么调整的是圆的内部区域。对于本案例来说，应选中"外部"按钮。

选中"内部"单选按钮后的效果

另外，调整"色温"只能为画面设置红、绿、黄、蓝等颜色，如果想要使画面呈现出不一样的颜色，可以单击"颜色"色块，弹出"拾色器"对话框后在"选择颜色"色板中设置各种颜色，然后单击"确定"按钮。如果不想设置颜色，那么应选择"白色"色块。

单击"颜色"色块

在"拾色器"对话框中选择颜色

这样，照片就处理完成了，将照片保存即可。处理后的效果如图所示。

处理后的效果

异域人物：调整突出人物主体

在 ACR 中打开下面这张照片。

在 ACR 中打开照片

要使画面中的主体突出，单击工具栏中的"径向滤镜"按钮 O，在人物脸部拉出一个圆，然后在"径向滤镜"面板中调整"曝光"为"-2.15"，压暗环境，为了使环境中的砖头更加有质感，增强"清晰度"至"+48"，调整"色温"为"+18"，"饱和度"为"-40"。

切换到"基本"面板，进行全图的亮度修改和细节还原，调整"曝光"为"+0.90"，"对比度"为"+28"，"高光"为"-86"，"阴影"为"+21"，"白色"为"+39"，"清晰度"为"+18"，"饱和度"为"-20"，"色温"为 +10。

创建一个径向滤镜

在"基本"面板中设置各项参数

如果需要修改周边效果，仍旧可以单击工具栏中的"径向滤镜"按钮，选择径向滤镜，再一次调整周边画面的亮度，调整"曝光"为"-2.10"，"高光"为"-85"。

再次调整径向滤镜参数

这样，照片就处理完成了，将照片保存即可。处理后的效果如图所示。

通过以上案例可以看到 ACR 的局部调整功能十分强大，如果能在 ACR 中对影调进行局部操作，就尽可能在 ACR 中进行调整。如果需要做十分精确的"画笔"或渐变调整，而在 ACR 中做不出满意的效果，则需再进入 Photoshop 中进行蒙版和选区的精细控制。

处理后的效果

在 ACR 中合成全景图，是直接对 RAW 格式原始文件进行全景拼合，可以获得高品质的图像，同时 ACR 中全景图的合成功能十分强大。

Ps

16

照片超现实合成

16.1 传统的全景图合成

在学习使用 ACR 的全景图合成功能合成之前，首先利用传统的方法来合成全景图，找到利用传统方法合成全景图的不足之处。

在 Bridge 中选中所有要合并的照片，然后选择菜单栏中的"工具 –Photoshop–Photomerge"选项。

在 Bridge 中选中要合并的照片

选择"Photomerge"选项

弹出"Photomerge"对话框后保持默认设置，直接单击"确定"按钮。

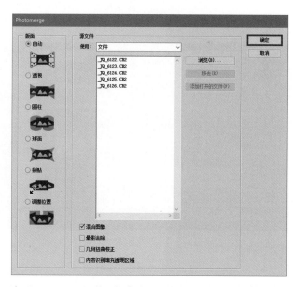

在"Photomerge"对话框中单击"确定"按钮

这样，Photoshop 会自动完成全景图的拼接。使用这种合成方法会留下一些遗憾，例如无法对照片进行色调、细节以及影调等方面的精细调整，合成全景图的细节和色彩会出现问题。

因此，利用传统的方法合成全景图，获得不了最优的品质。

用传统方法合成的全景图

16.2　在 ACR 中合成全景图的技巧

在新版本的 ACR 中，Photoshop 在合成全景图方面做了一个重大的改革，那就是增强了直接对原始照片——RAW 格式文件进行合成的功能。下面介绍新增功能如何使用。

在 Bridge 中选中所有要合并的照片，直接双击，这样选中的所有照片就在 ACR 中打开了。

在 Bridge 中选中要合并的照片

在 ACR 中打开所有照片

小提示

如果想要合成的照片为 JPEG 或 TIFF 格式，该如何操作呢？在 Photoshop 中选择菜单栏中的"编辑 - 首选项 -Camera Raw"选项，打开"Camera Raw 首选项"对话框，在"JPEG 和 TIFF 处理"选项组中设置 JPEG 为"自动打开所有受支持的 JPEG"，设置 TIFF 为"自动打开所有受支持的 TIFF"，这样所有受支持的 JPEG 和 TIFF 格式文件就会自动在 ACR 中打开，然后单击"确定"按钮。在 Bridge 窗口中选中要合成的照片，按照上面介绍的方法进行操作即可。

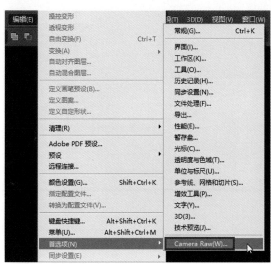

选择"Camera Raw"选项　　　　　　在"JPEG 和 TIFF 处理"选项组中设置

在 ACR 窗口左侧同时选中所有照片，然后对这组照片进行整体调整。首先在"基本"面板中对照片的亮度和对比度进行简单调整。切记不能针对某一张照片进行调整，一定要全选一起调整，才不会造成多图合成后的曝光差异。当然，也可以不去调整任何参数，打开 RAW 格式文件就直接合成，合成后再进行调整。

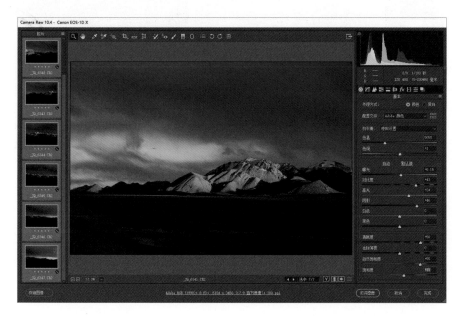

全选照片后在"基本"
面板中设置各项参数

然后切换到"细节"面板，对画面进行锐化操作，还可以减少画面的杂色。

切换到"HSL/ 灰度"面板，对颜色饱和度、亮度和图像细节进行修改。这样的调整是针对所有照片进行的，因此合成出来的全景图效果会比较好。

在"细节"面板中锐化
和减少杂色

在"HSL/灰度"面板中
调整颜色

小提示

需要注意的是，要合成的照片即使出现曝光差异，也不要一张一张地调整，而应该进行整体控制。为什么
会出现照片之间的曝光差异呢？有两种情况。第一种情况是拍摄对象本身就有亮度差，第二种情况是拍摄
照片时使用了自动曝光模式。实际上拍摄这种照片时不能使用自动曝光模式，应该保证拍摄这一组照片时
使用的拍摄参数是一致的，因此建议使用M全手动曝光模式拍摄，以获得曝光一致的全景图。

接下来对这组照片进行全景图的
合并。单击扩展按钮▤，在弹出的快
捷菜单中选择"合并到全景图"选项，
即可快速进行全景图的合成。

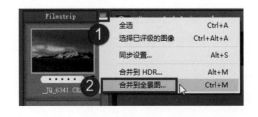

选择"合并到全景
图"选项

弹出"全景合并预览"对话框后可以看到，软件自动对照片进行了全景合成。对话框右侧的"投影"选项组提供了3种合成方式，分别为"球面"、"圆柱"和"透视"，具体选择哪种方式，可以根据现场的视觉感受来进行调整。对于这张照片来说，"透视"效果相对好一点，所以选择"透视"。在"选项"选项组中，"自动裁剪"复选框的作用是自动裁剪合成后边界的透明像素，如果不需要软件裁剪，可以取消勾选该复选框。对于这张照片而言，天空和地面区域是可以自动裁剪的，所以勾选"自动裁剪"复选框。选择"边界变形"选项可以让软件自动对边界进行变形操作，这里设置为"100"。设置完成后，单击"合并"按钮。

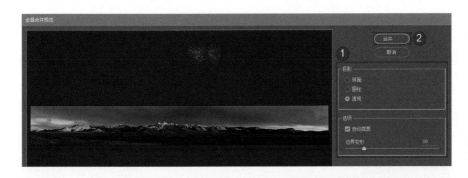

在"全景合并预览"对话框中设置

弹出"合并结果"对话框，即要将合成后的照片保存成一个数字文件，存储格式为数字负片DNG格式，该格式属于RAW格式，它记录了照片最原始的数据。单击"保存"按钮。

这时在ACR窗口左侧的预览图最下方可以看到新生成了一个文件。在这个基础上，还可以对这张合成后的全景图进行调整。

在"合并结果"对话框中单击"保存"按钮

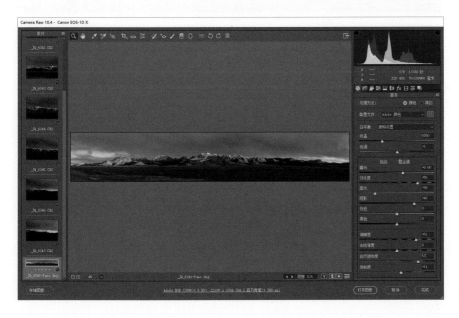

在ACR窗口中进行微调

调整完成后，如果还需要在 Photoshop 中进行微调，可以单击 ACR 窗口右下方的"打开图像"按钮，将照片在 Photoshop 中打开。如果对调整后的效果比较满意，可以单击 ACR 窗口左下角的"存储图像"按钮，将照片保存。

这就是 ACR 新增的全景图功能，它的优势是能够在 ACR 中对 RAW 格式文件进行精细调整，保留最完美的细节。

16.3　风光摄影作品的全景图合成

接下来介绍下面这个案例。在 Bridge 中选中要处理的全部照片并双击，这样选中的所有照片就在 ACR 中打开了。

在 Bridge 中选中要合并的照片

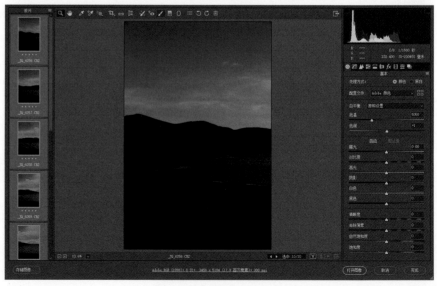

在 ACR 中打开所有照片

这组照片亮度差异很大，这是因为画面中的主体有阳光照射，而周边区域处于阴影中。在后期调整的过程中，应该重点对主体区域进行亮度、色彩细节的调整。在ACR窗口左侧选中主体照片"_JQ_6261.CR2"，然后全选照片，在"基本"面板中进行细节上的调整。

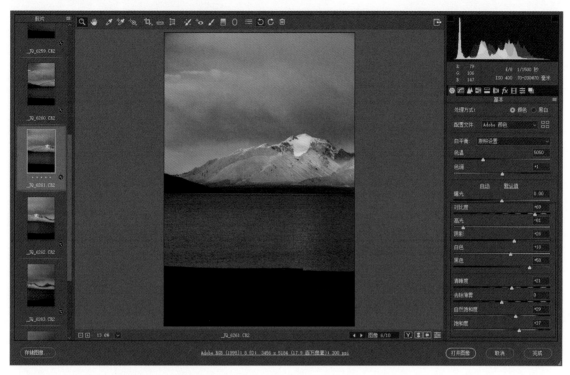

全选照片后在"基本"面板中设置各项参数

　　切换到"细节"面板，对照片进行锐化和减少杂色的操作。

在"细节"面板中锐化和减少杂色

切换到"HSL/灰度"面板，对部分色彩的饱和度进行调整。

在"HSL/灰度"面板中调整色彩饱和度

接下来要对这组照片进行全景图的合并。单击扩展按钮▤，在弹出的快捷菜单中选择"合并到全景图"选项。

选择"合并到全景图"选项

弹出"全景合并预览"对话框后可以看到，软件自动对照片进行了全景合成，在对话框右侧的"投影"选项组中选中"透视"，再单击"合并"按钮。

在"全景合并预览"对话框中设置

弹出"合并结果"复选框后保持默认设置，单击"保存"按钮，即可将照片保存为 dng 格式。

在"合并结果"对话框中单击"保存"按钮

保存完成后，在 ACR 窗口左侧的预览图最下方可以看到新生成了一个文件。在右侧"基本"面板中对相应参数进行微调。处理完成后，单击"存储图像"按钮。

在"基本"面板中调整参数后单击"存储图像"按钮

弹出"存储选项"对话框后将格式设置为"TIFF"，单击"存储"按钮，即可将照片以 TIFF 格式进行保存。

设置存储格式

16.4　RAW 格式照片的 HDR 全影调制作

　　虽然用 RAW 格式拍摄的照片拥有极大的曝光宽容度，但是在光比极大的拍摄环境下，依然不能记录画面从亮部到暗部的所有细节。相对静止的画面可以采取包围曝光法拍摄三张不同曝光量的同一场景照片，然后在 ACR 中进行 HDR 全影调合成。对于三张不同曝光量的照片，建议每次拍摄相差两级曝光，即曝光正常的情况下拍一张，曝光欠两挡的情况下拍一张，曝光过度两挡的情况下拍一张，这样能获得更大的动态范围，更利于暗部与高光部细节的表现。同时建议打开高速连拍模式拍摄三张不同曝光量的照片，这样可以尽可能减少被摄体的轻微移动所带来的影响。

　　下面三张照片摄于美国西部羚羊谷，为手持相机拍摄。羚羊谷极为狭窄，不适合带三脚架，且谷内光线很暗，天空亮度很高，如果采取一次拍摄，即便用 RAW 格式也无法记录下谷底与天空的所有细节。因此手持相机，打开高速连拍，设置曝光差异两挡的曝光量，连拍三张同一场景的照片。接下来在 ACR 中拼合 HDR 全影调照片。

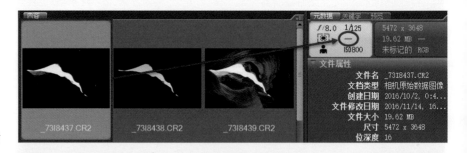

曝光正常的照片

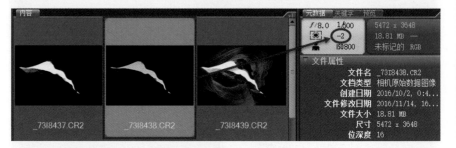

曝光欠两挡的照片

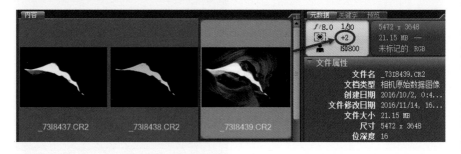

曝光过度两挡的照片

　　在 Bridge 中选中三张要合并的照片，直接双击，选中的所有照片在 ACR 中打开。

在 Bridge 中选中要合并的照片

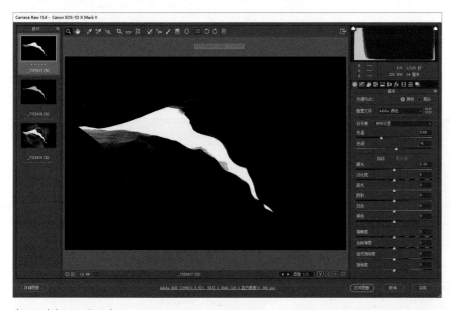

在 ACR 中打开三张照片

在 ACR 窗口左侧同时选中三张
照片，单击扩展按钮▤，在弹出的快
捷菜单中选择"合并到 HDR"选项。

选择"合并到 HDR"选项

弹出"HDR 合并预览"对话框。手持拍摄必然带来三张照片不能完全重合，所以必须勾选"对齐图像"复选框，则软件会自动对齐相同的像素。然后勾选"自动色调"，则软件会自动判断三张照片的亮度，进行自动亮度合并。如果不勾选"自动色调"，可手动调整图像的暗部与亮部细节。然后将"消除重影"选项设置为"高"，勾选"显示叠加"复选框，并在颜色选项窗口中选择一个与画面差异很大的颜色，去查看合并的图像是否有重影现象。设置完成后，单击"合并"按钮。

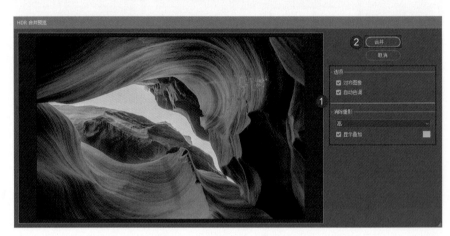

自动合成不同亮度的照片

　　弹出"合并结果"复选框后保持默认设置，单击"保存"按钮，即可将照片保存为 DNG 格式。

　　保存完成后，在 ACR 窗口左侧的预览图最下方可以看到新生成了一个文件。然后，在"基本"面板中对画面细节进行调整。

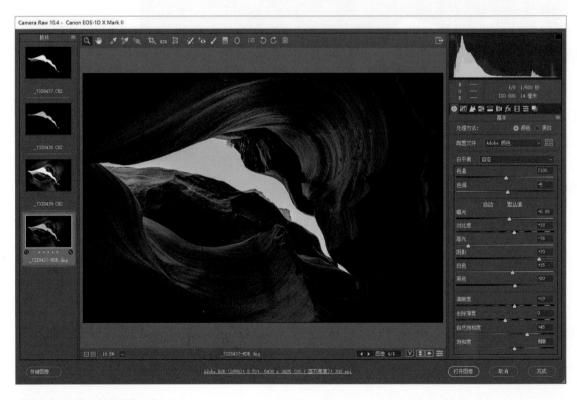

在"基本"面板中调整照片细节

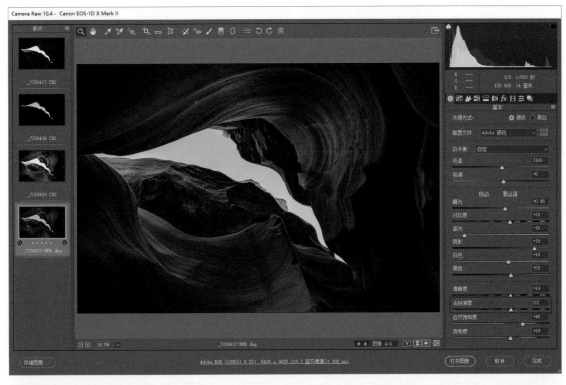

在"效果"面板中加强中间调细节

　　由于这张照片是以肌理与线条为主，所以进入"效果"面板，在"去除薄雾"选项组中增大"数量"至"+20"，使中间调更为通透与清晰。

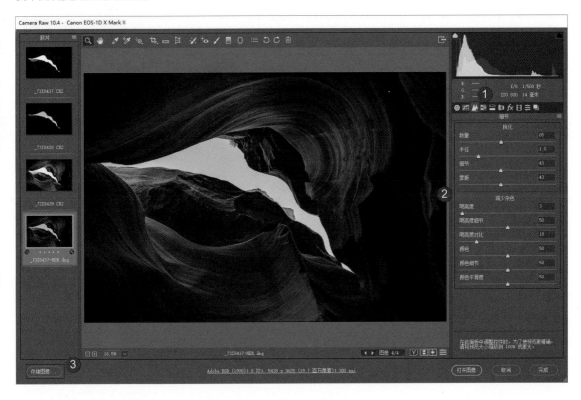

在"细节"面板中降噪与锐化

处理完成后，单击"存储图像"按钮，就完成了 HDR 照片的合成。

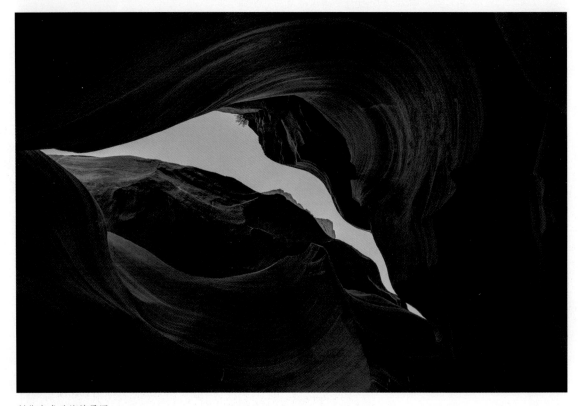

制作完成后的效果图